高职高专系列教材

生态恢复与生态工程技术

冯雨峰　孔繁德　主编

中国环境出版集团·北京

图书在版编目（CIP）数据

生态恢复与生态工程技术/冯雨峰，孔繁德主编. —北京：中国环境出版集团，2008.8（2025.7 重印）
（高职高专系列教材）
ISBN 978-7-80209-793-3

Ⅰ. 生… Ⅱ. ①冯… ②孔… Ⅲ. 生态系统—环境保护—高等学校：技术学校—教材 Ⅳ. X171.4

中国版本图书馆 CIP 数据核字（2008）第 127192 号

责任编辑 宾银平 沈 建
封面设计 龙文视觉

出版发行 中国环境出版集团
（100062 北京市东城区广渠门内大街 16 号）
网 址：http://www.cesp.com.cn
电子邮箱：bjgl@cesp.com.cn
联系电话：010-67112765（编辑管理部）
010-67113412（第二分社）
发行热线：010-67125803，010-67113405（传真）
印 刷 玖龙（天津）印刷有限公司
经 销 各地新华书店
版 次 2008 年 8 月第 1 版
印 次 2025 年 7 月第 5 次印刷
开 本 787×960 1/16
印 张 19
字 数 360 千字
定 价 49.00 元

编写组成员名单

主　编　冯雨峰　孔繁德

成　员　（按姓氏笔画为序）

孔繁德　王连龙　王　颖　冯雨峰

赵忠宝　赵美薇　塔　莉　彭宏丽

谭海霞

序

自然生态是环境保护的一个重要方面，从总体上看，我国生态形势是相当严峻的。党中央、国务院十分重视自然生态环境保护工作。1999 年，国务院发布了《全国环境生态建设规划》。2000 年，又发布了《全国生态环境保护纲要》，强调了我国生态建设的重要性，提出了“保护优先，预防为主，防治结合”的方针，重点推进“三区”战略，即对重要生态功能区实施抢救性保护、对重点资源开发区实施强制性保护、对物种丰富和生态良好地区实施积极性保护。2002 年党的十六大报告提出全面建设小康社会的宏伟目标，提出“……推动整个社会走生产发展，生活富裕，生态良好的文明发展道路”。2003 年党的十六届三中全会提出“以人为本，树立全面、协调、可持续发展观，促进经济社会和人的全面发展”。2004 年党的十六届四中全会提出“构建社会主义和谐社会”的任务，其中包括“人与自然和谐”。我国环境保护进入到一个新的发展阶段。由于生态保护涉及面广，整体性强，综合性强，需要加强宣传教育，动员各行各业和广大群众参与生态保护工作，同时也亟须培养大批生态保护的专门人才。为适应形势的需要，有关部门与中国环境科学出版社协商决定共同组织编写出版我国高职高专的生态保护系列教材，并委托中国环境管理干部学院具体组织有关专业的教授、专家编写这方面的教材。

中国环境管理干部学院于 1981 年建立。20 多年来，教学与科研相结合，培养了大批环保人才，同时也编写了一批高校教材，还涌现出了一批环境保护的科研成果。在我国环境保护事业的发展中，作出了很大贡献。20 多年来，该院形成了专业门类齐全、结构合理的师资队伍。其特点之一，是理论联系实际。该院组织教师编写的教材密切地联系我国环境保护实际，总结我国环境保护的经验，适应我国环境保护工作的实际需要，受到全国环境保护系统的认可和欢迎。

生态保护系列教材的出版，能为我国环境保护事业和生态保护工作提供重要参考，为建设人与自然和谐社会作出贡献。

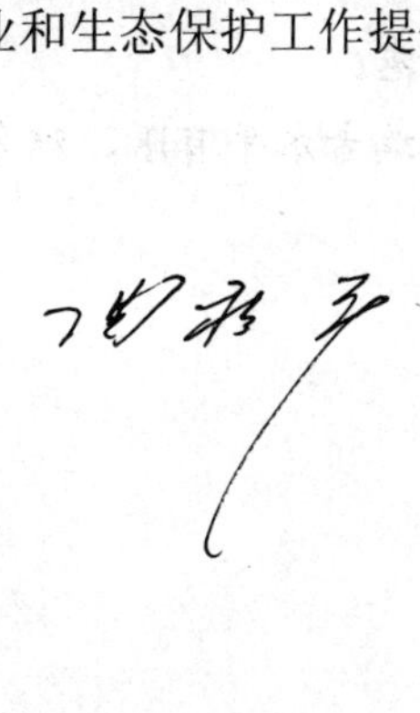

前言

由于资源的高强度开发利用等人为活动，直接或间接导致了生态系统的退化。生态退化是目前世界各国普遍面临的重要问题，其退化后的生态恢复与重建已成为各国重视的问题之一。我国是世界上生态系统退化类型最严重的国家之一，面临着森林覆盖面积大幅下降，植被退化，土壤侵蚀以及野生动物灭绝和物种多样性下降；多数水体因受到污染或发生富营养化等生态问题，同时也是较早开始生态重建实践和研究的国家之一，大规模生态恢复实践活动迫在眉睫，我们在参阅大量文献资料的基础上，编著了《生态恢复与生态工程技术》一书。

本书阐述了恢复生态学的基本理论和方法，并介绍了生态系统健康、生态系统恢复及其与生态工程的关系；详细阐述了有关森林生态恢复技术、草原生态恢复技术、荒漠与绿洲生态恢复技术、近海与海岸生态恢复技术、河流与湖泊生态恢复技术、小流域治理与生态恢复工程技术、湿地生态恢复技术、道路交通生态恢复技术等。本书理论联系实际，有助于读者了解、掌握生态恢复与生态工程技术并加以灵活运用。本书可以作为大专院校的教材，也适合农业、林业、水土保持、资源管理、工程建设单位的技术人员和环境保护工作者阅读使用。

本书第一章由塔莉编写；第二章由孔繁德、王颖编写；第三章、第十二章由谭海霞编写；第四章由冯雨峰编写；第五章、第八章、第十章由赵忠宝编写；第六章由彭宏丽编写；第七章、第九章由王连龙编写；第十一章由赵美薇编写。最后由主编冯雨峰、孔繁德完成统编，谭海霞完成电子版汇总工作。

在编写过程中，本书作者们获得了许多帮助，有关内容、数据和图片参考或引用了众多学者已出版的论著，也吸收、融合了国内外许多研究成果，在此一并表示深深的谢意。

由于编者水平有限，难免存在不少问题和错误，敬请批评指正。

编　者

2008年7月

目　录

第一章 生态系统健康与退化

【学习指南】本章讨论了退化生态系统定义与类型、退化生态系统的特征、形成原因及有关生态系统健康和生态系统管理的基本理论。通过本章的学习，要求掌握退化生态系统、生态系统健康、生态系统管理概念；退化生态系统的类型、特征、形成原因；生态健康标准、评价级别；生态系统管理的内容、基本原则。

第一节 退化生态系统

一、退化生态系统的定义及类型

（一）退化生态系统的定义

退化生态系统是相对于健康生态系统而言的，是一类“病态”生态系统。它是指生态系统在自然或人为干扰下形成的偏离自然状态的系统。一般的说，正常的生态系统是生物群落与自然环境取得平衡的自我维持系统，各种组分发展变化按照一定规律并在某一平衡位置做一定范围的波动，从而达到一种动态平衡状态。但是，在一定的时空背景下，生态系统受自然干扰和人为干扰或二者的共同作用，使生态系统的某些要素或系统整体发生不利于生物和人类生存的量变和质变，系统的结构和功能发生与其原有的平衡状态或进化方向相反的位移，位移的结果打破了原有生态系统的平衡状态，使系统的结构和功能发生变化和产生障碍，形成破坏性波动或恶性循环，具体表现在生态系统的基本结构和固有功能的破坏或丧失、生物多样性下降、稳定性和抗逆性减弱及生产力下降，也就是系统提供生态系统服务的能力下降或丧失，这样的生态系统又称为“受害或受损”生态系统（damaged ecosystem）。

但不少学者认为这一定义尚应进一步完善，还应从自然景观、系统的结构和功能的协调、能流和物流的循环、水分平衡以及生物的生理生态学特性等方面加以综合分析。

章家恩（1999）认为在研究生态退化时，应把人自身纳入生态系统加以考虑，研究人类-自然复合生态系统的结构、功能、演替及其发展，因为环境恶化、经济贫困、社会动荡、文化落后等都是人类-自然-经济复合生态系统退化的重要诊断特征。

（二）退化生态系统的类型

根据退化过程及生态学特征，退化生态系统可分为不同的类型。余作岳等将退化生态系统分为裸地（包括原生裸地和次生裸地）、森林采伐迹地、弃耕地、沙漠化地、采矿废弃地和垃圾堆放场六种类型。显然这种分类主要适用于陆地生态系统。实际上生态退化还包括水生生态系统的退化（如水体富营养化、干涸等）和大气系统的退化（如大气污染、全球气候变化等）。根据生态系统的层次与尺度，有的学者把退化生态系统分为局部退化生态系统、中尺度的区域退化生态系统和全球退化生态系统。彭少麟（2000）将常见的退化生态系统类型归纳为以下七种。

1．裸地

裸地（barren）或称为光板地，其成因通常是极端的环境条件，如较为潮湿，或较为干旱，或盐渍化程度较深，或缺乏有机质甚至无有机质，或基质移动性强等。裸地可以分为原生裸地（primary barren）和次生裸地（secondary barren）两种。原生裸地主要是自然干扰所形成的，而次生裸地则多是人为干扰所造成的。

2．森林采伐迹地

森林采伐迹地（logging slash）是人为干扰形成的退化类型，其退化状态随采伐强度和频度而异。据《2005 年全球森林资源评估报告》指出，2005 年全球森林面积 39.52 亿 hm^2，占陆地面积（不含内陆水域）的 30.3%，人均森林面积 0.62 hm^2。从世界各国情况看，全球森林面积总体上继续呈下降趋势，但减少的速度变缓。2000 年至 2005 年全球年均净减少森林面积 730 万 hm^2，与 20 世纪 90 年代（1990—2000 年）全球年均净减少森林面积 890 万 hm^2 相比，减少速度明显下降。其中，2000 年至 2005 年全球人工林面积每年增加 280 万 hm^2，高于 20 世纪 90 年代的 225 万 hm^2，中国年均增加 148.9 万 hm^2，占全球人工林年均增量的 53.2%。联合国粮农组织发布的全球森林评估报告指出：在全球森林资源继续减少的情况下，亚太地区森林面积出现了净增长，其中中国森林资源增长在很大程度上抵消了其他地区的森林高采伐率。

3．弃耕地

弃耕地（abandoned till，discard cultivated）是人类原始农耕方式造成的一种退化类型。这种退化类型也是相对于自然生态状态而言的，从生态系统演替意义上讲，这类退化生态系统有双重性。一方面，它的可恢复性强，如不再干扰，会按照群落演替规律逐步恢复到顶级群落；另一方面，在农业生产水平发展到一定程度后，弃耕地的增多是积极的，它为区域整体生态环境的改善提供了基本条件。

4．沙漠及荒漠化

沙漠（desert）可由自然干扰或人为干扰而形成。这里讲的沙漠，是指在人为干扰下，原来非沙漠的土地沙漠化的现象，主要是指一些干旱地区，由于人为干扰所出现的沙漠化或原沙漠区向非沙漠区的推进。所谓荒漠化，则是指在干旱、半干旱地区和一些半湿润地区，生态环境遭到破坏，造成土地生产力衰退或丧失而形成荒漠或类似荒漠的过程。国家林业局于 2003 年 11 月至 2005 年 4 月进行了第三次全国荒漠化和沙化监测。结果显示，截至 2004 年底，全国荒漠化土地为 263.62 万 km^2，占国土面积的 27.46%，沙化土地面积为 173.97 万 km^2，占国土面积的 18.12%。与 1999 年同一监测范围内相比，5 年间全国荒漠化、沙化土地面积分别净减少 37 924 km^2 和 6 416 km^2；年均分别减少 7 585 km^2 和 1 283 km^2，荒漠化和沙化程度有所减轻。

5．采矿废弃地

采矿废弃地（mine derelict）是指因采矿活动被破坏、不经治理而无法使用的土地。主要分为四种类型：① 由剥离表土、开采的废石及低品位矿石堆积所形成的废石堆废弃地；② 随着矿物的开采而形成的大量采空区域，即开采坑形式的废弃地；③ 由各种分选方法选出精矿后的剩余物的排放而形成的尾矿渣废弃地；④ 开采石料而形成的采石矿废弃地。

6．垃圾堆放场

垃圾堆放场（wastes stack bank）或垃圾堆埋场是家庭、城市、工业等堆积废物的地方，对生态环境的影响不仅仅是对耕地的占用，更为重要的是对生活环境的污染，包括对大气、地下水等的污染。

7．污染的水域

从长远的角度来看，自然原因是水域生态系统退化的主要因素，但随着工业化的发展，人为干扰大大加剧了退化的过程。大量未经过处理的生活和工业污水直接排放到自然水域中，使水源的质量下降，水域的功能降低，包括对水中生物生长、发育和繁殖的危害，甚至使水域丧失饮用水的功能。

二、退化生态系统的形成原因及其特征

（一）退化生态系统的形成原因

当生态系统的结构变化引起功能减弱或丧失时，生态系统处于退化的状态。引起生态系统退化的原因很多，自然干扰和人为干扰是生态系统退化的两大触发因子。由于干扰打破了原有生态系统的平衡状态，使系统的结构和功能发生变化和障碍，形成破坏性波动或恶性循环，从而导致系统的退化。

自然干扰是指来自不可抗拒的自然力的干扰作用，包括大气干扰、地质干扰和

生物干扰等。人为干扰是指由于人类生产、生活和社会形成的其他干扰体对自然环境和生态系统施加的各种影响，包括有毒化学物质释放与污染、森林砍伐、植被过度利用、露天开采等人为活动因素对生态系统的影响。Daily（1995）曾对造成生态系统退化的人类活动进行了排序：过度开发（含直接破坏和环境污染）占 35%，毁林占 30%，农业活动占 28%，过度收获薪材占 7%，生物工业占 1%。

干扰的强度和频度是决定生态系统退化程度的根本原因。自然干扰总是使生态系统返回到生态演替的早期状态。某些周期性的自然干扰在生态系统演替过程中起着反馈的作用，使生态系统处于一种稳态平衡状态，但一些剧变或突变性的自然干扰（火山爆发、洪水等）往往会导致生态系统的彻底毁坏。人为干扰往往叠加在自然干扰之上，共同加速生态系统的退化。在某些地区，人为干扰对生态系统的退化起着主要作用，并常造成生态系统的逆向演替，以及不可逆变化和不可预料的生态后果，如土壤荒漠化、生物多样性丧失和全球气候变化等。

（二）退化生态系统的特征

生态系统退化后，原有的平衡状态被打破，系统的结构、组分和功能都会发生变化，随之而来的是系统的稳定性减弱、生产能力降低、服务功能弱化。从生态学的角度分析，与正常生态系统相比，退化生态系统表现出如下特征：

1．生物多样性变化

系统的特征种类、优势种类首先消失，与其共生的种类也逐渐消失，接着依赖其提供环境和食物的从属性依赖种相继不适应而消失，即 *K*-对策种类消失。而系统的伴生种迅速发展，种类增加，如喜光种类、耐旱种类或对生境尚能忍受的先锋种类趁势侵入、滋生繁殖。物种多样性的数量可能并没有明显的变化，多样性指数可能并不降低，但多样性的性质发生变化，质量明显下降，价值降低，因而功能衰退。

2．层次结构简单化

生态系统退化后，反映在生物群落中的种群特征上，常表现为种类组成发生变化，优势种群结构异常；在群落层次上表现为群落结构的矮化，整体景观的破碎。例如，因过度放牧而退化的草原生态系统，最明显特征是牲畜喜食植物的种类减少，其他植被也因牧群的践踏，物种的丰富度减少、植物群落趋于简单化和矮小化，部分地段还因此而出现沙化和荒漠化。

3．食物网结构变化

由于生态系统结构受到损害，层次结构简单化以及食物网的破裂，有利于系统稳定的食物网简单化，食物链缩短，部分链断裂和解环，单链营养关系增多，种间共生、附生关系减弱，甚至消失。如随着森林的消失，某些类群的生物如鸟类、动物、微生物也因失去了良好的栖居条件和隐蔽点及足够的食源而随之消失。由于食物网结构的变化，系统自我组织自我调解能力减弱。

4. 能量流动出现危机和障碍

由于退化生态系统食物关系的破坏，能量的转化及传递效率会随之降低。主要表现为系统总光能固定的作用减弱，能流规模降低，能流格局发生不良变化；能流过程发生变化，捕食过程减弱或消失，腐化过程弱化，矿化过程加强而吸贮过程减弱；能流损失增多，能流效率降低。

5. 物质循环发生不良变化

生物循环减弱而地球化学循环增强。物质循环通常具有两个主要的流动途径，即生物学的“闭路”或称生物循环和地球化学的“开放”循环或称生物地球化学循环。生物循环主要在生命系统与活动库中进行。由于系统退化，层次结构简单化，食物网解链、解环或链缩短、断裂，甚至消失，使得生物循环的周转时间变短，周转率降低，因而系统的物质循环减弱，活动库容量变小，流量变小，生物的生态学过程减弱。生物地球化学循环主要在环境与储存库中进行，由于生物循环减弱，活动库容量小，相对于正常的生态系统而言，生物难以滞留较多的物质于活动库中，而储存库容量增大，因而生物地球化学循环加强。总体而言，物质循环由闭合向开放转化，同时由于生物多样性及其组成结构的不良变化，使得生物循环与地球化学循环组成的大循环功能减弱，对环境的保护和利用作用减弱，导致环境退化。不良变化中最明显的莫过于系统中的水循环、氮循环和磷循环，由生物控制转变为物质控制，系统由关闭转向开放。如森林的退化，导致其系统内土壤和养分被输送到毗邻的水生系统，进而引起富营养化等新的问题。当今全球范围内的干旱化，局部的水灾原因也就在于此。

6. 系统生产力下降

其原因在于：光能利用率减弱；由于竞争和对资源利用的不充分，光效率降低，植物为正常生长消耗在克服环境的不良影响上的能量（以呼吸作用的形式释放）增多，净初级生产力下降；第一性生产者结构和数量的不良变化也导致初级生产力降低。

7. 生物利用和改造环境能力弱化及功能衰退

主要表现在：固定、保护、改良土壤及养分能力弱化；调节气候能力削弱；水分维持能力减弱，地表径流增加，引起土壤退化；防风、固沙能力减弱；净化空气、降低噪声的能力弱化；美化环境等文化环境价值降低或丧失，这导致系统生境的退化，在山地系统中尤为明显。

8. 系统稳定性下降

稳定性是系统最基本的特征。正常系统中，生物相互作用占主导地位，环境的随机干扰较小，系统在某一平衡附近摆动。有限的干扰引起的偏离将被系统固有的生物相互作用（反馈）所抗衡，系统很快回到原来的状态。系统本是稳定的，但在退化系统中，由于结构成分的不正常，系统在正反馈机制驱使下使系统远离平衡，其内部相互作用太强，以致系统不能稳定下去。

综上所述，退化生态系统首先是组成和结构发生变化，导致其功能退化和生态过程弱化，引起系统自我维持能力减弱且不稳定。但系统成分与其结构的改变是系统退化的外在表现，功能退化才是退化的本质，因此退化生态系统功能的变化是判断生态系统退化程度的重要标志。然而，由于植物及其种群属于生态系统的第一性生产者，是生态系统有机物质最初来源和能量流动的基础。所以，植物群落的外貌形态和结构状况又通过系统中次级消费者、分解者的影响而决定着系统的动态，制约着系统的整体功能。因此，在退化生态系统中，结构与功能也是统一的，通过结构的变化，也可以推测出功能的改变。

第二节　生态系统健康

一、生态系统健康的概念

生态系统健康既可理解为生态系统的一种状态，也可当作一门学科来研究。不同的学者对生态系统健康的状态与生态系统健康学科体系有不同的看法，但总的来说可概括为：生态系统健康是指生态系统没有不良反应，稳定且可持续发展，随着时间的进程自身仍具有活力且能维持其组成与结构，在外界胁迫下容易恢复。

尽管“生态系统健康”的概念尚未取得共识，但很多学者认为只强调生态系统健康的生态学指标不够完善，更全面的是把人类健康也包括进来，也就是生态系统健康应该包含两方面内涵：满足人类社会合理要求的能力和生态系统本身自我维持与更新的能力。前者是后者的目标，而后者是前者的基础。Costanza 等从生态系统自身出发把生态系统健康的概念归纳为：①健康是系统的自动平衡；②健康是没有疾病；③健康是多样性或复杂性；④健康是稳定性或可恢复性；⑤健康是有活力或增长的空间；⑥健康是系统要素间的平衡。国际生态系统健康学会将“生态系统健康”定义为“研究生态系统管理的预防性的、诊断的和预兆的特征，以及生态系统健康与人类健康之间关系的一门系统的科学”。

生态系统健康包括从短期到长期的时间尺度、从地方到区域的空间尺度的社会、生态、健康、政治、经济、法律的功能，从地方、区域到全球胁迫下的生态环境问题，其目标是维持生产力并保持自然界为人类服务的功能，它是评价生态系统最佳状态的一种方式。可通过全面研究生态系统对胁迫条件的反应，从而找出生态退化或不健康的因素，指导生态退化的防治和恢复以及恢复后生态系统管理。

二、生态系统健康的标准

生态系统健康的标准有活力、恢复力、组织、生态系统服务功能的维持、管理选择、外部输入减少、对邻近系统的影响及对人类健康影响等八个方面（任海，2000），它们分属于生物物理范畴、社会经济范畴、人类健康范畴以及一定的时间、空间范畴。这八个标准中最重要的是前三个方面（Rapport，1998）。

1．活力（Vigor）

活力即生态系统的能量输入和营养循环容量。可根据新陈代谢或初级生产力等具体指标来测量。具体指标为生态系统的初级生产力和物质循环。在一定的范围内生态系统的能量输入越多，物质循环越快，活力就越高。但这并不意味着能量输入高和物质循环快生态系统就更健康，尤其对一些人控生态系统来说，高输入可导致负面影响，如土壤污染、水体富营养化等。

2．恢复力（Resilience）

恢复力也称抵抗能力，即胁迫消失时，系统克服压力及反弹恢复的容量。根据自然干扰的恢复速率和生态系统对自然干扰的抵抗力来评价。一般认为受胁迫生态系统比不受胁迫生态系统的恢复力更小。

3．组织（Organization）

组织即系统的复杂性，这一特征会随生态系统的次生演替而发生变化和作用。具体指标为生态系统中 *r*-对策种与 *K*-对策种的比率，短命种与长命种的比率，外来种与乡土种的比率，共生程度，乡土种的消亡等。一般认为，生态系统的组织越复杂就越健康。

系统的复杂性指生态系统的组成及途径的多样性，在生态系统演替和进化过程中，在没有胁迫情况下，生态系统的物质和能量运转量会增加，但其基本反馈结构会保持稳定。在胁迫下，一个组分的活力增加或减少，会引起其他组分增加或减少，并通过各种循环最终会影响到系统自身。

4．生态系统服务功能的维持（maintenance of ecosystem services）

这是人类评价生态系统的一条重要标准。一般是对人类有益的方面，如消解有毒的化学物质，净化水，减少水土流失等，不健康的生态系统的上述服务功能的质和量均会减少。

5．管理选择（management options）

健康生态系统可用于收获或更新资源、旅游、保护水源等各种用途和管理，退化或不健康的生态系统不再具有多种用途和管理选择，而仅发挥某一方面功能。

6．外部输入减少（reduced subsides）

所有被管理的生态系统依赖于外部输入。健康的生态系统的外部输入（如肥料、农药等）会大量减少。

7. 对邻近系统的破坏（damage to neighboring systems）

健康的生态系统在运行过程中对邻近的系统的破坏为零，而不健康的系统会对相邻的系统产生破坏作用，如污染的河流会对受其灌溉的农田产生巨大的破坏作用。

8. 对人类健康的影响（human health effects）

生态系统的变化可通过多种途径影响人类健康，人类的健康本身可作为生态系统健康的反映。与人类相关又对人类健康损害影响小或没有影响的生态系统为健康的系统。

三、生态系统健康的评价级别

1. 生态系统很健康的一级区

生态结构十分合理，系统活力极强，外界压力较小，无生态异常出现，生态系统的生态功能极其完善，系统极稳定，处于可持续状态。

2. 生态系统健康的二级区

生态系统结构比较合理，格局尚完美，系统活力较强，外界压力较小，无生态异常，生态系统的生态功能比较完善，系统尚稳定，生态系统可持续。

3. 生态系统亚健康的三级区

生态结构完整，具有一定的生态系统活力，外界压力较大，接近生态阈值，系统尚稳定，但敏感地带较多，已有少量的生态异常出现，可发挥基本的生态功能，生态系统可维持。

4. 生态系统不健康的四级区

生态系统出现缺陷，系统活力较低，外界压力大，生态异常较多，生态功能已经不能满足维持生态的需要，生态系统已经开始退化。

5. 生态系统病态的五级区

生态结构极不合理，自然植被斑块破碎严重，活力极低，出现大面积的生态异常区，生态系统已经严重恶化。

四、生态系统健康存在的问题

生态系统健康的兴起只是近十几年的事，还存在不少亟待解决的问题，这主要体现在：① 生态系统健康的不可确定性，虽然生态系统健康的标准已提出许多，但对于生态系统健康状态的确定仍有许多不确定性，例如生态系统在什么状态下才是没有干扰，才是健康的？这可能要从各种其他生物如何面对不可确定性的反应中寻找答案；② 生态系统健康要求综合考虑生态、经济和社会因子，但对各种时间、空间和异质的生态系统而言实在太难，尤其是人类影响与自然干扰对生态系统影响有何不同难以确定，生态系统改变到什么程度时其为人类服务的功能仍能维持；③ 由于生态系统的复杂性，生态系统健康很难简单概括到一些易测定的具体指标，评估方法还有待改进，否则生态学家和政策制定者很难找到准确参考点来评估生态系统健康受害程度；④ 生态系统是一个动态的过程，有一个产生、成长到消亡的过程，很难判断哪些是演替过程中的症状，哪些是干扰或不健康的症状，尤其对于幼年的和老年的生态系统的判断；⑤ 健康的生态系统具备吸收、化解外来胁迫的能力，但这种能力还很难测定，尤其是适应性在生态系统健康中的作用怎样；⑥ 生态系统的健康到底能持续多长时间；⑦ 生态系统保持健康的策略是什么。虽然生态系统健康为我们解决环境问题提供了新的概念构架和一系列研究手段，但这些问题尚有待于进一步的深入研究（任海，2001）。

第三节　生态系统管理

一、生态系统管理的概念

生态系统管理源于传统的林业资源管理和利用过程，20 世纪开始受到人们的重视，近年来，生态学界开始注意生态系统管理，并将其与可持续发展相联系。人类社会的可持续发展归根结底是一个生态系统管理问题，即如何运用生态学、经济学、社会学和管理学的有关原理，对各种资源进行合理管理，既满足当代人的需求，又不对后代人满足其需求的能力构成损害。生态系统管理是合理利用和保护生态系统健康最有效的途径。

20 世纪 80 年代后，关于生态系统和管理方面的研究论文大量出现，Agee 和 Johnson（1988）出版了生态系统管理的第一本专著，之后，又有数本关于生态系统管理的专著问世（Slocombe，1993；Gordon，1994；Vogt 等，1997）。在这些专著中，都阐述了资源开发与环境保护关系问题，以此来取得社会、经济、生态效益的统一。自此，生态系统管理的基本框架形成。

生态系统管理是指在充分认识生态系统整体性与复杂性的前提下，以持续的获得期望的物质产品、生态及社会效益为目标，并依据对关键生态过程和重要生态因子长期监测的结果而进行的管理活动（廖利平，赵士洞，1999）。

在生态系统管理发展的过程中，不同群体或个人根据不同的出发点有不同的看法，目前较有影响的定义归纳如下：

Overbay（1992）认为：利用生态学、经济学、社会学和管理学原理仔细地和专业地管理生态系统的生产、恢复，或长期维持生态系统的整体性和理想的条件、利用、产品、价值和服务。

美国内务部和土地管理局（1993）认为：生态系统管理要求考虑总体环境过

程，利用生态学、社会学和管理学原理来管理生态系统的生产、恢复或维持生态系统整体性和长期的功益和价值。它将人类、社会需求、经济需求整合到生态系统中。

美国生态学会（1996）认为：有明确的管理目标，并执行一定的政策和规划，基于实践和研究并根据实际情况作调整，基于对生态系统作用和过程的最佳理解，管理过程必须维持生态系统组成、结构和功能的可持续性。

Christensen（1996）认为：集中在根本功能复杂性和多重相互作用的管理，强调诸如集水区等大尺度的管理单位，熟悉生态系统动态过程的重要性或认识到生态过程的尺度和土地管理价值取向间的不相称性。

Dale（1999）认为：生态系统管理是考虑了组成生态系统的所有生物体及生态过程，并基于对生态系统的长期最佳理解的土地利用决策和土地管理实践过程。生态系统管理包括维持生态系统结构、功能的可持续性，认识生态系统的时空动态，生态系统功能依赖于生态系统的结构和多样性，土地利用决策必须考虑整个生态系统。

由此可见，上述这些定义在许多方面有重复，大多数定义强调在生态系统与社会经济系统间的可持续性平衡，部分定义强调生态系统的功能特征。生态系统管理的基础是人类对于生态系统中各成分间的相互作用和各种生态过程的最好理解。这就是说，只有充分地了解生态系统的结构和功能，包括种种生态过程，并根据这些规律性和社会情况来制定政策法令和选定各种措施，才能把生态系统管理好。

二、生态系统管理的基本原则

生态系统管理是以人为主体的管理行为，因为人既是生态系统的重要组分（被管理者），又是管理的实施者，管理是靠人来执行和实现的。因此，管理的一项重要原则就是人在生态系统中的双重性原则。只有加强规范人的行为的法规、政策和制度的建设，提高全人类的环境保护意识，树立可持续发展观念，才能真正实现可持续的生态系统管理。盛连喜（2002）认为生态系统管理应遵循以下原则：

1．整体性原则

整体性是生态系统的基本特征，各种自然生态系统都有其自身的整体运动规律，人为地随意地分割都会给整个系统带来灾难。因此在管理中要遵循系统的整体性原则，切忌人为切割。

2．动态性原则

生态系统的发育是一个动态的过程，是一个演替过程，包括正向演替或逆向演替。即使没有人为干扰，也始终处于动态变化之中。生态系统中生物与生物、生物与环境相联系，使系统输入和输出过程中维持需求的平衡。特定生态系统的功能总是和周围生态系统相互影响，在不同的时间和空间尺度上发生着各种生态过程。

3. 再生性原则

生态系统最显著的特征之一是具有很高的生产能力和再生功能。其主要组分——生产者，为地球上一切异养生物提供营养物质，是全球生物资源的营造者。异养生物对初级生产的物质进行取食加工和再生产，通过生态系统的多种功能流，如物质流、能量流等，形成次级生产。初级生产和次级生产为人类提供了几乎全部的食品、工农业生产的原料以及医药等。生态系统的这种生产能力和再造性，在管理中必须得到高度的重视，从而保证生态系统能提供充足的资源和良好的服务。

4. 多样性原则

生物多样性是生态系统持续发展和生产力的核心，其重要作用包括三方面：① 生物多样性在复杂的时空梯度上维持生态系统过程的运行；② 生物多样性是生态系统抗干扰能力和恢复能力的物质基础；③ 生物多样性是生态系统适应环境变化的物质基础。

5. 循环利用性原则

生态系统中有些资源是有限的，而非“取之不尽，用之不竭”。因此在进行管理时要遵循经济、生态规律。

6. 平衡性原则

生态系统健康是生态系统管理的目标，一个健康的生态系统常处于稳定和自我调节的状态，生态系统各部分的结构与功能处于相互适应与协调的动态平衡。生态系统自我调节能力受生态阈值的制约。当外界干扰或胁迫超过系统的承载力或容量极限时，生态系统的结构和功能遭到破坏，系统失衡，严重时系统衰败，甚至崩溃。为此，需要对生态系统各项功能指标（功能极限、环境容量等）加以认真分析和计算，通过合理的人为管理，减缓外界压力，以保持系统的健康和平衡。

三、生态系统管理的内容

生态系统管理的内容包括：① 向立法者、政策制定者、决策者，解释清楚其行为对区域生态系统甚至是生物圈的潜在影响；② 依靠控制污染或改变营养物或污染物向大气圈、水域、土壤或更直接地到植被的输入来调节化学条件；③ 调节物理参数，如通过大坝来控制水的排放或者控制盐水侵入沿岸蓄水区；④ 改变生物间的相互关系，如控制放牧和捕食强度以防止灌木和树木侵入草地和灌丛，或者依靠火来干涉植被的发展和动态；⑤ 控制人类对化学制品和其他制品的使用，如限制化肥和杀虫剂使用，调节渔网网孔大小；⑥ 在考虑保护利益时介入文化、社会和经济过程，如提高对农民的经济补贴以降低生态系统的负荷。

四、生态系统管理的要素

由于生态系统本身结构复杂，功能多样，不断变化等特点，在生态系统管理时需要考虑的要素较多。目前，人们在管理时主要考虑以下要素：① 根据管理的对象确定生态系统管理的定义，该定义必须把人类及其价值取向整合到生态系统。② 确定明确的、可操作的目标。③ 确定生态系统管理的时间和空间尺度。空间尺度的划分非常重要，如果管理区划分的边界和单位与生态系统过程的发生在空间上是一致的，则生态系统管理的实施会极大简化。在时间尺度上，要熟悉不确定性因素，并进行适应性管理，确保生态系统的可持续性。④ 收集适量数据，理解生态系统的复杂性和相互作用，提出合理的生态模式。⑤ 监测并识别生态系统内部的动态特征，确定生态学限定因子。⑥ 注意幅度和尺度，熟悉可忽视性和不确定性，并进行适应性管理。⑦ 确定影响生态系统管理活动的政策、法律和法规。⑧ 仔细选择和利用生态系统管理的工具和技术。⑨ 选择、分析和整合生态、经济和社会信息，并强调部门与个人间的合作。⑩ 实现生态系统的可持续性。

此外，生态系统管理时必须考虑时间、基础设施、区域大小和经费问题。

生态系统管理的科学基础是生态学、景观生态学、保护生物学和环境科学，还包括社会学、经济学和管理学等学科，因此，它要求生态学家、社会经济学家和政府管理人员的通力合作，但在现实生活中并不容易。生态学家强调政府部门和个人应该用生态学知识更深刻地理解资源问题，理解生态系统结构、功能和动态的整体性，强调要收集生物资源和生态系统过程的科学数据。社会经济学家更注重区域的长期社会目标，强调制定经济稳定和多样化的策略，尤其是少一些科学研究，期望生态系统的稳定性和确定性。而政府人员则考虑如何把多样性保护与生态系统整体性纳入法制体系，如何有效促进公共部门和私人协作的整体管理，如何用法律和政策促进生态系统的可持续发展。三者如果能实现全力合作，会使生态系统管理更为有效，真正实现资源与环境的可持续发展。

五、生态系统管理的主要途径与技术

由于人口的增长，在人类开发利用的扩大与生态系统完整性之间不可避免地存在矛盾，生态系统管理最终要提出备选和折中的方案。目前，生态系统的管理途径正处于探索阶段，盛连喜（2002）将其归纳为以下几方面：

1．清洁生产

清洁生产又被称为“无公害工艺”、“无污染生产”、“废料减量化”等。简单地说就是无废物少污染的生产。它的目标是：通过资源的综合利用、替代利用、多次利用以及节能、省料、节水等方式，实现合理利用资源，减缓资源的耗竭。

2．生态风险评估

生态风险评估是利用生态学、环境化学及毒理学的知识，定量确定环境危害对人类负效应的概率即其强度的过程。其目的在于通过对某种环境危害效应的科学评价，为生态环境和生态系统的保护和管理提供决策依据。

3．适度干扰与恢复重建

对生态系统的适度干扰不仅不会使生态系统受损，反而会使系统的结构和功能进一步完善，系统更加稳定。因此，适度干扰理论是目前生态系统管理实施的重要理论依据。

恢复与重建要求在遵循自然规律的基础上，通过人类的作用，根据技术上适当，经济上可行，社会能够接受的原则，使受害或退化生态系统重新获得健康并有益于人类生存与生活的生态系统重构或再生过程。

4．废物资源化管理与 5R 方法

垃圾堆放不仅加剧环境污染，而且侵占土地面积达 5 亿 m^2。对垃圾进行管理首先要扭转将垃圾作为废物的传统观念，要把垃圾作为一种宝贵的资源来对待。目前，许多社区正在试图对废物进行综合管理，改变仅仅依赖填埋或焚烧处理废物的状况，提出了减少废物数量的 5R 方法：

抵制（reject）即不买难以回收或会造成浪费的产品，如选购不含汞和镉的环保电池。

减少（reduce）即改变产品生产和人们购物的方式，减少过度消费和浪费，如只购买需要的商品，不购买过度包装的商品。

修复（repair）即修复损伤的物品而不更换新的物品，如修好损坏的物品再用，而不是随意丢弃。

回收（recycle）即将废旧物品送到回收中心，重新制成产品，多次循环利用丢弃的产品。研究表明，用回收纸的纸浆造纸比用木材造纸至少要少消耗 70%的能源和 50%的水；生产回收铝盒所消耗的能源仅是制造全新铝盒的 10%。

响应（react）即让生产者和消费者了解造成浪费的情况和不负责的废物管理，共同改变行为，实行源头削弱，减少废物的产生。生产者可少生产和少使用带有不必要包装或过度包装的商品，延长产品的使用寿命；消费者可购买真正需要的产品、使用可以重复使用的产品，购买绿色产品，做一个绿色消费者。消费者的消费将导致生产者转变它的生产，向有利于环境的方向转变。

5．生态工业园区（EIP）

生态工业园区是在生态学、生态经济学、工业经济学和系统工程理论指导下，将在一定地理区域内的多种具有不同生产目的的产业，按照物质循环、生物和产业共生原理组织起来，构成一个从摇篮到坟墓利用资源的具有完整生命周期的产业链和产业网，以最大限度地降低对生态环境的负面影响，求得多产业综合发展的产业集团。它们在运行过程中，有计划地进行物质和能量交换，高效分享资源，寻求资源和能源消耗最小化、废物产生最小化，努力建设可持续发展的经济、生态和社会关系。

6．实施标准化环境管理系列标准

目前有世界标准化组织（ISO）推出的环境管理系列标准为 ISO 14000，该标准从 14001 至 14100，共 100 个标准号。实施 ISO 14000 的目的是规范、约束企业和社会团体所有组织的环境行为，以实现节约资源、减少环境污染、改善环境质量和促进经济的持续、健康发展的目标。

7．大力开展生态工程和生态建设

我国开展了“三北”防护林、长江中上游防护林、沿海防护林等建设工程、京津风沙源治理工程、野生动植物保护及自然保护区建设工程和重点地区速生丰产用材林基地建设工程等。“十五”期间，天然林资源保护工程共营造生态公益林 800 万 hm^2，使 9 333 万 hm^2 森林资源得到休养生息；退耕还林工程共完成造林 2 133 万 hm^2，其中生态退耕 538 万 hm^2，荒山荒地造林 1 200 万 hm^2，封山育林 133 万 hm^2。

国家实施西部大开发战略，把以“退耕还林、还草”为核心的生态建设提到了举足轻重的地位，为西部地区生态环境的改善提供了千载难逢的机遇。把生态建设与提高农牧业生产水平结合起来，以增加荒漠区的林草植被为主，生产措施、工程措施和农艺措施综合配套，积极治理草地退化、沙化和碱化，控制荒漠化扩大。采取人工种草、飞播种草等措施，变草地粗放经营为集约经营，实现草场和畜牧业的可持续发展。

8．加强自然保护的管理和研究，建立各种类型自然保护区

自然保护包括对自然环境和自然资源的保护，主要有两种方式。第一种方式是直接保护目标生物或特殊类群；第二种方式就是建立各种类型的自然保护区。实际上就是通过保护物种生存繁衍的栖息地，达到实现生物多样性的长久保护。据统计，自 1956 年我国第一个自然保护区建立，经过 50 多年的努力，我国至今已建立了 2 349 个自然保护区，总面积达 150 万 km^2，约占陆地国土面积的 15%，超过世界平均水平。已有 26 处自然保护区加入联合国教科文组织“人与生物圈”保护区网络，有 27 处列入《国际重要湿地名录》，有 10 多处成为世界自然遗产地，有相当一部分是全球生物多样性保护的重点地区，在世界生物多样性保护中发挥着十分关键的作用，具有广泛的国际影响。截至 2007 年底，全国林业系统自然保护区已达 1 766 处，总面积 1.229 8 亿 hm^2，占全国国土面积的 12.8%，超过了世界平均水平和发达国家水平。其中，林业系统国家级自然保护区 213 处，面积 7 583.6 万 hm^2。林业系统自然保护区保护了我国 90%的陆地生态系统类型、45%的天然湿地、85%的野生动物种群和 65%的高等植物群落，涵盖了 20%的天然优质森林和 30%的典型荒漠地区，对维护生物多样性和促进可持续发展发挥了重要作用。

9．推广“3S”技术

“3S”技术是 RS（遥感）、GIS（地理信息系统）、GPS（全球定位系统）的总称，它们是人类现代科学技术的重要成就，是人类为获取、处理、分析生存环境信

息逐步发展起来的先进的技术手段。

“3S”技术作为一种先进的科学技术手段，已在可持续发展的人口、资源、环境与发展几大因子的应用研究中显示出强大的生命力。在生态系统管理中的作用主要表现在以下几个方面：① 区域与全球资源的探测、预测与评价。② 对于土地资源、农业资源、水资源等，运用“3S”技术建立精度较高的模型。③ 对于全球性环境问题，如臭氧层的变化、温室效应、海平面上升、厄尔尼诺现象，通过“3S”技术对全球性环境要素的动态监测与分析，获取全球变化的信息，为全人类服务。④ 对于区域性的环境问题如水土流失、沙漠化、环境污染和生态破坏，RS、GIS技术的广泛应用能够为区域可持续发展提供信息及对策。⑤ “3S”技术在环境灾害的监测预测预报及防治方面取得可喜的进展，为人类减灾防灾，可持续发展的顺利进行提供保障。

10．环境管理信息系统（EMIS）

环境管理信息系统是以现代数据库技术为核心，将环境信息存储在电子计算机中，在计算机软、硬件支持下，实现对环境信息的输入、输出、修改、增加、删除、传播、检索和计算等各种数据库技术的基本操作，并结合统计数学、优化管理分析、制图输出、预测评价模型、规划决策模型等应用软件，构成一个复杂而有序的、具有完整功能的技术工程系统。它既是各种环境信息的数据库，又是环境管理政策的策略的试验室。

生态系统管理的途径除以上 10 种之外还有很多，例如，由于各种自然资源是有价值的，在市场经济体制下，可以有效利用各种经济手段，制定各种资源开发利用补偿收费政策和环境的税收政策；研究并试行把自然资源和环境因素纳入国民经济核算体系；制定不同行业污染物排放的限定标准；改革资源价格体系，促进资源的节约利用和保护增值。总之，不论采取什么途径，都要像对待人类健康一样去管理生态系统，对受损害的生态系统要坚决制止各种干扰和破坏，同时，通过各种有效途径，使受损害的生态系统恢复健康状态。

生态系统管理作为生态恢复的一种途径和手段，无论是对退化生态系统的自然恢复和生态系统重建恢复都具有重要意义，它也是实现生态恢复目标过程中的一种管理和校正技术，贯穿于生态恢复过程的各个阶段。

本章小结

退化生态系统实际上是生态系统演替的一个类型。退化生态系统既可能是自然的，也可以是人为的，它是指生态系统在自然或人为干扰下形成的偏离自然状态的系统。当生态系统的结构变化引起功能减弱或丧失时，生态系统处于退化的状态。引起生态系统退化的原因很多，干扰的作用是主要的原因。

生态系统健康是指生态系统没有不良反应，稳定且可持续发展，随着时间的进程自身仍具有活力且能维持其组成与结构，在外界胁迫下容易恢复。其包括活力、恢复力、组织、生态系统服务功能的维持、管理选择、外部输入减少、对邻近系统的影响及对人类健康影响八个方面标准。

生态系统管理是指在充分认识生态系统整体性与复杂性的前提下，以持续地获得期望的物质产品、生态及社会效益为目标，并依据对关键生态过程和重要生态因子长期监测的结果而进行的管理活动。生态系统管理是合理利用和保护生态系统健康最有效的途径。遵循着整体性、动态性、再生性、多样性、循环利用性、平衡性这六个原则。

复习思考题

1. 退化生态系统类型有哪些？
2. 何为退化生态系统？从生态学角度分析，退化生态系统有哪些特征？
3. 何为生态系统健康？生态系统健康的评定标准有哪些？
4. 生态系统健康的评价级别有哪些？
5. 何为生态系统管理？生态系统管理的基本原则是什么？
6. 生态系统管理的要素有哪些？
7. 生态系统管理的主要途径与技术有哪些？

第二章 生态恢复

【学习指南】本章内容包括恢复生态学的发展历程，研究对象，概念与含义，研究内容，生态恢复的原理，生态恢复的目标、过程、时间与机理，恢复标准及生物多样性的作用，生态恢复的类型，生态工程的类型，生态系统健康与生态恢复及生态工程的关系。本章的重点是生态系统健康与生态恢复及生态工程的关系，这部分内容是本教材的关键部分，起着纲举目张的作用，因此必须紧紧抓住这个教学重点。但是，为了深刻理解教学重点，前面的内容也必须掌握，因为前面的内容是重点的基础和前提。

第一节 生态恢复学

一、恢复生态学的产生与发展

恢复生态学研究起源于 100 年前的山地、草原、森林和野生生物等自然资源管理研究，其中 20 世纪初的水土保持、森林砍伐后再植的理论与方法在恢复生态学中沿用至今。1941 年科学家提出土地健康的概念。20 世纪 50—60 年代，欧洲、北美和中国都注意到了各自的环境问题，开展了一些工程与生物措施相结合的矿山、水体和水土流失等环境恢复和治理工程，并取得了一些成效，从 70 年代开始，欧美一些发达国家开始水体恢复研究，在此期间，虽有部分国家开始定位观测和研究，但还没有生态恢复的机理研究。1975 年在美国召开了“受损生态系统的恢复”国际研讨会，探讨了受损生态系统恢复的一些机理和方法，并呼吁科学家们注意搜集受损生态系统科学数据和资料，开展技术措施研究，建立国家间的研究计划。1980 年，《受损生态系统的恢复过程》一书出版，8 位科学家从不同角度探讨了受损生态系统恢复过程中重要生态学理论和应用问题。1983 年，在美国召开了“干扰与生态系统”的国际研讨会，探讨了干扰对生态系统各个层次的影响。1984 年，在美国威斯康星大学召开了恢复生态学研讨会，强调了恢复生态学中理论与实践的统一性，并提出恢复生态学在保护与开发中起重要的桥梁作用；美国 1985 年成立了

“恢复地球”组织，该组织先后开展了森林、草地、海岸带、矿地、流域、湿地等生态系统的恢复实践并出版了一系列生态恢复实例专著，提出了恢复生态学的术语。1985 年，国际恢复生态学会成立。1991 年，在澳大利亚举行了“热带退化林地的恢复国际研讨会”。1993 年，在香港举行了华南退化坡地恢复与利用国际研讨会，系统探讨了中国华南地区退化坡地的形成及恢复问题；1996 年，在瑞士召开了第一届世界恢复生态学大会，强调恢复生态学在生态学中的地位，恢复技术与生态学的结合，恢复过程中经济与社会内容的重要性，随后国际恢复生态学会每年召开一次国际研讨会。

当前在恢复生态学理论和实践方面走在前列的地区是欧洲和北美，在实践中走在前列的国家还有新西兰、澳大利亚和中国。其中欧洲偏重矿地恢复，北美偏重水体和林地恢复，而新西兰和澳大利亚以草原管理为主，中国则因人口偏多强调农业综合利用。从 20 世纪 70 年代至今，国外比较成功的恢复典型有：热带的土地退化现状及恢复技术，坦桑尼亚的毁林地恢复，退化的石灰岩矿地的造林，湿热带的自然林恢复，东玻利维亚、巴西、东南亚、赞比亚等国家和地区的土地恢复，干旱和半干旱土地退化生态系统的恢复与重建。这些恢复试验的对象涉及了草原、河流、湖泊、废弃矿地、森林和农田，在这些恢复过程中主要研究内容有干扰和受损生态系统，受损生态系统的恢复与重建，湿热带森林生态系统的稳定性，废弃矿地和垃圾场的恢复，河流和湖泊的水生植物群落的重建等。在此基础上，已有一些恢复生态学的理论成果出现。

我国最早的恢复生态学研究是中国科学院华南植物研究所 1959 年在广东的热带沿海侵蚀台地上开展的退化生态系统的植被恢复技术与机理研究，经过近 40 年的系统研究提出了“在一定的人工启动下，热带极度退化的森林可恢复；退化生态系统的恢复可分三步走；恢复过程中植物多样性导致动物和微生物多样性，植物多样性是生态系统稳定性的基础；森林恢复过程中结构与功能不同步恢复”等观点，还先后创建了我国恢复生态学研究的两个基地——小良热带森林生态系统定位研究和鹤山丘陵综合试验开放站。从此以后，先后有多个单位开展了退化生态系统恢复研究，其中包括：南京大学自 1963 年起就从英国、丹麦引进大米草在沿海滩涂种植以控制海岸侵蚀，至 1980 年推广 3 万多公顷。中国科学院兰州沙漠所开展的沙漠治理与植被固沙研究，中国科学院西北水土保持研究所开展的黄土高原水土流失区的治理与综合利用示范研究，中国科学院水生生物研究所的湖泊生态系统恢复研究，中国科学院西北高原生物研究所开展的高原退化草甸的恢复与重建研究，中国科学院成都生物研究所开展的岷江上游植被恢复研究，中国科学院南京土壤所开展的红壤恢复与综合利用试验，广西科学院和中山大学开展的红树林恢复重建试验等。1983 年，中国科学院内蒙古草原站开展了不同恢复措施下退化羊草草原恢复演替研究。1990 年，东北林业大学开展了黑龙江省森林生态系统恢复与重建研究，同期中国林业科学研究院开展了海南岛热带林地的植被恢复与可持续发展研究。另有中国环境科学院、中山大学、中国矿业大学等单位开展的大量废弃矿地和垃圾场的恢复对策研究。20 世纪 90 年代中期，先后出版了《热带亚热带退化生态系统的植被恢复生态学研究》和《中国退化生态系统研究》等专著，提出了适合中国国情的恢复生态学研究理论和方法体系。

二、生态恢复的概念及含义

美国自然资源委员会 1995 年认为，使一个生态系统回复到较接近其受干扰前的状态即为生态恢复；Jordan（1995）认为，使生态系回复到先前或历史上（自然的或非自然的）的状态即为生态恢复；Cairns（1995）认为，生态恢复是使受损生态系统的结构和功能回复到受干扰前状态的过程；Egan（1996）认为，生态恢复是重建某区域历史上有的植物和动物群落，而且保持生态系统和人类的传统文化功能的持续性的过程。

上述四种定义强调，受损的生态系统要恢复到理想的状态才是生态恢复。但是，现实中这种理想状态很难实现，原因在于：缺乏对生态系统历史的了解、恢复时间太长、生态系统中关键种的消失、费用太高等。于是人们又做了下述定义：

1996 年我国余作岳等提出，恢复生态学是研究生态系统退化的原因、退化生态系统恢复与重建的技术与方法、生态学过程与机理的科学。Bradshaw（1987）认为，生态恢复是有关理论的一种“严密验证”，它研究生态系统自身的性质、受损机理及修复过程；Diamond（1987）认为，生态恢复就是再造一个自然群落，或再造一个自我维持、并保持后代具持续性的群落；Harper（1987）认为，生态恢复是关于组装并试验群落和生态系统如何工作的过程。国际恢复生态学会先后提出三个定义：生态恢复是修复被人类损害的原生生态系统的多样性及动态的过程（1994）；生态恢复是维持生态系统健康及更新的过程（1995）；生态恢复是帮助研究生态整合性的恢复和管理过程的科学，生态整合性包括生物多样性、生态过程和结构、区域及历史情况、可持续的社会实践等广泛的范围（1995）。第三个定义是该学会的最终定义。

与自然条件下发生的次生演替不同，生态恢复强调人类的主动作用。事实上，人类活动对所有生态系统具有不可避免的影响，我们得从生态平衡的观点转向动态的观点看生态恢复。生态恢复包括人类的需求观、生态学方法的应用、恢复目标和评估成功的标准，以及生态恢复的各种限制（如恢复的价值取向、社会评价、生态环境）等基本成分。

三、生态恢复生态学的研究内容

（一）恢复生态学的基础理论研究

1. 生态系统结构、功能及其内在生态学过程与相互作用机制研究。
2. 生态系统的稳定性、多样性、抗逆性、生产力、恢复力与可持续性研究。
3. 先锋与顶级生态系统发生、发展机理与演替规律研究。
4. 不同干扰条件下生态系统的受损过程及其响应机制研究。
5. 生态系统退化的景观诊断及其评价指标体系研究。
6. 生态系统退化过程的动态监测、模拟、预警及预测研究。
7. 生态系统健康研究。

（二）应用技术研究

1. 退化生态系统的恢复与重建的关键技术体系研究。
2. 生态系统结构与功能的优化配置与重构及其调控技术研究。
3. 物种与生物多样性的恢复与维持技术。
4. 生态工程设计与实施技术。
5. 环境规划与景观生态规划技术。
6. 典型退化生态系统恢复的优化模式试验示范与推广研究。

第二节　生态恢复的原理

一、演替理论

生物群落的发展变化中有演替现象与规律。生物群落的演替分自然演替和人为演替，其中自然演替又分为原生演替和次生演替。原生演替是指生物群落在特定的环境和条件逐步发育至稳定的顶级群落的过程，而次生演替则指生物群落在遇到自然灾害的破坏以后，逐步演替恢复至顶级群落的过程。有些生物群落受人为活动的影响而退化或损坏后，可以模仿次生演替采取封育的措施而恢复。如果生物群落破坏严重，仅靠天然次生演替则无法使生物群落恢复。但是生物群落演替的理论仍可指导进行人工的生态重建而逐步演替恢复。

在自然条件下，如果群落一旦遭到干扰和破坏，它还是能够恢复的，尽管恢复的时间有长短。首先是被称为先锋植物的种类侵入遭到破坏的地方并定居和繁殖。先锋植物改善了被破坏地的生态环境，使得更适宜的其他物种生存并被其取代。如此渐进直到群落恢复到它原来的外貌和物种成分为止。在遭到破坏的群落地点所发生的这一系列变化就是演替。

演替可以在地球上几乎所有类型的生态系统中发生。由于近期活跃的自然地理过程，如冰川退缩，侵蚀发生的那些地区的演替称为原生演替。次生演替指发生在起因于火灾、污染、耕耘等而使原先存在的植被遭到破坏的那些地区的演替。在火烧或滥伐后的林地如云杉林上发生的次生演替过程一般经过：迹地→杂草期→桦树期→山杨期→云杉期等阶段，时间可达几十年之久。弃耕地上发生的次生演替顺序为：弃耕地→杂草期→优势草期→灌木期→乔木期。可以看出，无论原生演替还是次生演替，都可以通过人为手段加以调控，从而改变演替速度或改变演替方向。例如在云杉林的火烧迹地上直接种植云杉，从而缩短演替时间。在弃耕地上种植茶树亦能改变演替的方向。

基于上述理论，生态恢复工程获得了认识的基础。即生态恢复工程是在生态建设服从于自然规律和社会需求的前提下，在群落演替理论指导下，通过物理、化学、生物的技术手段，控制待恢复生态系统的演替过程和发展方向，恢复或重建生态系统的结构和功能，并使系统达到自维持状态。

二、限制因子原理

生物的生存和繁殖依赖于各种生态因子的综合作用，其中限制生物生存、生长、繁殖或扩散的关键因子就是限制因子。任何一种生态因子只要接近或超过生物的耐受范围，它就会成为这种生物的限制因子。系统的生态限制因子强烈地制约着系统的发展，在系统的发展过程中往往同时有多个因子起限制作用，并且因子之间也存在相互作用。

当一个生态系统被破坏之后，要进行恢复会遇到许多因子的制约，如水分、土壤、温度、光照等，生态恢复工程也是从多方面进行设计与改造生态环境和生物种群。但是在进行生态恢复时必须找出该系统的关键因子，找准切入点，才能进行恢复工作。例如，退化的红壤生态系统中土壤的酸度偏高，一般的作物或植物都不能生长，此时土壤酸度是关键因子，必须从改变土壤的酸度开始，进行系统的恢复，使酸度降低了植物才能生长，植被才能恢复，土壤的其他性状才能得到改变。又如在干旱沙漠地带，由于缺水，植物不能生长，因此必须从水这一限制因子出发，先种一些耐旱性极强的草本植物，同时利用沙漠地区的地下水，营造耐旱灌木，一步一步地改变水分这一因子，从而逐步改变植物的种群结构。

明确生态系统的限制因子，有利于生态恢复工程的设计，有利于技术手段的确定，缩短生态恢复所必需的时间。

三、生态系统的结构理论

（一）生态系统结构的概念

生态系统是由生物组分与环境组分组合而成的具有一定结构的有序的系统。所谓生态系统的结构系指生态系统中的组成成分及其在时间、空间上的分布和各组分间能量流动、物质循环、信息传递的方式与特点。具体来说，生态系统的结构包括三个方面，即物种结构、时空结构和营养结构。

1．物种结构

又称为组分结构。是指生态系统由哪些生物种群所组成，以及它们之间的量比关系，如浙北平原地区农业生态系统中粮、桑、猪、鱼的量比关系，南方山区粮、果、茶、草、畜的物种构成及数量关系。

2．时空结构

生态系统中各生物种群在空间上的配置和在时间上的分布，构成了生态系统形态结构上的特征。大多数自然生态系统的形态结构都具有水平空间上的镶嵌性，垂直空间上的层次性和时间分布上的发展演替特征，是组建合理恢复生态工程结构的借鉴。

3．营养结构

生态系统中由生产者、消费者、分解者三大功能类群以食物营养关系所组成的食物链、食物网是生态系统的营养结构。它是生态系统中物质循环、能量流动和信息传递的主要路径。

（二）合理的生态系统结构

建立合理的生态系统结构有利于提高系统的功能。生态结构是否合理体现在生物群体与环境资源组合之间的相互适应，充分发挥资源的优势，并保护资源的持续利用。从时空结构的角度，应充分利用光、热、水、土资源，提高光能的利用率。从营养结构的角度，应实现生物物质和能量的多级利用与转化，形成一个高效的、无“废物”的系统。从物种结构上，提倡物种多样性，有利于系统的稳定和持续发展。

（三）生态系统结构理论在恢复生态工程中的应用

根据生态系统结构理论，生态恢复工程中应采用多种生物物种，实行农业物种、林业物种、牧业物种、渔业物种的结合，实现物种之间的能量、物质和信息的流动，在不同的地理位置上，安排不同的物种。如山区的生态恢复应以林业为主、丘陵的生态恢复以林、草相结合为主，平原地区的恢复则以农、渔、饲料、绿肥为主。

在垂直结构上实行农林业生产体系或农林系统。所谓农林系统或农林业系统是泛指在同一土地单元或农业生产系统中既包含木本植物又包含农作物或动物的一种土地利用系统。农林系统有助于控制毁林，恢复林业种群，同时有助于调节小气候和增进地力，提高产量。

在生态恢复工程中要注意食物链的“加环”。例如生态恢复工程中种植的草本植物可以用来饲养草食性动物，动物的粪便可以作为有机肥来培肥土壤，加快土壤肥力的恢复。

四、生态适宜性原理和生态位理论

（一）生态适宜性原理

生物由于经过长期的与环境的协同进化，对生态环境产生了生态上的依赖，其生长发育对环境产生了要求。如果生态环境发生变化，生物就不能较好地生长，因此产生了对光、热、温度、水、土等方面的依赖性。

植物中有一些是喜光植物，而另一些则是喜阴植物。同样，一些植物只能在酸性土壤中才能生长，而有一些植物则不能在酸性土壤中生长。一些水生植物只能在水中才能生长，离开水体则不能成活。

因此种植植物必须考虑其生态适宜性，让最适应的植物或动物生长在最适宜的环境中。

（二）生态位理论

生态位是生态学中一个重要概念，主要指在自然生态学中一个种群在时间、空间上的位置及其与相关种群之间的功能关系。

关于生态位的定义有多个，是随着研究的不断深入而进行补充和发展的。美国学者 J.Grinell（1917）最早在生态学中使用生态位的概念，用以表示划分环境的空间单位和一个物种在环境中的地位。他认为生态位是一种所占有的微环境。实际上，他强调的是空间生态位的概念。英国生态学家 C.Elton（1927）赋予生态位以更进一步的含义，他把生态位看做是“物种在生物群落中的地位与功能作用”。英国生态学家 G.E.Hutchinson（1957）发展了生态位概念，提出 n 维生态位（n-dimensional niche），他以物种在多维空间中的适合性去确定生态位边界，对如何确定一个物种所需要的生态位变得更清楚了。他的生态位概念目前已被广泛接受。

因此，生态位可表述为：生物完成其正常生命周期所表现的对特定生态因子的综合位置。即用某一生物的每一个生态因子为一维（X_i），以生物对生态因子的综合适应性（Y）为指标构成的超几何空间。

（三）生态适宜性原理和生态位理论在生态恢复工程中的应用

根据生态适宜性原理，在生态恢复工程设计时要先调查恢复区的自然生态条件，如土壤性状、光照特性、温度等，根据生态环境因子来选择适当的生物种类，使得生物种类与环境生态条件相适宜。

根据生态位理论，要避免引进生态位相同的物种，尽可能使各物种的生态位错开，使各种群在群落中具有各自的生态位，避免种群之间的直接竞争，保证群落的稳定。

组建由多个种群组成的生物群落，充分利用时间、空间和资源，更有效地利用环境资源，维持长期的生产力和稳定性。

五、生物多样性原理

生物多样性（biodiversity）是近年来生物学与生态学研究的热点问题。一般的定义是“生命有机体及其赖以生存的生态综合体的多样化和变异性”。按此定义，生物多样性是指生命形式的多样化（从类病毒、病毒、细菌、支原体、真菌到植物界与动物界），各种生命形式之间及其与环境之间的多种相互作用，以及各种生物群落、生态系统及其生境与生态过程的复杂性。

一般的讲，生物多样性包括遗传多样性、物种多样性、生态系统与景观多样性。

保护生物多样性，首先是保护了地球上的种质资源，同时恢复生物多样性会增加生态系统功能过程的稳定性：①高多样性增加了具有高生产力和种类出现的机会；②多样性高的生态系统内，营养的相互关系更加多样化，为能量流动提供可选择的多种途径，各营养水平间的能量流动趋于稳定；③高多样性增强生态系统被干扰后对来自系统外种类入侵的抵抗能力；④多样性高增加了系统内某一个种所有个体间的抗病性，降低了植物病体的扩散；⑤多样性高的生态系统内，各个种类充分占据已分化的生态位，从而提高系统对资源利用的效率。

生态恢复工程中应最大限度地采取技术措施，通过引进新的物种、配置好初始种类组成、种植先锋植物、进行肥水管理等，加快恢复与地带性生态系统（结构和功能）相似的生态系统。同时利用就地保护的方法，保护自然生境里的生物多样性，有利于人类对资源的可持续利用。

六、缀块-廊道-基底理论

景观的结构单元为：缀块、廊道和基底。缀块泛指与周围环境在外貌和性质上不同，并具有一定内部均质性的空间单元。具体地讲，缀块可以是植物群落、湖泊、草原、农田或居民区等。廊道是指景观中与相邻两边环境不同的线性或带状结构。常见的廊道包括农田间的防风林带、河流、道路、峡谷、输电线路等。基底则是指景观中分布最广、连续性最大的背景结构。常见的有森林基底、草原基底、农田基底、城市用地基底等。

景观中缀块面积的大小、形状以及数目，对生物多样性和各种生态学过程都会有影响。例如，物种数量与生境面积之间的关系常表达为：

$$S=CA^{Z}$$

式中，S——物种数量；

A——生境面积；

C——常数；

Z——常数。

景观生态学的理论能广泛地应用于恢复生态工程中。对生态系统的恢复在大、中尺度上，必须考虑土地利用的整体规划，考虑生境的破碎化，恢复与保持景观的多样性和完整性。在保护区的规划设计时，应用岛屿生物地理学理论，在物种保护时考虑它们所生存的生态系统和景观的多样性和完整性。

第三节　生态恢复的目标、过程与标准

一、目标与原则

（一）目标

1. 生态恢复工程目标

Hobbs 和 Norton（1996）认为恢复退化生态系统的目标包括：建立合理的内容组成（种类丰富度及多度）、结构（植被和土壤的垂直结构）、格局（生态系统成分的水平安排）、异质性（各组分由多个变量组成）、功能（诸如水、能量、物质流动等基本生态过程的表现）。事实上，进行生态恢复工程的目标不外乎四个：

（1）恢复诸如废弃矿地这样极度退化的生境；

（2）提高退化土地的生产力；

（3）在被保护的景观内去除干扰以加强保护；

（4）对现有生态系统进行合理利用和保护，维持其服务功能。

如果按短期与长期目标分还可将上述目标分得更细。

2. 恢复生态学的目标

虽然恢复生态学强调对受损生态系统进行恢复，但恢复生态学的首要目标仍是保护自然生态系统，因为保护在生态系统恢复中具有重要的参考作用；第二个目标

是恢复现有的退化生态系统，尤其是与人类关系密切的生态系统；第三个目标是对现有的生态系统进行合理管理，避免退化；第四个目标是保持区域文化的可持续发展；其他的目标包括实现景观层次的整合性，保持生物多样性及保持良好的生态环境。Parker（1997）认为，恢复的长期目标应是生态系统自身可持续性的恢复，但由于这个目标的时间尺度太大，加上生态系统是开放的，可能会导致恢复后的系统状态与原状态不同。

3．基本的生态恢复目标

总之，根据不同的社会、经济、文化与生活需要，人们往往会对不同的退化生态系统制定不同水平的恢复目标。但是无论对什么类型的退化生态系统，应该存在一些基本的恢复目标或要求，主要包括：

（1）实现生态系统的地表基底稳定性，因为地表基底（地质地貌）是生态系统发育与存在的载体，基底不稳定（如滑坡），就不可以保证生态系统的持续演替与发展；

（2）恢复植被和土壤，保证一定的植被覆盖率和土壤肥力；

（3）增加种类组成和生物多样性；

（4）实现生物群落的恢复，提高生态系统的生产力和自我维持能力；

（5）减少或控制环境污染；

（6）增加视觉和美学享受。

（二）原则

退化生态系统的恢复与重建要求在遵循自然规律的基础上，通过人类的作用，根据技术上适当，经济上可行，社会能够接受的原则，使受害或退化生态系统重新获得健康并有益于人类生存与生活的生态系统重构或再生过程。生态恢复与重建的原则一般包括自然法则、社会经济技术原则、美学原则3个方面。自然法则是生态恢复与重建的基本原则，违背这一法则的结果只能是背道而驰，事倍功半。社会经济技术条件是生态恢复重建的后盾和支柱，在一定尺度上制约着恢复重建的可能性、水平与深度。美学原则是指退化生态系统的恢复重建应给人以美的享受。

二、生态恢复的机制

以往，恢复生态学中占主导的思想是通过排除干扰、加速生物组分的变化和启动演替过程使退化的生态系统恢复到某种理想的状态。在这一过程中，首先是建立生产者系统（主要指植被），由生产者固定能量，并通过能量驱动水分循环，水分带动营养物质循环。在生产者系统建立的同时或稍后再建立消费者、分解者系统和微生境。余作岳等（1996）通过近 40 年的恢复试验发现，在热带季雨林恢复过程中植物多样性导致了动物和微生物的多样性，而多样性可能导致群落的稳定性。

Hobbs 和 Mooney（1993）指出，退化生态系统恢复的可能发展方向包括：退化前状态、持续退化、保持原状、恢复到一定状态后退化、恢复到介于退化与人们可接受状态间的替代状态或恢复到理想状态。然而，也有人指出退化生态系统并不总是沿着一个方向恢复，也可能是在几个方向间进行转换并达到复合稳定状态（见图 2-1）。

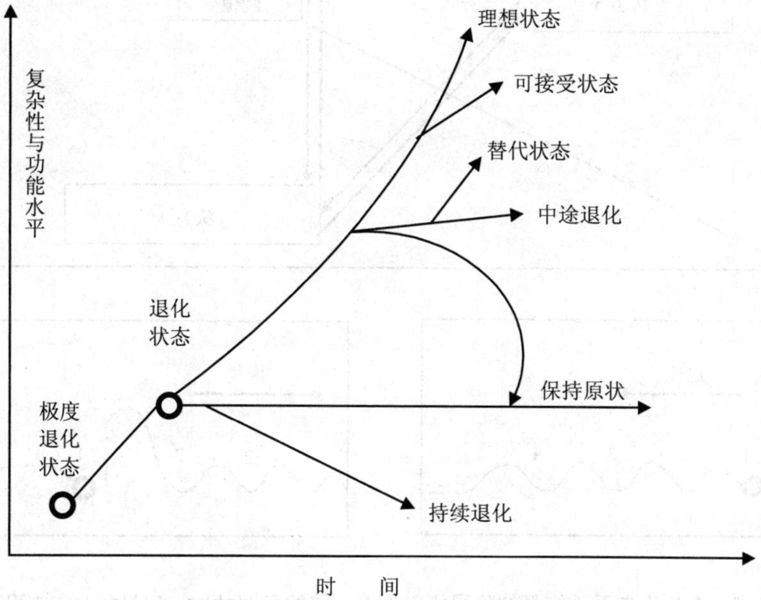

图 2-1　退化生态系统恢复的方向（改绘自 Hobbs & Mooney，1993）

Hobbs 和 Norton（1996）提出了一个临界阈值理论（见图 2-2）。该理论假设生态系统有 4 种可选择的稳定状态，状态 1 是未退化的，状态 2 和状态 3 是部分退化，状态 4 是高度退化的。在不同胁迫或同种胁迫不同强度压力下，生态系统可从状态 1 退化至状态 2 或状态 3；当去除胁迫时，生态系统可从状态 2 和状态 3 恢复至状态 1。但从状态 2 或状态 3 退化到状态 4 要越过一个临界阈值。反过来，要从状态 4 恢复到状态 2 或状态 3 非常难，通常需要大量的投入。例如草地常常由于过度放牧而退化，若控制放牧则可很快恢复，但当草地已被野草入侵，且土壤成分已改变时，控制放牧已不能使草地恢复，而需要更多的恢复投入。在亚热带区域，顶级植被常绿阔叶林在干扰下会逐渐退化为落叶阔叶林、针阔叶混交林、针叶林和灌草丛，这种情况下的每一个阶段就是一个阈值，每越过一个，恢复投入就更大，尤其是从灌草丛开始恢复时投入就更大。

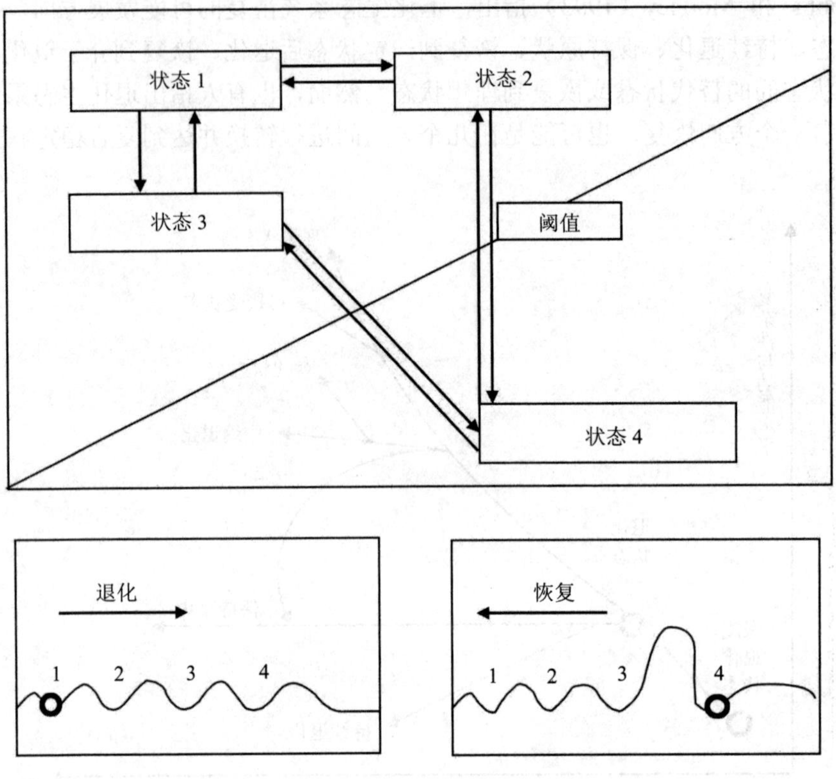

图 2-2　退化生态系统恢复的临界阈值理论（改绘自 Hobbs ＆ Norton，1996）

三、生态恢复的过程

在生态恢复实践中确定一些重要程序可以更好地指导生态恢复和生态系统管理。目前认为恢复中的重要程序包括：确定恢复对象的时空范围；评价样点并鉴定导致生态系统退化的原因及过程（尤其是关键因子）；找出控制和减缓退化的方法；根据生态、社会、经济和文化条件决定恢复与重建的生态系统的结构、功能目标；制定易于测量的成功标准；发展在大尺度情况下完成有关目标的实践技术并推广；恢复之实践；与土地规划、管理策略部门交流有关理论和方法；监测恢复中的关键变量与过程，并根据出现的新情况作适当的调整。

上述程序可列成如下操作过程：接受恢复项目→明确被恢复对象、确定系统边界（生态系统层次与级别、时空尺度与规模、结构与功能）→生态系统退化的诊断（退化原因、退化类型、退化过程、退化阶段、退化强度）→退化生态系统的健康评估（历史上原生类型与现状评估）→结合恢复目标和原则进行决策（是恢复、重建或改建，可行性分析，生态经济风险评估，优化方案）→生态恢复与重建的实地试验、示范与推广→生态恢复与重建过程中的调整与改进→生态恢复与重建的后续监测、预测与评价。

四、生态恢复的标准

恢复生态学家、资源管理者、政策制定者和公众希望知道恢复成功的标准何在，但由于生态系统的复杂性及动态性却使这一问题复杂化了。通常将恢复后的生态系统与未受干扰的生态系统进行比较，其内容包括关键种的多度及表现、重要生态过程的再建立、诸如水文过程等非生物特征的恢复。

国际恢复生态学会建议比较恢复系统与参照系统的生物多样性、群落结构、生态系统功能、干扰体系，以及非生物的生态服务功能。还有人提出使用生态系统23个重要的特征来帮助量化整个生态系统随时间在结构、组成及功能复杂性方面的变化。Cairns（1977）认为，恢复至少包括被公众社会感觉到的，并被确认恢复到可用程度，恢复到初始的结构和功能条件（尽管组成这个结构的元素可能与初始状态明显不同）。Bradshaw（1987）提出可用如下五个标准判断生态恢复：一是可持续性（可自然更新），二是不可入侵性（像自然群落一样能抵制入侵），三是生产力（与自然群落一样高），四是营养保持力，五是具生物间相互作用（植物、动物、微生物）（Jordan，1987）。Lamd（1994）认为，恢复与否的指标体系应包括造林产量指标（幼苗成活率、幼苗的高度、基径和蓄材生长、种植密度、病虫害受控情况）、生态指标（期望出现物种的出现情况，适当的植物和动物多样性，自然更新能否发生，有适量的固氮树种，目标种出现否，适当的植物覆盖率，土壤表面稳定性，土壤有机质含量高，地面水和地下水保持）和社会经济指标（当地人口稳定，商品价格稳定，食物和能源供应充足，农林业平衡，从恢复中得到经济效益与支出平衡，对肥料和除草剂的需求）。Davis（1996）和 Margaret（1997）等认为，恢复是指系统的结构和功能恢复到接近其受干扰以前的结构与功能，结构恢复指标是乡土种的丰富度，而功能恢复的指标包括初级生产力和次级生产力、食物网结构、在物种组成与生态系统过程中存在反馈，即恢复所期望的物种丰富度，管理群落结构的发展，确认群落结构与功能间的联线路已形成。任海和彭少麟（1998）根据热带人工林恢复定位研究提出，森林恢复的标准包括结构（物种的数量及密度、生物量）、功能（植物、动物和微生物间形成食物网、生产力和土壤肥力）和动态（可自然更新和演替）。

Careher 和 Knapp（1995）提出采用记分卡的方法评价恢复度。假设生态系统有五个重要参数（例如种类、空间层次、生产力、传粉或播种者、种子产量及种子库的时空动态），每一个参数有一定波动幅度，比较退化生态系统恢复过程中相应的五个参数，看每个参数是否已达到正常波动范围或与该范围还有多大的差距。Costanza 等（1998）在评价生态系统健康状况时提出了一些指标（如活力、组织、恢复力等），这些指标也可用于生态系统恢复评估。在生态系统恢复过程中，还可应用景观生态学中的预测模型为成功恢复提供参考。除了考虑上述因素外，判断成功恢复还要在一定的尺度下，用动态的观点，分阶段检验。

如果可能，恢复退化生态系统的终极目标是恢复生态系统的功益。生态系统功益是指人类直接或间接从生态系统功能（生态系统中的生境、生物或系统性质及过程）中获取的利益。恢复退化的生态系统的最终目标是恢复并维持生态系统的服务功能，由于生态系统的服务功能多数不具有直接经济价值而被人类忽略。虽然我们还不知道生态系统退化到什么程度会影响其服务功能，也不了解恢复到什么程度的生态系统才具有服务功能，但是我们还是指出一个生态系统的服务功能框架，希望恢复后的生态系统尽量具有这些服务功能：生态系统的产品（生态系统中生物的全部、部分或产品，它们可为人类提供肉、鱼、果、蜜、谷、家具、纸、衣等），生物多样性，为人类创造和丰富精神生活和文化生活，自然杀虫，传粉播种，净化空气和水，减缓旱涝灾害，土壤的形成、保护及更新，废物的去毒和分解，种子的传播，营养的循环和运移，保护海岸带，防止紫外线的辐射，以及帮助调节气候等。

五、生态恢复的时间

全球的土地、植被、农田、水体、草地的自然形成或演替时间是不一样的，而且这种自然的过程一般是漫长的。而退化的生态系统的恢复时间则相对要短些，其恢复时间与生态系统类型、退化程度、恢复方向、人为促进程度等密切相关。一般来说，退化程度轻的生态系统恢复时间要短些；湿热地带的恢复要快于干冷地带。不同的生态系统恢复时间也不一样，与生物群落等恢复相比，一般土壤恢复时间最长，农田和草地要比森林恢复得要快些。

Daily（1995）通过计算退化生态系统潜在的直接实用价值后认为，火山爆发后的土壤要恢复成具生产力的土地需要 3 000～12 000 年，湿热区耕作转换后其恢复要 20 年左右（5～40 年间），弃耕农地的恢复要 40 年，弃牧的草地要 4～8 年，而改良退化的土地需要 5～100 年（根据人类影响的程度而定）。此外，他还提出轻度退化生态系统的恢复要 3～10 年，中度的 10～20 年，严重的 50～100 年，极度的 200 多年。余作岳（1996）、彭少麟（1996）、任海和彭少麟（1998）等通过试验和模拟认为，热带极度退化的生态系统（没有 A 层土壤，面积大，缺乏种源）不能自然恢复，而在一定的人工启动下，40 年可恢复森林生态系统的结构，100 年恢复生物量，140 年恢复土壤肥力及大部分功能。

六、生态恢复中生物多样性的作用

生态恢复中的一个关键成分是生物体，因而生物多样性在生态恢复计划、项目实施和评估过程中具有重要的作用。在生态恢复的计划阶段就要考虑恢复乡土种的生物多样性：在遗传层次上考虑那些温度适应型、土壤适应型和抗干扰适应型的品种；在物种层次上，根据退化程度选择阳生性、中生性或阴生性种类并合理搭配；同时考虑物种与生境的复杂关系，预测自然的变化，种群的遗传特性，影响种群存活、繁殖和更新的因素，物种的生境、物种重建、外来种的引入、自然干扰的改变等导致世界上的生态系统结构发生变化，已不能像过去一样为人类服务，并对人类产生了潜在威胁。生态系统健康主要研究外界胁迫下其反应情况，因而可认为生态系统健康仅是恢复生态学理论基础的一个重要方面，它可用于评价生态系统退化的程度及恢复状态的评估。生态系统健康与恢复生态学针对的对象是不同的。生态系统健康针对自然的和干扰的生态系统，而恢复生态学仅针对干扰后形成的不健康的生态系统。生态系统健康主要强调维持生态系统自身的进程及其为人类服务的功能，而恢复生态学则强调人为促进生态系统恢复，或利用生态工程将生态系统改变为另一类符合人类需求的生态系统。恢复生态学在生态系统开发与保护中起重要指导作用，而生态系统健康主要在保护中起重要作用。

第四节　生态系统健康与生态恢复及工程的关系

一、生态恢复的类型与相应的生态工程

与生态恢复相关的概念还有：①重建，即去除干扰并使生态系统恢复原有的利用方式；②改良，即改良立地的条件以便使原有的生物生存，一般指原有景观彻底破坏后的恢复；③改进，即对原有的受损系统进行改进，以提高某方面的结构与功能；④修补或修复，即修复部分受损的结构；⑤更新，指生态系统发育及更新；⑥再植，即恢复生态系统的部分结构和功能，或恢复当地先前土地利用方式。这些与恢复相关的概念可看作广义的恢复概念（Falk，1996；余作岳和彭少麟，1996；任海和彭少麟，1998；章象恩，1998，1999）。因为人类在生存与发展过程中已完全改变了大量的原生顶级生态系统为工业、农业、商业和生活基地，这些人工形成的生态系统已成为世界生态系统中的成员。

上述与生态恢复相关的概念，既有不同的见解，也有不同的类型。生态恢复的含义比较宽泛，因此包括一些大同小异的不同类型。这些不同的类型从根本上讲是由于生态系统退化的程度不同，即生态系统健康程度不同决定的。从生态退化程度由轻至重排序，生态恢复应包括以下几个主要类型。

（一）生态预防与自然保护区

对于人为干扰较小或无直接人为影响，生态退化较轻，生态系统可以进行自我

调节，生态良好的区域及重要生态功能区，采取生态预防，充分保护和利用生态系统的抵抗力，建立自然保护区是最有效的保护形式，另外建立自然公园、重要生态功能保护区也可以发挥重要的作用。

（二）自然恢复与封育

自然生态系统的进化具有可持续性，就是因为它不受人类干扰的情况下，具有一定的依靠自身力量实现生态自我恢复的能力。天然的生态系统已受到人为干扰影响，但其受害只要是不超负荷的，压力和干扰被解除后，可以逐步恢复其结构和功能。对这样的区域，要重视自然封育，充分利用生态系统的天然恢复能力，逐渐恢复并实现生态系统的各种功能。因此“自然恢复”就是依靠自然演替来恢复已退化的生态系统。如我国沿海及江湖的“休渔制度”、林区的“封山育林”，退化草场进行“围栏封育”，都是自然恢复的典型方法，使这些地区不受人类活动的影响，加强自然生态系统的更新。

（三）生态修复与补播、放流

当生态系统受到干扰后，除了自然恢复以外，我们还可以采用生态修复的方法恢复生态系统的各种功能。如果生态系统的受害是超负荷的，在解除干扰或减轻干扰情况下，只依靠自然过程并不能使系统恢复到初始状态，就必须采用人为的措施帮助恢复其组织结构和功能。自然生态系统生态修复的主要措施是施以人工更新或人工促进更新，如草场的补播改良。草原补播是在不破坏或少破坏原有植被的情况下，在草地上播种一些适应性强、价值高的草种。在更新能力缺乏的林地，应用飞播补植一些树种。在沿海及江湖实施人工放流，把人工培育的水生生物的幼苗放流到海洋或江湖里生长，借以增加生物资源。

（四）生态重建与人工生态工程

由于自然界的复杂性和人类活动对自然资源利用的不同和影响，生态恢复并不意味着在所有的条件下都能够使被破坏的生态系统恢复到原来的状态，生态恢复最本质的目的就是恢复生态系统的必要功能并达到系统自己能够维持的状态。当自然生态系统的组织结构和功能受到严重干扰和破坏，依靠自然演替恢复或生态修复都不可能使生态系统恢复到原始状态，对这样的区域就必须进行人工生态设计，实行生态重建。如严重退化的草场，我们可以引进适合当地气候的草种，通过建设人工草场增加地面的植被覆盖，在此基础上再进行进一步的改良；在宜林荒山、荒坡、荒滩则可营造人工林，增加森林覆盖率，改善生态环境；还有湿地生态重建的生态工程——人工湿地和绿洲生态重建的生态工程（人工绿洲）。

二、生态系统健康与生态恢复及工程的相应的关系

（一）生态系统健康采取生态预防，建立自然保护区等措施

生态系统，主要是自然生态系统处于健康状态，应当充分利用和保护其抵抗力，采取生态预防的对策，建立自然保护区、森林公园、湿地公园或重要生态功能保护区等措施。我国自然保护区类型中，主要是按生态系统划分，包括森林、草原、荒漠、海洋及海岸、湿地与陆地水域生态系统共五种自然保护区。湿地生态系统则被分为两部分，其中海岸滩涂湿地生态系统自然保护区划入海洋及海岸生态系统自然保护区，陆地湿地生态系统自然保护区则被划入内陆湿地与水域生态系统自然保护区。

（二）生态系统较健康采取自然恢复，实施封育措施

自然生态系统处于较健康的状况，应当充分发挥、利用和保护其恢复力，采取自然恢复的对策，实施封育措施。森林生态系统处于较健康状态，应采取封山育林的措施。草原生态系统处于较健康状态，应当采取草原封育的措施。荒漠生态系统处在较健康状态也应当采取封育的措施。海洋及海岸生态系统及陆地水生生态系统处在较健康状态，则应采取禁渔或季节性禁渔的措施。湿地生态系统处于较健康状态也采取相应的封育措施。

（三）生态系统亚健康状态采取生态修复，实施补播、放流等措施

生态系统处于亚健康状态，应当采取既发挥与利用生态系统自身的恢复力，又要给予人为作用增强生态系统的恢复力，即采取生态修复，实施补播、放流等措施。森林生态系统处于亚健康状态，应采取飞播造林的措施。草原生态系统处于亚健康状态，应采取补播、飞播牧草等措施。海洋生态系统和陆地水生生态系统处于亚健康状态，则采取放流的措施。近年来我国有沿海、一些河流、湖泊采取了放流措施，解决了由于过度捕捞造成生物资源锐减等问题，取得了明显的效果。

（四）生态系统不健康或患病，采取生态重建，建设人工生态系统的措施

生态系统处于不健康状态或患病状态，其恢复力已很弱或消失，因此必须依靠人为的作用使生态系统的重建，就是说要采取生态重建的对策，采取建设人工林、人工草场、人工湿地、人工绿洲、人工养殖等工程措施。

三、结论

（一）各种生态系统的健康与生态恢复及工程的关系大同小异，但具有各自的特点

各种生态系统的健康与生态恢复及工程的关系大同小异，不尽相同。如荒漠生态系统处于不健康或患病状态，不同于森林、草原生态系统那样采取生态重建对策和建设人工林、人工草原的措施，而是采取自然恢复与封育的措施即可；海洋生态系统和陆地水生生态系统在不健康或患病的情况下也很难采取生态重建及建设人工生态系统的对策。而且往往采取自然恢复和生态修复的对策及休渔与放流的措施。

（二）生态监测与调查是基础，生态系统健康评价是关键

在生态保护中，生态监测与调查是基础，只有通过生态监测与调查才能获得大量必要的生态信息与资料。生态系统健康评价是关键。因为通过生态监测与调查获得的信息与资料需要进一步分析与评价。但是自然界中生态系统类型很多，如若各自采取不同的评价体系和方法，势必难以取得可比性，难以决定采取相应的对策与措施。生态系统健康的理论与方法，提供了将不同生态系统的状况统一标准进行评价的可能，而只有正确地进行生态系统健康的分析与评价，才能“确诊”生态系统存在的健康问题的类型及其程度，才能对症下药，采取正确的相应对策与措施。

（三）根据生态系统健康的“诊断”，对症施医，采取相应生态恢复对策及工程措施

总之，根据对生态系统健康状态的“诊断”，对症施医，采取相应的生态恢复对策及生态工程措施，是生态保护的总体思路。但是，生态系统的复杂多样，使得不同生态系统的健康状态与相应的生态恢复及生态工程措施也有各自特点，不尽相同，不能机械地搬用（见表 2-1）。

表 2-1　自然生态系统健康与生态恢复工程对应表

生态系统健康评价		健康	较健康	亚健康	不健康	患病
生态恢复对策		生态预防	自然恢复	生态修复	生态重建	
生态工程措施	森林生态系统	自然保护区森林公园	封山育林	飞播造林	人工造林	
	草原生态系统	自然保护区	草原封育	飞播草种、补播	人工草场	
	荒漠生态系统	自然保护区	封育	封育	封育或人工绿洲建设	
	海洋生态系统	自然保护区海洋公园	禁渔	放流或人工养殖		
	陆地水生生态系统	自然保护区自然公园	禁渔	放流或人工养殖		
	湿地生态系统	自然保护区湿地公园	封育或禁渔	封育或放流	建设人工湿地	

本章小结

国际恢复生态学会在 1995 年提出生态恢复定义：生态恢复是帮助研究生态整合性的恢复和管理过程的科学，生态整合性包括生物多样性、生态过程和结构、区域及历史情况、可持续的社会实践等广泛的范围。与自然条件下发生的次生演替不同，生态恢复强调人类的主动作用。生态恢复包括人类的需求观、生态学方法的应用、恢复目标和评估成功的标准，以及生态恢复的各种限制（如恢复的价值取向、社会评价、生态环境等）等基本成分。

生态恢复遵循的原理主要包括：演替、限制因子、结构、生态适宜性与生态位、生物系统性、缀块-廊道-基底等理论。基于上述原理，生态恢复工程获得了理论基础，即生态恢复工程是在生态建设服从于自然规律和社会需求的前提下，在群落演替理论指导下，通过调控生态因子，明确生态系统的限制因子，控制待恢复生态系统的演替过程和发展方向，恢复或重建生态系统的结构和功能，并使系统达到自维持状态。

根据不同的社会、经济、文化与生活需要，人们往往会对不同的退化生态系统制定不同水平的恢复目标。基本的恢复目标或要求主要包括：① 实现生态系统的地表基底稳定性，因为地表基底（地质地貌）是生态系统发育与存在的载体，基底不稳定（如滑坡），就不能保证生态系统的持续演替与发展；② 恢复植被和土壤，保证一定的植被覆盖率和土壤肥力；③ 增加种类组成和生物多样性；④ 实现生物群落的恢复，提高生态系统的生产力和自我维持能力；⑤ 减少或控制环境污染；⑥ 增加视觉和美学享受。

生态恢复的类型与相应的生态工程主要包括：生态预防与自然保护区、自然恢复与封育、生态修复与补播、放流、生态重建与人工生态工程，根据生态系统健康的不同程度采取不同的生态恢复与生态工程对策措施。各种生态系统的健康与生态恢复及工程的关系各有特点；在生态恢复中，生态监测与调查是基础，生态系统健康评价是关键，采取相应的生态恢复对策及生态工程措施是重点。

复习思考题

1. 简要论述恢复生态学的研究对象及概念。
2. 概述生态恢复的理论。
3. 阐述生态恢复的目标与原则。
4. 简要论述生态系统健康与生态恢复及工程的关系。

第三章 森林生态恢复

【学习指南】本章介绍了天然林保护工程、退耕还林工程、京津风沙源治理工程；主要阐述了森林生态恢复相关技术，包括封山育林技术、次生林林分改造技术、抚育技术、定株定向培育技术、植物篱营造技术、覆膜造林技术、整地技术、沙地飞播造林技术等。

森林是陆地生物圈的主体，具有净化大气、涵养水源、调节径流、防风固沙等功能，在人类发展的历史中起着极其重要的作用。然而由于人口增多，森林不断地被蚕食和破坏。在森林资源危机及其所引发的生态环境恶化的现实面前，人类逐渐认识到森林资源的重要性。因此用生态学原理与技术促进森林生态系统的恢复得到重视。我国采取了一系列政策措施，有力地促进了林业发展。全民义务植树运动深入开展，全社会办林业、全民搞绿化的局面正在形成。三北防护林等生态工程建设成效明显，近几年实施的天然林保护、退耕还林、防沙治沙等重点工程进展顺利，部分地区生态状况明显改善。新中国成立以来，林业累计提供木材 50 多亿立方米，目前全国森林覆盖率已达到 18.2%，人工林面积居世界第一位，林业为国家经济建设和生态状况改善作出了重要贡献。

第一节 天然林养护工程与技术

天然林是保障可持续发展的物质基础，具有多种效益，是人类赖以生存的主要自然资源，是地球上物种多样性最丰富的区域之一，在维护生态平衡、促进生态良性循环中起着主导作用。

天然林的破坏导致生态环境恶化，带来一系列的生态问题，如水土流失、土地荒漠化等问题。保护天然林资源、改善生态环境，是林业发展的必然选择，也是全球环境问题的热点。我国的天然林资源先天不足，加上过量的采伐和破坏，导致天然林面积锐减、林地生产力下降、森林功能失调，迫切地需要把天然林保护起来。1998 年，我国启动了“重点地区天然林保护工程”，通过工程的措施，经过一段时期的建设和保护，从根本上遏制了生态环境的恶化。

一、天然林保护工程概述

（一）天然林保护工程的指导思想

天然林保护工程以调整森林资源经营方向，以促进天然林资源的保护、培育和发展为措施，以维护和改善生态环境，满足社会对林产品的需求为根本目的，从根本上遏制生态环境恶化，保护生物多样性，促进社会经济发展。加大森林资源保护力量，大力开展营造林建设；加强多资源综合开发利用，调整和优化林区经济结构；广辟就业门路，妥善安置富余人员，解决职工生活问题；进一步发挥森林的生态屏障作用。

天然林保护工程是一项庞大的生态工程，主要解决天然林资源的休养生息和恢复发展问题，实现以采伐利用天然林为主向经营利用人工林方向的转变。工程包括三个层次：长江上游、黄河上中游地区天然林，实行严格管护，全面停止采伐；东北、内蒙古等重点林区，严格控制木材消耗，大幅度调减木材的采伐量，杜绝超限额采伐；保护好其他地区的天然林资源。

（二）工程范围

我国的天然林资源面积约占我国全部森林面积的 69%。目前天然林状况：①自然保护区、森林公园等处于基本保护状态的天然林；②零散分布于全国各地的天然林；③大江大河的源头和重要山脉核心地带等急需保护的天然林。

天然林保护工程范围包括云南、四川、重庆、贵州、湖南、湖北、江西、山西、陕西、甘肃、青海、宁夏、新疆、内蒙古、吉林、黑龙江（含大兴安岭）、海南、河南 18 个省（区、市）的重点森工局（场）及长江、黄河中上游等地区生态地位重要的地方森工企业、采育场和以采伐天然林为经济支柱的国有林区。规划调减木材产量 1 991 万 m^3，管护 0.94 亿 hm^2 森林；长江上游、黄河中上游地区造林 0.13 亿 hm^2，规划总投入 962 亿元。

（三）天然林保护工程实施步骤

（1）编制工程实施规划，做好森林分类区划。

（2）调减和停止天然林采伐，积极开展营造林建设。

（3）选择建立转产项目，妥善安置富余人员。

（4）加强基础保障体系建设，提高工程实施质量。

二、天然林保护工程的理论基础

天然林保护工程其理论基础主要包括森林生态系统理论、生物多样性保护理论、林业可持续发展的理论、森林资源经济学理论等。

（一）森林生态系统理论

森林生态系统中生物之间、生物与环境之间相互作用，相互影响，协同发展。森林生态系统理论包括森林生态系统的整体性原理、开放性原理、层次性原理、稳定性原理、自组织原理、森林生态系统管理等。在森林发育过程中，系统的整体性保证了森林健康稳定的发展，生态系统中起重要作用的物种，是维持系统整体性的关键种，因此在管理和利用生态系统资源时要注意保护这些物种。森林生态系统是一个开放的系统，它不断地与外界环境进行能量和物质的交换。森林的各组成部分互为环境，相互影响与制约。因此在保护森林资源时，要注意森林内部之间及森林与其他生态系统之间的关系，维持区域生态系统平衡。生态系统的各个组成成分是有层次的，不同的层次会发挥不同的系统功能，因此在保护利用生态系统时，必须充分认识其层次性，即等级性，要注意维持各层次间的联系性。森林生态系统是一个高度自组织的系统，在无外力干扰的情况下，森林会通过自组织向结构复杂、高级有序状态方向演化；在受到轻度干扰以后，系统会通过自组织逐渐恢复其结构和功能。森林生态系统管理的内涵有确定森林建群种或共建种的利用强度、保护好林中的倒木资源、管理好灌木和地被层资源、保护好生态系统的完整性，最大限度发挥森林的生态功能等。

（二）生物多样性保护理论

生物多样性是指地球上所有植物、动物、微生物和它们拥有的基因以及由这些生物和环境构成的生态系统的总和，包括基因多样性、物种多样性和生态系统多样性三个层次。一个地区生物多样性是生物资源丰富程度的标志。生物多样性保护是对基因、物种、生态系统等全面的保护。保护现有的生物多样性，是维护生态系统正常运行的保证，对寻找食物来源、药物、改良和培育新品种等十分必要。保护天然林资源在充分认识生物多样性和生态过程之间相互关系的基础上，进行科学有效的调节，是对生物多样性的就地保护，通过恢复和改善森林生态系统环境，实现维持和保护生物多样性的作用。

（三）林业可持续发展理论

可持续发展是指满足当代人的需要，而又不危及后代人满足其自身需要的发展。要实现林业的可持续利用，就必须实行森林生态系统经营。森林生态系统经营的实施必须从森林分类经营入手，并按森林的主导功能进行区划，从而形成森林可持续经营的技术基础，注重保护基因资源、物种多样性、保持其结构和功能。要保障环境资源的可持续发展，必须加速对水土流失地、荒漠化土地等生态恢复，保护天然林就是加速可持续发展的保证。

（四）森林资源经济学理论

森林资源经济学是研究森林资源与社会经济相互关系及其发展规律的一门学科。森林经济系统包括森林资源系统和经济系统，在特定的社会系统里，通过技术中介以及人类劳动过程所构成的物质循环、能量转化、价值增值和信息传递的结构单元，把物质、能量、价值和信息相互协调为一个投入产出良性循环的有机整体。森林经济系统具有耦合性、有序性、目的性和优化性等特征。

三、天然林养护技术

天然林的养护主要体现在保护森林生态系统的生物多样性、生产力、保持生态过程、保持森林生态系统的健康和生命力，在其承载力范围内进行自我保护、自我调整。天然林养护技术就是人类遵循自然演化规律，充分发挥自然力量并加以人为措施，为加速天然林的恢复及其进一步扩展而采取的方法。天然林保护技术主要是对现有天然林资源的保护，其次对次生天然林的促进更新。在这里主要介绍对现有天然林资源的保护采用的技术——封山育林技术。

（一）封山育林技术的概念及意义

封山育林是对具有天然下种或萌蘖能力的疏林，无立木林地、宜林地、灌丛实施封禁，保护植物的自然繁殖生长，并辅以人工促进手段，促使恢复形成森林或灌草植被；以及对低质、低效有林地、灌木林地进行封禁，并辅以人工促进经营改造措施，以提高森林质量的一项技术措施。

封山育林投资少，见效快，尤其在高山陡坡、交通不便等地方，采用封山育林的方式恢复森林资源具有独特的优越性。从自然条件看，封山育林摆脱了人为对植物的干扰和破坏，可为树种创造适宜的生态条件，形成了多树种、多层次、结构复杂的具有自我保护性质的地带性森林生态系统，可有效防止森林病虫害、森林火灾的发生，同时也可有效控制水土流失，提高土壤的透水性，改善生态环境等，确保农林牧副渔业全面发展。

（二）封山育林的条件

具备下述条件之一，均可实行封山育林：①有天然下种能力且分布较均匀的针叶母树每公顷 30 株以上或阔叶母树每公顷 60 株以上；如同时有针叶母树和阔叶母树，则按针叶母树除以 30 加上阔叶母树除以 60 之和，如大于或等于 1 则符合条件；②有分布较均匀的针叶树幼苗每公顷 900 株以上或阔叶树幼苗每公顷 600 株以上；如同时有针阔幼树或者母树与幼树，则按比例计算确定是否达到标准，计算方式同

①项；③有分布较均匀的针叶树幼树每公顷 600 株以上或阔叶树幼树每公顷 450 株以上，如同时有针阔幼树或者母树与幼树，则按比例计算确定是否达到标准，计算方式同①项；④有分布较均匀的萌蘖能力强的乔木根株每公顷 600 个以上或灌木丛每公顷 750（沙区 150）个以上；⑤有分布较均匀的毛竹每公顷 100 株以上，大型从生竹每公顷 100 丛以上或杂竹覆盖度 10%以上；⑥除上述条款外，不适于人工造林的高山、陡坡、水土流失严重地段及沙丘、沙地、海岛、沿海泥质滩涂等经封育有望成林（灌）或增加植被盖度的地块；⑦分布有国家重点保护Ⅰ级、Ⅱ级树种和省级重点保护树种的地块；⑧郁闭度低于 0.50 的低质、低效林地；⑨有望培育成乔木林的灌木林地。

（三）封山育林方式

封山育林的方式可分为三种，包括全封、半封和轮封方式。

1．全封

全封是指在封育期间，禁止一切不利于植物生长繁育的人为活动，包括采伐、放牧、砍柴等活动的封育方式。边远山区、江河上游、集水区、风沙危害和水土流失严重地区以及恢复植被较困难的宜封地应实行全封。

2．半封

半封是指在林木主要生长季节实施封禁，其他季节，在严格保护目的树种幼苗、幼树的前提下，按作业设计进行樵采、割草等生产活动的封育方式。有一定目的树种、生长良好、林木覆盖度较大的宜封地，可采取半封。

3．轮封

轮封是根据封育区的具体情况，将封育划片分段，轮流实施全封或半封的封育方式。当地群众生产、生活和燃料等有实际困难的非生态脆弱区的封育区，可采用轮封。

（四）封育类型

通过封育措施，封育区预期能形成的森林植被类型，按照培养目的和目的树种比例分为乔木型、乔灌型、灌木型、灌草型和竹林型五个封育类型。

（五）封山育林的路线

封山育林应做好：①搞好规划设计，划定封山育林的界限、林种的区划；②设计合理的封禁方式；③确定封禁的年限；④采用适当的育林措施；⑤封山育林的管理等。

规划内容主要包括封育范围、封育条件、经营目的、封育方式、封育年限、封育措施及封育成效预测等。

根据不同的封育类型、当地的封育条件和封育目的，因地制宜地确定封育年限，如表 3-1 所示。

表 3-1 封育年限

封育类型	封育年限/年	
	南方	北方
乔木型	6～8	8～10
乔灌型	5～7	6～8
灌木型	3～5	4～6
灌草型	2～4	3～5
竹林型	2～3	—

封山育林要充分利用天然更新，在更新缺乏的地段，要施以人工更新或人工促进更新。在具有更新种源和可萌芽的伐桩，以及一定数量的幼苗、幼树的地段，依靠天然更新自然恢复成林；在种源、可供萌芽更新的伐桩缺乏的地段，要及时进行补播、补植一些阔叶树种；对更新幼树生长密集的地段，要进行抚育间伐，促进幼树旺盛生长。

对封山育林区由于管护不严，人为的干扰不能得到有效制止，也达不到封山育林的目的。因此要加强组织管理，落实完善封山育林的责任制，广泛宣传，提高群众的自觉性，把责、权、利紧密的联系起来；培养和建设护林员队伍，坚持依法治林。封育单位应明文规定封育制度并采取适当措施进行公示。同时，在封育区周界明显处，如主要山口、沟口、主要交通路口等应树立坚固的标牌，标明工程名称、在封区四至范围、面积、年限、方式、措施、责任人等内容。封育面积 100 hm^2 以上的地区至少应设立 1 块固定标牌，人烟稀少的区域可相对减少。在牲畜活动频繁地区，可设置机械围栏、围壕（沟），或栽植乔、灌木设置生物围栏，进行围封。同时辅以人工巡护，根据封禁范围大小和人、畜危害程度，设置管护机构和专职或兼职护林员，每个护林员管护面积根据当地社会、经济和自然条件确定，一般为 100～300 hm^2。在管护困难的封育区可在山口、沟口及交通要塞设哨卡，加强封育区管护。

第二节 次生林生态恢复工程与技术

一、次生林概念及特征

（一）概念

次生林是原始森林经过多次不合理采伐和严重破坏（火灾、垦殖、过度放牧等）

后自然形成的森林。次生林与原始林一起同属天然林，但其立地特点、树种组成、林分结构和起源与原始林、人工林不同。人工林采伐迹地上，栽培树种的萌生林与入侵树种形成的混交林，也属于次生林。

次生林分布范围广，种类多，不仅可以生产木材、薪炭材和林副产品，而且在涵养水源、保持水土、调节气候和维持生态平衡等方面均起着重要的作用。地处东北、华北和西北林区的次生林，是三北防护林体系的重要组成部分，故作为生态公益林保护。除此之外，天然林中划归商品林的多为天然次生林，如北京、河北、山西、辽宁等省（市），除人工林外，几乎全部为次生林。

（二）特征

次生林的显著特征是经过大面积的反复破坏，引起原生群落的大面积消失，生态环境条件发生很大变化。

1．树种组成较单一

次生林是在原始林破坏后形成的生态条件恶化的裸地上发生的。而次生裸地的环境条件只适宜于少数树种生长。所以次生林的树种组成较单一，尤其在初始化阶段，常为单优结构。

2．年龄较小，年龄结构变动大

由于次生林是在原始林遭受破坏后产生的或者是在年龄较大的次生林砍伐后重新形成的，因而多数次生林的年龄较小。我国现有的次生林多是在新中国成立后经过封山育林、抚育、改造或主伐后发展起来的，所以中、幼林较多。杨、桦、栎类次生林在新中国成立后有的进行过多次采伐，因而林龄普遍较小。

在撩荒地、火烧迹地或皆伐迹地上发生未遭破坏的初始林多为同龄林，如在火烧迹地上发生的落叶松林、马尾松林。经过反复破坏（单株或群状砍伐过）的次生林则为异龄林。

3．树种传播能力强，起源多为无性繁殖

组成次生林的树种，如栎属、杨属、柳属，具很强的萌芽力，人为的多次破坏加速了这一特点的发展。越是交通方便之处，靠近居民点的地段，林分中萌生比重越大；越是偏远，破坏越轻，萌生的比重越小。破坏次数越多，林分年龄越小，则萌生者越多。从浅山到深山次生林年龄越大，萌生的比重越小。一些树种既能种子繁殖，又有萌生的能力，因此常见一个林分中，既有实生植株又有萌生植株。另外有针阔混交的次生林，阔叶树为萌生，针叶树为实生。比如，华北地区常见的油松与栎类混交的林分，东北地区常见的落叶松与白桦混交的林分。同时我们还常见油松、马尾松、落叶松等针叶树次生林。

4．林分稳定性较低，中间竞争表现激烈，演替速度较快

次生林经过反复破坏，林分不断退化，最后可能形成灌丛、草地。次生林处于不

稳定状态，现在所见的某一林分只是演替过程中的某一阶段。这种不稳定性除了与人为干扰程度有关外，还与树种特性相关。通常情况下由阳性树种组成的次生林，稳定性最小；由中性树种组成的次生林居中；由落叶栎类、常绿栎类性树种组成的次生林最大。喜光树种组成的林分稳定性小，因为在林冠下不能自我更新，而是由耐阴种或中庸性树种侵入后形成更新层与更替层，往往在一个世代的期间内就将喜光树种更替掉，这在杨、桦次生林中是常见的。所以杨、桦这类次生林为近期次生林。

5．生长迅速，衰退较早

由于次生林多为阳性树种，而且萌生者较多，因此林木生长迅速，生长率较大。因此林木生长迅速生长率较大，但衰退较早，寿命也短。如北方的山杨、白桦，南方的杉木、马尾松等生长速度很快，生长率远远超过原始林，甚至在一定时期内超过人工林。

6．林木分布不均，层次结构简单

由于原始林破坏的原因、时间以及破坏的程度不同，导致形成次生林群落内部及群落之间常常出现林木分布不均状况。表现形式有单株散生，即林木单株生长，零散分布，多出现在有实生的植株林分中；簇式或群团状分布，由筏根萌芽或根系萌蘖所形成的。如一株山杨母树四周产生萌蘖条可多达三四十棵到一百棵，形成团状；一个栎类伐桩上产生的萌芽条可达十几根，形成一簇。

二、次生林恢复的意义

我国的次生林分布广面积大，除边远地区的原始林外，凡是交通方便，靠近农牧区的森林都是天然次生林。目前我国次生林的面积约占森林面积的 46.2%（约 1/2），占蓄积量的 23.3%（约 1/4）。次生林树种生长速度快，培育期短，能够提供多种多样的材种，以满足国民经济多方面的需要，而且在调节气候、涵养水源、保持水土及防护农田等方面起着巨大的作用。

三、次生林恢复技术

次生林地的生境或生物成分仍保存着原始林的某些特征或植被破坏而土壤尚未破坏，具有恢复原生状态的内在潜力，故其恢复的步骤是遵循自然演替规律，人为促进顺行演替的发展。次生林的形成既是采伐、开垦、火烧等破坏因素的结果，也是封山育林、更新造林等建设性因素作用的结果。

次生林的恢复技术非常广泛，如：前面所述的封山育林，营造混交林；林中空地的造林或补植、补播；低产林改造；定株定向培育技术等。

（一）次生林改造

次生林改造指改变次生林低劣林分的综合技术措施。其目的在于从根本上改变这些低劣林分状况（树种组成、林相、疏密度、起源等），即调整林分结构，增大林分密度，提高林分经济价值和林地利用率。低价值次生林指在次生林中，一些林地的郁闭度很小（不到 0.3），林木分布不均、优势树种的经济价值低，林木生长量低，成材率低，林分有严重的病虫害，这样一些没培育前途的林分。

1. 低产林形成的原因及改造原则

立地选择不适，幼抚不及时，抚育不当，缺乏科学造林，树种配置不合理等导致林木生长不良，虽然成活、成林，但不能成材，生长量很低，导致低产林的形成。如华北地区的一些杨树品种，由于立地条件不适宜，水分缺乏，形成低产林。

次生林改造的原则，一般应该是：改无林（林中空地）为有林；改灌丛为乔林，改疏林为密林：改萌生为实生；改杂木阔叶林为针阔混交林。

2. 次生林改造的技术模式

次生林的改造主要是通过采伐和造林工作来实现的。但是，次生林改造的采伐与一般的抚育间伐和主伐不同。它与抚育间伐的不同之处在于其采伐强度较大，不受限制，强度的大小决定于林分的状况和进行改造的要求。它与主伐的不同之处在于，常规主伐的任务是利用成熟林，而次生林采伐的目的是要改变林分组成，多半不在成熟林中进行。次生林改造的造林方法与一般造林相似。但是，在选择造林树种时，除应考虑引入树种是否适合于次生林所处的立地条件外，还须考虑引入树种与原生树种可能发生的种间关系。次生林改造一般可采用以下几种方法：

（1）全面改造。全面改造适用于非目的树种占优势而无培育前途且立地条件较好，林地生产潜力较高的林分。这种模式是将林地上的绝大多数林木采伐，只保留少数小径级的珍贵树种与目的树种的幼树，在迹地更新，进行全面造林。一般在地势平坦的山下部、土壤肥沃的河流两岸及坡麓地区可采用这种改造模式。

全面改造必须遵循的原则：① 对天然次生林坚决不采取皆伐作业，只采取择伐和渐伐作业，并且做到利用与保护相结合；② 如必须要皆伐天然次生林，必须控制面积，因立地条件区别对待；③ 对皆伐的天然次生林和人工林迹地更新，采取补植与促进相结合的方法，充分利用自然力和林地上丰富的原生物种资源。并根据树种间的关联特性，选择补植及保留树种。选择适宜的树种是改造成功的关键。树种的选择要与立地条件相适应，以速生的或珍贵的针阔叶树种为主。改造后既可以充分发挥林缘优势，为林木创造较好的生长环境，促使林分速生丰产，又可以较长时间地形成乔灌混交林，提高森林生长，维持土壤肥力。采用全面改造的模式要慎重，不宜推广。

（2）林冠下造林改造法。林冠下造林改造法又称伐前造林改造法，它是一种在林冠下补植、补播或促进天然更新的改造方法。它一般用于林分郁闭度小，但林分分布均匀的次生林。其补植、补播或天然更新的树种，应当是幼年期耐阴的树种，因为只有这类树种才能在林冠的庇荫和保护下迅速生长。当幼树不需保护时，再清除全部上层林木，如果不及时伐除上层大树，将会影响新造幼树的生长。在郁闭度较大的林分内应用此法时，应事先在林木层均匀疏伐并适当修枝后再进行。

（3）带状改造。带状改造最常采用，以带状皆伐为主，适用于郁闭度 0.5 以上的次生林地。将要改造的林分作带状伐开，形成廊状空地，再在带状空地用目的树种造林，等到幼林长成后，再根据引进树种生长发育的需要，逐步伐去保留带上的立木，最终形成针阔混交林或针叶纯林（图 3-1）。

改造效果与采伐带和保留带的宽度、方向都有密切的关系。实践证明，带宽 5 m 栽植生长最好。大密度的造林可以提高单位面积上的保存株数，减少补植工作量，并能提早使幼林郁闭。在林分郁闭后，要及时抚育间伐，一般林分 12～15 年胸径生长量开始下降，此时应第一次间伐，以调节株间竞争。18 年后进行第二次间伐，重点调节行间竞争，变宽带状结构为窄带状结构，充分发挥林缘效应，加速林木生长。带的方向一般东西向的山地采用横山带，其他以顺山带为主，以利于幼树的成活和生长发育。带状改造可利用保留带的阔叶树与引进的针叶树自然形成针阔混交林，有利于水源涵养和水土保持。

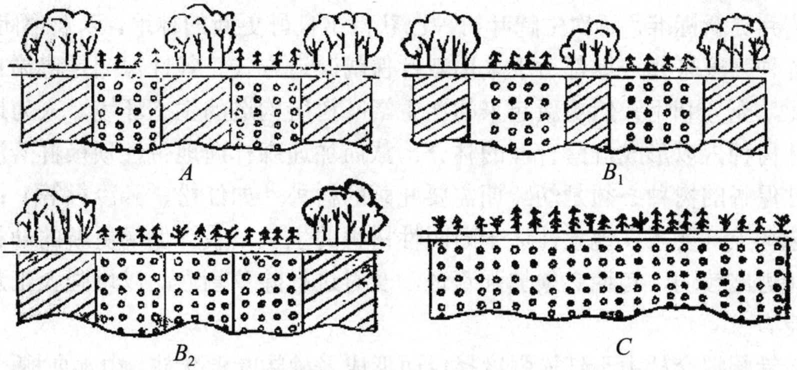

图 3-1　次生林的带状改造

（4）择伐改造。择伐改造适用的树种组成复杂多样，既有目的树种，也有非目的树种，林木生长潜力不一，林龄和径级分布差异较大且不连续分布或散生的林分以及疏密度不均，甚至郁闭度很大的林分。择伐改造模式就是择伐掉上层具有不同郁闭度的近熟、成熟、过熟林木；抚育保留有生长前途的中径、小径目的树种。

伐除一切不合经营要求的成熟木、过熟木、霸王木、分叉木、弯曲木、折损木、病虫害木、生长衰弱木以及其他非目的树种，清理采伐迹地后因地制宜引进目的树种。抚育改造后林分能充分利用现有的保留木作为培养对象与人工引进目的树种形成复层混交林，提高林地生产力。若属于商品林，则应选定培育目标树种或引进目的树种，在兼顾生态效益的前提下，通过补植、疏伐、间伐、重新造林和加强管护等技术措施进行集约经营，形成优质、高产、速生的混交林。

（5）抚育间伐。抚育间伐在具有培养前途、郁闭度在 0.7 以上的幼、壮龄林中进行。在林分郁闭后直至主伐期间，对未成熟林分定期而重复地采伐部分林木。其目的有四个方面，一是改善林分品质，提高木材利用等级；二是调整林分组成，加速林木生长，缩短培育期，去掉非目的树种，扩大目的树种的生存空间；三是获得中小径材，提高木材利用量；四是改善林分的生长状况。即所谓中间利用：在育林过程中既疏间了林木，促进了保留木生长，又可得到部分中、小径材及薪材。

抚育间伐的核心问题是根据林分的演替动向确定采伐木，从而影响间伐强度、森林环境、林分的发展方向和抚育质量。森林群落可根据树种的生态动态地位划分为主林层、演替层和更新层。更新层的高度与当地林内的灌木层高度基本一致，在 1～2 m 以下；自 1～2 m 开始至主林层的冠层下限为演替层，最上面为主林层。主林层、演替层和更新层的树种分布和数量，是区分进展种和衰退种的依据，然后据此确定采伐木。不同树种与不同年龄阶段的林分，抚育间伐的目的不同，主要分为透光伐和疏伐两种。

（6）栽针保阔。在已经进行过天然更新或促进天然更新，但目的树种的数量和质量未达到更新标准，而次生阔叶树种已获得了良好更新的林地，以及郁闭度在 0.3 以下的各种强度采伐迹地都适于采用栽针保阔改造方式。栽针保阔是遵循森林自然演替规律，充分利用天然更新起来的次生阔叶树所构造的生态环境，人为地栽植耐阴的针叶树种，以形成群落合理的林分，从而加速森林向地带性顶极群落演替的进程。栽针保阔的树种必须是幼龄期需要庇荫的树种（如红松、云冷杉等）；在更新迹地的选择上，要求立地条件适于耐阴性树种的生长。栽针保阔更新的幼林地适应环境的能力比较弱，初期必须加强管理，及时进行除草割灌，以增强人工栽植幼树的竞争能力。

温带针阔混交林由于红松强度择伐而形成多种阔叶混交林，由水曲柳、核桃楸、紫椴、色木槭等所组成。这类阔叶林还保留着一定原生生境，由于缺乏红松种源，难以恢复成红松阔叶混交林。根据演替规律，以人工促进自然恢复，采取栽针保阔的措施，也就是在阔叶混交林内，隔一定距离呈带状伐去阔叶树，补植红松，使原有的阔叶树与后补植的红松呈带状分布，逐步发展为红松阔叶混交林，这一措施已取得成功的经验，并在东北林区推广。

（二）次生林抚育技术

1．上层抚育

天然次生林存在着不同龄级的霸王木，而林下的次林层或更新层都非常好，可将胸径 30 cm 以上的树木砍掉，解放次林层的树木，但在抚育采伐中应注意林分中树木分布的均匀性。

2．下层抚育

目的是砍伐过密的次林层树木或更新层树木，留出营养空间，促进上层的针叶树或目的树种的生长，也可专门用于培育某些大径级树木，以满足未来林业对可采木材资源的需求。

3．综合抚育

在同一林分中，采伐一部分径级较大的树木（15 cm 以上）以供经济利用，同时伐除径级小于 7 cm 的过密树木。目的是为中等树木留出营养空间。适用于林分较密，有一定数量大径木的林分。

4．带状抚育

天然次生林内无明显培育价值的林分，隔带进行上层、下层或综合抚育。保留带内不采取任何经营措施，以保持生物多样性的需求。经营带内采伐一定的树木，以获取木材，或促使保留木快速生长。

5．模拟自然天窗的人工更新

根据天然次生林林分密度不均匀的特点，采用植生组造林法，每 2～3 株为一组，组间距为 2 m×2 m，使天然次生林中生长一定密度的目的树种，并对其进行集约经营，目的是培育后备木材资源，同时可维持次生林结构和生物多样性。

（三）珍贵树种定株定向培育技术

具有特殊经济价值、特殊生物学地位、特殊生态功能的树种，可称为珍贵树种。这些树种对保存优良基因、增加生物多样性、维护生态平衡有重要意义。由于珍贵树种在天然林中多为混交和散生的状态，密度大小不均，分布各异，依靠自然选择恢复成林速度缓慢，因此对天然珍贵树种必须人为调控，加速其成活、成林、成材、稳定的目标。

1．幼林定植

在天然更新过程中，当幼林平均高度超过 60 cm，密度超过环境容纳量时，幼树之间为争夺营养空间，展开激烈竞争，这种竞争将随着密度加大而增强，在此时应对幼林进行定植。

所谓定植，就是在幼林中，选择遗传性强，表现型好，生育健壮，可望成林的幼树，作为不断优选的对象，实质上是个优选的过程。

定植根据幼林特点而定，一般 1～2 次。当幼林高生长超过 1.5 m 以上时，应进行第二次定植。第一次定植每公顷保留 5 000～6 000 株，第二次定植每公顷保留 4 000～5 000 株。其余幼树伐除。在选优的过程中，要尽量使优势木分布均匀，为幼林生长创造良好空间条件。如果在幼林中有其他非目的树种存在，在不影响幼林生长的条件下可以保留，以利于形成混交。

2．疏伐定株

单株培育，就是在林分进入中龄林阶段以后，每株林木所处的位置和生长状态已能充分表现出来，通过疏伐，保留满足主伐要求的优势木株数，作为定株、定向培育对象，并且创造充分的空间环境，以加速形成层细胞的分裂，促进径级生长。以定株培育对象为中心，周围保留一些辅佐木，以促进定株林木的生长。除此之外的林木，均须伐除。一般定株每公顷伐去600～700株。

第三节　退耕还林工程与技术

实践证明，退耕还林是改善生态环境的重大措施，也是促进农村结构调整、改变不合理的生产方式的有效途径。实施退耕还林工程，不仅具有重要的现实意义，而且具有深远的历史意义。

一、退耕还林工程概述

（一）退耕还林工程提出的背景

长期以来，我国生态环境边治理边破坏的现象一直十分严重，并呈不断恶化的趋势，加剧了自然灾害，加大了受灾地区的贫困程度，给国民经济和社会发展造成了极大的危害，特别是1998年长江、松花江和嫩江流域发生特大水灾的主要原因就是森林植被破坏和陡坡地垦种。退耕还林就是从保护和改善生态环境出发，将水土流失严重的耕地，沙化、盐碱化、石漠化严重的耕地以及粮食产量低而不稳的耕地，有计划、有步骤地停止耕种，因地制宜地造林种草，恢复植被。退耕还林是减少水土流失、减轻风沙灾害、改善生态环境的有效措施，是增加农民收入、调整农村产业结构、促进地方经济发展的有效途径，是西部大开发的根本和切入点。

1998年8月修订的《中华人民共和国土地管理法》第三十九条规定："禁止毁坏森林、草原开垦耕地，禁止围湖造田和侵占江河滩地。根据土地利用总体规划，对破坏生态环境开垦、围垦的土地，有计划有步骤地退耕还林、还牧、还湖。"同年10月，基于对长江、松花江特大洪水的反思和我国生态环境建设的需要，中共中央、国务院制定的《关于灾后重建、整治江湖、兴修水利的若干意见》，把"封山植树、退耕还林"放在灾后重建"三十二字"综合措施的首位，并指出："积极推行封山育林，对过度开垦的土地，有步骤地退耕还林，加快林草植被的恢复建设，是改善生态环境、防治江河水患的重大措施。"

1999年，朱镕基总理提出"退耕还林，以粮代赈，个体承包"的政策措施。四川、陕西、甘肃三省率先开展了退耕还林试点工作，从此拉开了退耕还林试点工作的序幕。2002 年我国正式启动退耕还林工程。退耕还林工程的实施实现了由毁林开垦向退耕还林的转变。

（二）退耕还林工程的范围

退耕还林工程突出治理陡坡耕地，恢复林草植被，解决重点地区的水土流失。工程建设范围包括北京、天津、河北、山西、内蒙古、辽宁、吉林、黑龙江、安徽、江西、河南、湖北、湖南、广西、海南、重庆、四川、贵州、云南、西藏、陕西、甘肃、青海、宁夏、新疆 25 个省、市、自治区及新疆生产建设兵团，共 1 897 个县（含市、区、旗）。工程建设任务重点安排西部地区，中部地区突出重点。确定长江上游地区、黄河上中游地区、京津风沙源区以及重要湖库集水区、红水河流域、黑河流域、塔里木河流域等地区的 856 个县为工程建设重点县，占全国行政区划县数的 29.9%，占工程区总县数的 45.1%。

退耕还林范围主要是坡度 25°以上的耕地必须逐年退耕。水土流失严重、沙化、盐碱化等严重的耕地及生态地位重要的耕地纳入退耕还林规划；江河源头及其两侧、湖库周围的陡坡耕地以及水土流失和风沙危害严重等生态地位重要区域的耕地，在退耕还林规划中优先安排。

（三）退耕还林过程中应遵循的原则

退耕还林过程中应遵循下列原则：①统筹规划、分步实施、突出重点、注重实效；②政策引导和农民自愿退耕相结合，谁退耕、谁造林、谁经营、谁受益；③遵循自然规律，因地制宜，宜林则林，宜草则草，综合治理；④建设与保护并重，防止边治理边破坏的现象发生；⑤逐步改善退耕还林者的生活条件。

（四）退耕还林实施方案

退耕还林实施方案包括下列主要内容：①退耕还林的具体范围；②生态林与经济林比例；③树种选择和植被配置方式；④造林模式；⑤种苗供应方式；⑥植被管护和配套保障措施；⑦项目和技术负责人。

二、退耕还林树种

退耕还林的关键问题是树种的选择。如果树种选择不当，生长不良，生态效益和经济效益就难以提高，如北方干旱地区栽植的杨树相当一部分成了“老头树”。

退耕还林树种对土壤的选择遵循“适地适树，尊重民意”的原则。退耕地的土层厚度不足 30 cm 时，应栽植适宜的防护林、薪炭林、用材林或经济草种。退耕地的土层厚度在 30 cm 以上时，可栽植适宜的、有市场前景的经济林木。

种植经济林要考虑市场需求；种植生态林要考虑树种的组成，发挥其最大生态效益，同时考虑退耕户的经济效益，通过林产品深加工实现退耕户收益提高。退耕还林林种对造林树种的要求包括：

（1）用材林选择速生性、丰产性、优质性的树种，如杨树、泡桐、桉树、杉木、旱柳、红松、白皮松、毛白杨、水曲柳、毛竹、核桃楸等。

（2）经济林重点选择丰产和优质的树种，主要以生产果品、食用油料、饮料、调料、工业原料和药材等为主要目的。如杧果、橘、柚、橙、龙眼、荔枝、枇杷、猕猴桃、苹果、梨树、杏树、桃树、李子、葡萄、石榴、肉桂、黄柏、花红、樱桃、无花果、樱桃、海棠、沙果等。

（3）生态林选择具有生长快、根系发达、根蘖性强、耐风蚀等特点的树种，能有效减少水土流失、风沙危害等。如落叶松、柳杉、池杉、柳树、刺槐、银杏、合欢、竹类、梧桐、茅栗、锦鸡儿、绣线菊、沙棘、刺五加、木瑾、茉莉、栀子、野葛、柽柳、麻黄、沙拐枣、杞柳等。

三、退耕还林工程模式与技术

（一）退耕还林工程模式

在退耕还林实践中，退耕区因地制宜、适时适树，形成了多个退耕还林模式。本书中主要介绍下面两种模式。

1．生态保护型模式

生态保护型指在立地条件较差、土壤贫瘠、坡度 25°以上的陡坡地段和江河源头、库区周围等生态极其脆弱的地区，营造以生态林为主的退耕还林类型。主要包括封山育林治理模式、林灌草生态治理模式。

（1）封山育林治理模式　主要针对边远山区水土流失或沙化严重的地区，人工还林较难，但具有天然更新条件的地区，采取封山育林措施，逐步恢复林草植被，以达到保护生态的目的。在交通便利、土层深厚的退耕还林地，采用人工辅助促进更新技术，实行“封、造”结合，以更有效地促进植被恢复，从而达到治理的目的。

（2）林灌草生态治理模式　该治理模式是基于长期效益和短期效益相结合的高效模式。退耕后，植树种草，改变土壤利用结构，恢复植被，减少水土流失，改善生态环境，并通过割草养畜，促进畜牧业的发展，短期获得良好的经济效益。该治理模式关键是合理配置林草品种和比例，以达到林草高效性，林种应本着因地制宜、适地适树的原则。林下种草方式，树种应选样落叶少且易腐烂的树种，如松柏树、各种阔叶树。林草带配置模式，林草选择限制较少。牧草适宜选择优质的多年生牧草，如黑麦草、苜蓿等。

如在黄土丘陵地带的坡耕地可采用灌草结合治理模式，适宜树种有山杏、沙柳、踏郎、花棒、沙棘、红柳、黄柳、梭梭、沙拐枣等；在立地条件较好山区的坡耕地可采用乔草结合治理模式，适宜树种有樟子松、油松、落叶松、杨树、柳树、沙枣和桦树等；在内蒙古地区的科尔沁沙地可采用乔、灌草结合治理模式，适宜乔木树种有樟子松、油松、落叶松、杨树和柳树等，适宜灌木树种有山杏、沙柳、杨柴、花棒、沙棘等。

2．生态经济型模式

生态经济型是在立地条件较好，营造经济林为主的退耕还林类型。既改善生态环境，又可获得较高的经济效益，是实现林业可持续利用的退耕还林类型。

（1）林果治理模式。该模式适用于交通方便、坡度相对平缓、土层较厚（大于50cm）的阶梯式农耕地段，根据退耕还林区的特点，水平带种植林木，采用宽行窄株的方式，退农耕地还经济果木林，并在阶梯边缘栽种灌木或配置防护林带。林地植被得到恢复，生态经济效益双重增效。应选择品质优良、产量高、市场前景看好的名特优经济果木，以杨梅、梨、桃、柿、板栗、柑橘、枇杷、厚朴、银杏为主。注重生态约束条件下的森林采伐更新措施，提倡长短结合的复合轮伐期经营。

（2）林药治理模式。气候较湿润的退耕还林地，选择七叶树、厚朴、红豆杉、杜仲等具有地方特色、经济效益高、市场前景广阔的木本药材树种，使退耕还林地的生态得到有效治理，并获得一定的经济效益。

（3）笋用林治理模式。对坡度相对平缓、海拔低、交通便捷、土壤肥沃、土层积厚（大于 50 cm）的闲置农耕地，营造早竹、雷竹、青笋竹、高节竹及毛竹等竹林。

（4）工业原料林模式。营造日化工业原料林如无患子等，或工艺加工原料林，选择枫香、木荷、重阳木、刺槐、马褂木、厚朴等速生树种。

（5）林农复合治理模式。按照生态位的原理，选择经济林与粮食作物间作的模式，是一种过渡性的退耕还林模式。适宜在坡下部、土层深厚、水肥条件好的退耕地。经济林树种宜选择品质优良、市场前景佳的名特优新的经济林品种，例如：板栗、核桃等。间作农作物，以不影响经济林树种正常生长为原则，宜选择的农作物，有豆科作物、花生、薯类等，合理调控农作物和树种的时空分布结构。在陡坡或急坡地以土埂混农林模式，即以林为主，营造土埂林，主要树种有经济林和速生用材树种，按其组成结构、功能利用，大体分为：农—经型，农—果型，农—药型，农—林型。农—经型，如花椒—农模式、漆—农模式、油（桐）—农模式、茶—农模式等；农—药型，如杜仲—农模式、黄柏—农模式；农—果型，如桃—农模式、李—农模式、核桃—农模式、板栗—农模式、柑—农模式等；农—林型，如：泡桐—农模式，杉—农模式，柳—农模式、香椿—农模式等。

（二）退耕还林工程的主要技术

针对退耕还林工程的主要建设任务，大力推广提高造林成活率和乔灌草高效配置等造林技术。退耕还林实用技术主要包括：适于不同退耕区的优良树种配置和营造技术，低山丘陵生态脆弱区植被恢复技术、太行山石质山区辅助封山育林技术、黄土丘陵沟壑区退耕坡地乔灌草护坡生物工程营建技术、干热河谷困难立地造林技术、生态经济型林业经营技术等，为退耕还林和增加农民收入提供技术服务。本书主要介绍下面三种技术。

1．植物篱营造技术

（1）概念。等高植物篱 20 世纪 50 年代起源于美国，目前，成为坡地农林复合经营中最重要的方式之一。该技术即沿等高线一定间距种植速生、萌生力强的多年生灌木或灌化乔木或草本植物混种一行或多行的植物篱，植物篱间为作物耕作带。我国称由灌木带的植物篱为生物地埂，在国际上称为植物篱。由乔灌草组成的植物篱称为生物坝。通过植物篱带拦截作用，在植被带上方泥沙经拦蓄过滤沉积下来，经过一段时间，植物篱就会高出地面，泥埋树长，逐渐形成垄状。

梯田地坎易受冲蚀，导致埂坎坍塌，为了防止梯田地埂的冲蚀破坏、改善耕地小气候条件，应当依据坡度、田面宽度和梯田高度建立相应的梯田地坎防护林。同时为增加农民收入，可选择经济树种。

（2）植物篱树种选择。我国地域辽阔，气候条件不同，植物篱树种各异。根据退耕还林工程区气候特点，植物篱树种的选择原则是：能固氮，生长迅速，根系深，萌芽快，耐割，能满足当地的实际需求，既有良好保持水土作用，又能用作燃料、饲料和绿肥。推荐生物篱树种有茶树、桑树、紫穗槐、黄荆树、马桑、银合欢、刺槐、杜仲、金荞麦、黄花、香根草、麻等。

（3）整地、播种或栽植。坡耕地上每隔 4～6 m，沿等高线细致整地，宽度 0.4～0.6 m，深 0.3 m，便于播种植物篱树种种子或栽植幼苗。播种前，要对种子进行处理，通常使用方法是浸种，时间应根据不同种子而定，有的需要几分钟，有的需要一天或更长时间，浸种采用冷水或热水。由于坡耕地保水性能差，土壤比较干燥，有些植物篱树种直接播种培植植物篱比较困难，可采用植苗造林，有些植物篱用苗则必须通过建立苗圃来培育所需要的苗木。播种或栽植均为 2 行，行距 0.2～0.3 m，株距 0.15～0.2 m，三角形配置。针对不同的树种，有的株行距必须更宽一些。栽植时，根据不同树种，有的可以丛植，丛植对外界环境长期条件的抵抗力强，特别是与杂草竞争能发挥群体作用。植物篱带之间的土地，可营建高效经济林树种、药材等。

（4）抚育管理。主要是除草、松土、补植、修剪、平茬等。定时对植物篱进行修剪，剪下的枝叶覆于坡面，能减轻溅蚀等作用，在合适的时间将植物残体埋入土壤，有利于增加土壤有机质。

植物篱营造技术则是治理水土流失的一项生物技术工程措施，植物篱不但能保持水土，还可提供大量绿肥、饲料和薪柴，在退耕还林工程中具有广阔的应用前景。

2．覆膜造林技术

覆膜略大于穴面，位于四边压土。覆膜办法，从地膜一边划破到中心，再以树干为中心覆盖栽植穴，用土将四周和划破的缝隙压实，压土宽及厚约 4 cm。苗根茎与地膜之间用湿土封严压实，压土直径 6 cm，做到无空隙、无透气孔。不然当土壤表面温度增高到一定程度时，热气流集中顺着幼苗根茎蒸发而出，会直接灼伤苗木茎部输导组织和形成层组织，致使幼苗茎皮形成环状腐烂枯死。若造林前浇底水，栽后再浇一遍温水，然后覆膜，成活率更高，一般可达 95%～100%。

3．整地技术

不同地类的立地条件有很大的差异，必须在充分调查、分析退耕地的条件后确定合理的整地方式。如河北省根据当地条件、选用树种等情况确定整地方式，采用：①鱼鳞坑整地：在水蚀、风蚀严重的荒山荒地、退耕地（坡耕地）一般采用鱼鳞坑整地方式。鱼鳞坑为半月形坑穴，外高内低，长径 0.5～1.2 m，短径 0.5～1.0 m，埂高 0.2～0.3 m。坡面上坑与坑排列成三角形，以利蓄水保土。②水平沟整地：适于土层浅薄的丘陵、沟壑荒地或退耕地。沿等高线布设，品字形或三角形配置。沟长 4～6 m，沟底宽 0.2～0.4 m，沟口宽 0.5～1.0 m，深 0.4～0.6 m。沟内留档，档距 2 m。种植点设在沟埂内坡的中部。③反坡梯田：适于地形破碎程度小、坡面平整的造林地。田面向内倾斜 3°～15°反坡；宽 1～3 m，长度不限，每隔一定距离修筑土埂，预防水流汇集；横向比降保持在 1%以内。④穴状整地：平原地区杨树及经济林树种造林、山区易于发生水土流失的荒山荒地或退耕地。品字形配置，平原地区整地规格为长宽深 0.5～1.0 m；山区整地规格为长宽深 0.3～0.5 m。

第四节　风沙源治理工程与技术

一、风沙源治理工程概述

（一）风沙源治理工程实施的背景

近年来，京津乃至华北地区多次遭受风沙危害，特别是 2000 年春季，我国北方地区连续 12 次发生较大的浮尘、扬沙和沙尘暴天气，其中有多次影响首都。其频率之高、范围之广、强度之大，为 50 年来所罕见，引起党中央、国务院高度重视，备受社会关注。2000 年党中央、国务院为改善和优化京津及周边地区生态环境状况，减轻风沙危害，实施京津风沙源治理工程，该工程是环京津生态圈建设的主体工程，是一项具有重大战略意义的生态建设工程。

（二）工程建设范围

工程区西起内蒙古的达茂旗，东至内蒙古的阿鲁科尔沁旗，南起山西的代县，北至内蒙古的东乌珠穆沁旗，涉及北京、天津、河北、山西及内蒙古五省（区、市）的 75 个县（旗）。工程区总人口 1 958 万人，总面积 45.8 万 km^2，沙化土地面积 10.12 万 km^2。工程区分为四个治理区，即北部干旱草原沙化治理区、浑善达克沙地治理区、农牧交错地带沙化土地治理区和燕山丘陵山地水源保护区，治理总任务为 14 819 万 hm^2。

根据京津风沙源治理工程规划，工程由南向北划分为 5 个治理区。

（1）沙化草原治理区。位于内蒙古乌兰察布高原北部、锡林郭勒高原西部，包括乌兰察布盟和锡林郭勒盟的 6 个旗（县）。该区的主要问题是：长期超载过牧导致草原严重退化和沙化，生产力下降。

（2）浑善达克沙地治理区。该区位于内蒙古高原的东南部，包括内蒙古锡林郭勒盟和赤峰市的 19 个旗（县）。该区的主要问题是：由于长期过度放牧和毁林毁草开垦，致使固定沙丘活化，流沙面积迅速增加，灌草面积减少，草场严重退化。

（3）农牧交错带沙化土地治理区。该区主要指内蒙古乌兰察布盟阴山南北、山西雁北及河北坝上西部地区，包括内蒙古乌兰察布盟、山西大同、朔州、河北张家口市的 24 个县（旗）。该区的主要问题是：土壤疏松，泥沙颗粒小，极易扬沙起尘，毁林毁草开垦和不合理放牧，致使风蚀沙化严重。

（4）燕山丘陵山地水源保护区。该区主要指张家口坝下及其以东的山地丘陵区，包括北京、天津、张家口地区南部和承德、唐山西北部地区的 32 个县，是京津地区官厅、密云和潘家口三大水库的水源地。本区以丘陵山地为主。该区的主要问题是：人工樵采，陡坡耕种，破坏植被，导致水土流失和土地沙化严重。

（5）京津近郊综合治理区。该区位于华北平原北部，包括北京、天津及河北的 42 个县（市）。该区的主要问题是：冬季干旱风大，地表裸露，就地起尘起沙严重。

（三）工程建设原则

工程建设原则包括：①坚持预防为主，保护优先的原则；②坚持统筹规划，综合治理，因地制宜，分类指导的原则；③坚持生态优先，生态、经济和社会效益相结合的原则；④坚持政策引导与农民群众自愿相结合的原则；⑤坚持国家、集体、个人一起上的原则。

二、风沙源治理工程治理技术

京津风沙源治理工程以保护和扩大林草植被为出发点，以进行综合治理为基本建设内容，通过对现有植被的保护，封沙育林（草），飞播造林、退耕还林、草地治理、禁牧舍饲、小流域综合治理、种苗基地建设、水利配套措施、建设农田林网等生物措施和小流域综合治理等工程措施，减少风沙危害和水土流失，从总体上遏制沙化土地的扩展趋势，改善首都及周边地区生态状况。

在防沙治沙的技术储备中，有一整套丰富的成功技术与模式，值得大力推广，其中适用于本工程区的有：沙地飞播造林模式，封沙育林育草建设模式，沙地生物经济圈综合治理模式，活沙障造林模式，抗旱造林模式，引水拉沙造田技术，流沙治理模式等。

（一）封沙育林（草）技术

一般由流动沙丘、固定、半固定沙丘及沙质荒漠组成的仍残留有天然稀疏植被的地带，通过封育恢复天然植被，对期进行封沙育草保护治理，是防治沙漠化发展的有效技术。因此封育的对象主要是具有一定植被盖度的半固定和半流动沙丘，风沙活动较弱，封育后植被能较快蔓延，使植被盖度和生物量能在短时间内增加的区域。封育方法：利用木桩或水泥桩和刺线（或网围栏）按一定面积和形状将所要封育的沙地围起来，实行全面封禁，禁止滥垦、滥伐、滥牧、滥挖，当植被覆盖度达到 30%以上时，可实行半封。沙源广，残留植物少，植被覆盖率低（＜10%），封育面积要大，封育宽度 1 000 m 以上；沙丘低矮，残留植物覆盖率较高（＞10%），封育宽度为 500～1 000 m。

（二）沙地飞播造林（草）技术

飞播造林就是用飞机把植物种子播撒在地表，靠自然条件使种子发芽和幼苗成活、生长的造林措施。即用飞机装载林木种子，飞行到规划设计好的造林地上空，沿着一定的航向，把种子均匀的播撒在宜林荒山荒地荒沙上，利用林木有天然更新能力的特点，依靠自然降水和适宜温度，使种子生根、发芽、成苗，经过抚育管理，达到恢复生态环境良性循环目的的一种造林方法。利用此方法对大面积沙地植被进行恢复，具有速度快、效率高、活动范围大等优点，但投资大，需要一定的设备和一定的条件。

1．播区条件

沙地飞播造林适用于地方偏远，交通不便，人工造林困难的沙荒地。选择相对集中连片，面积不少于 200 hm^2，宜播面积占总面积的 70%以上的宜林（草）沙地为播区，播区净空条件要良好，天然植被盖度在 3%～12%，地下水埋深 0.5～10 m，沙丘高度在 15 m 以下，沙丘密度在 0.6 以下。

2．飞播植物种的选择

飞播植物种应具有种子吸水力强、有利于自然覆沙、发芽快、扎根迅速、耐干旱、耐贫瘠、耐风蚀沙埋、自然更新容易、具有较大利用价值的沙生植物。主要植物种有杨柴、柠条、花棒、沙蒿、沙拐枣、沙打旺等。如伊盟在毛乌素沙地飞播，采取杨柴、沙打旺、籽蒿混播，效果不错。前期籽蒿能起到固沙作用，为杨柴、沙打旺生存创造条件；后期流沙固定，水分条件下降，籽蒿衰退，杨柴占领沙丘，沙打旺占领丘间低地；再以后沙丘起伏平缓，杨柴基本上占领播区，形成杨柴草场，既固了沙又提供了饲草，是一条成功经验。

3．播期选择

飞播后成苗率高低，取决于风情和雨情；飞播的种子裸露沙表，除需满足种子发芽的温度外，还需要及时覆沙和覆沙后降水；飞播植物幼苗需要有一个较长的生长期，以培养抗风蚀的壮苗。播期一般在该地区雨季到来之前 10～20 天。各地适宜的飞播期，旱草原沙地为 5 月下旬至 6 月中旬；干草原—荒漠草原区，5 月中旬至 6 月中旬；干旱荒漠区，6 月下旬至 7 月上旬；高寒荒漠区 6 月中、下旬。如伊盟地区一般在 5 月 25 日至 6 月 10 日之间飞播为好。

4．播量的确定和种子处理根据不同树（草）种的特点，对种子进行分选。飞播量计算公式如下：

$$S=\frac{NW}{1\,000\ E\ \ R\ \ F(1-A)(1-Q)}$$

式中，S——每公顷播种量，kg；

N——可靠的成苗株数（10 000 株/hm^2）；

W——种子千粒重，g；

E——种子发芽率，%；

R——种子净度，%；

F——每平方米实际落种粒数与设计种子数的百分比，%；

A——鼠、虫危害损失率，%；

Q——意外损失率，%。

在平缓起伏沙地上飞播梭梭种子的量在 3.5～3.75 kg/hm^2，飞播胡枝子的种子量大约为 5.25 kg/hm^2；在黄土高原和黄土丘陵地区，飞播沙打旺的种子量为 3.25～5.25 kg/hm^2。若使用鸟鼠驱避剂和多效复合剂进行拌种，播量可适当降低。

5．飞播作业

飞播作业要求实际播幅不小于设计的 70%，根据飞行高度播幅一般控制在 50～100 m，单位面积落种粒数不低于设计的 50%，落种准确率大于 85%。通常情况下，根据沙区特点，考虑到飞播效率，确定播带长 3 500～7 000 m，播大颗粒种子带宽 50 m，航高 60～70 m；播小粒种子带宽 40 m，航高 4 555 m。为防止落种不匀，播幅宽应在播带基础上增加 20%～30%的重叠。

6．成苗调查

飞播成苗调查：飞播当年秋季进行成苗调查，调查内容有苗样方频度、样地平均株数及平均每公顷株树等。要求宜播面积平均每公顷有苗 3 000 株以上，有苗面积占宜播面积的 50%以上。

7．成效调查

飞播造林五年后，对播区进行成效调查，调查方法可根据具体情况采用成数抽样调查法或路线调查法。调查内容有播区的宜播面积、成效面积、平均每公顷株数及管护措施等。

8．飞播区的经营管护

飞播后播区要全封 3～5 年，严禁开垦、放牧、割草、砍柴、采药等人为活动。然后有组织的开放，开展有节制的生产活动，控制载畜量。

（三）植物治沙技术

植物治沙技术主要包括建立植被或恢复天然植被以固定流动沙丘；保护封育天然植被，防止固定半固定沙丘和沙质草原向沙漠化方向发展；营造大型防沙阻沙林带，阻止绿洲、城镇、交通和其他经济设施外侧的流沙侵袭；营造防护林网，保护农田绿洲和牧场的稳定，并防止土地退化。

1．农田防护林造林技术

无论干旱荒漠区的绿洲还是半干旱区的旱地，农田防护林网在防止或减轻风沙危害、改善农田小气候方面，均起到十分突出的作用。建立农田防护林网，已成为保障干旱区农业持续高产的基本途径。

（1）林带结构。依据林带透风阻沙能力的大小，农田林网结构类型可划分为三类，即紧密结构林带、疏透结构林带和通风结构林带。

紧密结构林带由主要树种、伴生树种和灌木树种组成 3 层林冠，林带枝叶从上到下都很稠密，透风系数较小，害风遇到这种林带时，主要从林带的上方越过，林带有效防护距离较短，一般为树高的 10～15 倍。疏透结构林带由主乔木和灌木树种组成，整个林带的上下间呈疏透状态，透风且间隙较均匀，害风遇到这种林带时一部分气流从林带上绕过，一部分从林带间通过，有效防护距离为树高的 25～30 倍。通风结构林带一般仅有乔木层，林带上部林冠稠密，不透风，而下部树干通风。害风遇到这种林带时一部分气流从林带上越过，一部分从林带间通过，有效防护距离为树高的 20～25 倍。

从上面三种林带结构类型可知，农田防护林带的结构类型通常应选择疏透和通风类型，且以窄林带为宜。

（2）林带间距与宽度。林带的布设应与防治目标一致，为有效防止风沙危害，通常应设置主林带与副林带。主林带走向通常与主害风方向垂直，而副林带与主林带垂直，构成护田林网。

目前以建设窄林带、小网格的护田林网为最好，主林带间距 200～300 m，副林带间距 500～600 m，而在沙质地上，主林带间距可以缩小为 150～200 m，副林带间距 400～500 m。窄林带可由 2～3 行乔木组成，最多不超过 5 行。农田林网的布局应以防护林综合防护体系规划相协调，结合农田的道路、水渠建设，实行全面规划，水、土、林综合治理。

（3）造林树种选择。在干旱区和半干旱区地区农田防护林造林树种应选择抗风性强、耐旱、耐寒等条件的树种，主要造林树种（表 3-2）。

表 3-2　干旱、半干旱及亚湿润干旱区农田防护林主要造林树种

防护林类型区	主要造林树种	
	乔木树种	灌木树种
东北西部内蒙古东部农田防护林区	小叶杨、青杨、北京杨、小青杨、小黑杨、白榆、旱柳、文冠果、水曲柳、胡桃楸、黄菠萝、蒙古栎、山楂、油松、樟子松、兴安落叶松、红皮云杉	小叶锦鸡儿、胡枝子、沙棘、紫穗槐、柽柳、杞柳、油蒿、籽蒿、乌柳、踏郎
西北农田防护林区	新疆杨、银白杨、胡杨、小叶杨、青杨、旱柳、白柳、沙枣、小叶白蜡、桑树、核桃、阿月浑子、巴旦杏	梭梭、小叶锦鸡儿、柽柳、沙棘、沙柳、花棒、柠条、枸杞、油蒿、籽蒿、乌柳、
华北北部农田防护林区	小叶杨、加杨、小黑杨、青杨、新疆杨、群众杨、旱柳、山杏、沙柳、沙枣、枣、白榆、樟子松、华北落叶松	小叶锦鸡儿、紫穗槐、沙棘、沙柳、花棒、柠条、枸杞、踏郎
华北中部农田防护林区	毛白杨、北京杨、加杨、沙兰杨、Ⅰ-69 杨、Ⅰ-72 杨、白榆、泡桐、合欢、枫杨、楸树、刺槐、国槐、臭椿、香椿、苦楝、栾树、旱柳、银杏、板栗、核桃、枣、柿、花椒、山楂、油松、白皮松	紫穗槐、杞柳、胡枝子、丁香、枸杞、榛子

（4）林带配置。农田防护林带的配置类型，是根据树种在林带中的地位和作用（树种类型）、树种的生物学特性及生长型等搭配在一起而形成的树种组合类型。配置类型主要有乔木与乔木搭配、乔木与灌木搭配等几种形式，在不同搭配之间可以采用株间混交、行间混交和带状混交造林，避免单一树种造林。

2．流动沙丘植被恢复固沙技术

（1）丘间低地造林技术。在流动沙丘背风坡坡脚到丘间低地地段，栽植乔灌木树种，用以阻挡沙丘的前移。同时在沙丘迎风坡下部栽植灌木树种，固住迎风坡下部沙面，利用自然风力削平沙丘上部，使整个沙丘逐渐平缓、固定，形成前挡后拉之势。这样地形逐渐变得低平，然后再进行这部分的沙地造林。流动沙丘的丘间低地，水土条件较沙丘优越，风蚀轻，可不必设置沙障就可直接造林治沙，成效较快。

这是一种十分有效的固沙和恢复植被的方法。

（2）沙丘固沙造林技术。治沙实践证明，邻近绿洲边缘及绿洲内部的流动沙丘，环境条件不像高大流动沙丘那么恶劣，通过人工沙障的辅助，植物固沙是能够成功的。由于流动沙丘具有物质结构松散与易受蚀移动的特点，沙丘造林首先应选择迎风坡中下部安排造林，丘顶不造林，让风吹蚀削低。选择沙丘迎风坡中下部横对主风方向，成行栽植固沙植物，株距 1～1.5 m，行距 2～4 m。在流动沙丘中，选定一部分作为需要固定的沙丘，用设沙障和造林的方法，迅速地固定起来，不让继续流动，而其余沙丘，不加任何固沙措施，使其移动。几年后，让其移动的沙丘移动到被固定的沙丘位置，扩大了平坦的丘间低地。

（3）固沙植物选择。在沙地固沙造林中较为成功的植物种主要有小叶锦鸡儿、山竹子、差巴嘎蒿、胡枝子、沙棘、紫穗槐、小黄柳等灌木。乔木树种有樟子松、油松和赤松，其中樟子松最好。另外一些杨树品种、山杏、榆树等也被广泛应用。固沙植物的选择原则是：选择多年生生长快、耐瘠薄、耐风蚀、耐沙埋、根系发达能有效利用土壤水分和养分的植物种；选择萌蘖能力强、树叶茂密、冠幅大的植物种；选择种源丰富，还可以进行人工无性繁殖的植物种；有一定的经济价值的植物种。

3．防风阻沙林带技术

在绿洲周围，农田与沙漠、戈壁相连的地带，是造成流动沙丘与风沙流对绿洲危害最主要的地段，在此营造大型防风阻沙林带，对于防止流动沙丘对绿洲的入侵和减弱沙尘暴的发生有显著功效。阻沙林带的建设应依据“因地制宜，因害设防；由近及远，先易后难”的原则，由片状林、块状林和带状林错综分布，以沙丘的丘间低地、风蚀地、平缓沙地造林为主，先在绿洲周边造林，逐渐向外扩展加宽。

（1）阻沙林带的林带结构与树种选择。防风阻沙林带应由乔灌木树种组成，以行间混交为宜：愈接近外来沙源一侧，灌木比重应该增大，使之形成紧密结构，以便把前移的流动沙丘和远方来的风沙流阻拦在林带外侧。我国西北绿洲周边营造防风阻沙林带的乔木树种主要是沙枣、小叶杨、二白杨、新疆杨、钻天杨、箭杆杨、加杨、青杨、旱柳、白柳、榆树等，灌木树种为梭梭柴、柽柳、酸刺、柠条、花棒及沙拐枣等。

（2）阻沙林带规模。防风阻沙林带的宽度取决于沙源状况：在大面积流沙侵入绿洲的前沿地区，风沙活动强烈，应全部用于造林，林带宽度小者 200～300 m，大者 800～900 m 甚至 1 km 以上。沙丘边缘造林，林带宽度为 50～100 m。绿洲与沙丘接壤地区若为固定、半固定沙丘，林带宽度可缩小到 30～50 m。绿洲与沙源直接毗连地带，若为缓平沙地或风蚀地，防风阻沙林带的宽度可为 10～20 m，最宽不超过 30～40 m。

（四）保水剂在抗旱造林中的应用技术

1．保水剂的种类

目前国内外的保水剂共分为两大类，一类是丙烯酰胺-丙烯酸盐共聚交联物（聚丙烯酰胺、聚丙烯酸钠、聚丙烯酸钾、聚丙烯酸铵等）；另一类是淀粉接枝丙烯酸盐共聚交联物（淀粉接枝丙烯酸盐）。

（1）聚丙烯酰胺。聚丙烯酰胺呈白色颗粒晶体状，主要成分为：丙烯酰胺（65%～66%）+丙烯酸钾（23%～24%）+水（8%～10%）+交联剂（0.5%～1.0%）。在国际上，法国、德国、日本、美国和比利时等国所生产的保水剂大多属于这类成分的产品。该产品的特点是：使用周期和寿命较长，在土壤中的蓄水保墒能力可维持 4 年左右，但其吸水能力会逐年降低。据黄土区造林试验观察，使用该类保水剂造林后的当年，其吸水倍率维持在 100～120 倍，第二年吸水倍率降低 20%～30%，第三年降低 40%～50%，第四年降低更多。

（2）聚丙烯酸钠。聚丙烯酸钠为白色或浅灰色颗粒状晶体，主要成分有：聚丙烯酸钠 88%（其中含钠 24.5%）+水（8%～10%）+交联剂（0.5%～1.0%）。国内生产的保水剂大多是这种成分的产品。其主要特点是：吸水倍率高，吸水速度快，但保水性能只能保持两年有效。据造林试验观测，这类产品的吸水能力和吸水速率明显高于聚丙烯酰胺产品，在土壤中如遇充分给水，0.5～1.0 小时后便迅速吸收自重的 130～140 倍的水分；但第二年的吸水倍率要降低约 60%。由于聚丙烯酸钠会造成土壤中钠离子含量的递增，林业和农业用保水剂的生产厂家大多改为生产聚丙烯酸钾或聚丙烯酸铵。

（3）淀粉接枝丙烯酸盐。淀粉接枝丙烯酸盐为白色或淡黄色颗粒状晶体，主要成分为：淀粉（18%～27%）+丙烯酸盐（62%～71%）+水 10%+交联剂（0.5%～1.0%）。这种产品在用于造林地蓄水保墒时，使用寿命一般只能维持 1 年多的时间，但吸水倍率和吸水速度等性状极佳。据实验室对黄土浸提液的吸水对比试验，该类保水剂在遇水后的 15～20 分钟即可吸收自重 150～160 倍的水分。

2．使用方法

保水剂是一种高吸水性树脂，这类物质含有大量结构特异的强吸水基团，在树脂内部可产生高渗透缔合作用并通过其网孔结构吸水。它的最大吸水力高达每平方厘米 13～14 千克，可吸收自身重量的数百倍至上千倍的纯水，并且这些被吸收的水分不能用一般的物理方法排挤出来，所以它又具有很强的保水性。由于树木根系的吸水力大多为每平方厘米 17～18 千克，一般情况下不会出现根系水分的倒流，而林木根系却能直接吸收贮存在保水剂中的水分，这一特性决定了保水剂在农林业抗旱节水植物栽培技术中的广泛应用。

造林绿化工程中，保水剂一般的使用方法是，在植树穴内将保水剂与土壤充分均匀混合后再栽植苗木，当土壤中的保水剂遇到下渗水后，可以有效蓄贮水分供苗木利用。要注意的是，保水剂并不是造水剂。因此，正确的使用应该是在雨季造林前整地时就施用保水剂，经一个雨季的充分吸水，便可使当年的雨季或秋季造林成活率甚至翌年春季造林的成活率提高15%～20%，生长量提高25%左右。

而在干旱少雨且又无灌溉条件的情况下，例如春季造林，当土壤含水量不足10%时，施用保水剂前应将其投入大容器中充分浸泡，使之充分吸水呈饱和凝胶后再与土壤混合使用，否则结果将适得其反。当然，如条件允许，各造林季节尽量都使用浸泡吸水后的保水剂，效果会更好，因为干保水剂在土壤中遇水膨胀时，由于周边土壤的压力会降低其吸水的能力；而使用事先吸水膨胀后的保水剂，特别是大颗粒的保水剂，既可保证其释水缩小后再遇水膨胀的有效空间，还可增大土壤孔隙和通气性能。

通过对各类保水剂的多年使用对比，造林绿化适宜采用0.5～3 mm粒径的大颗粒保水剂产品，这样既能满足土壤孔隙空气通畅的要求，又可保证所贮存水分的80%～85%被林木高效利用；一些粉状保水剂产品，使用时若与土壤混合不均匀，吸水后容易在局部产生糊状凝胶，造成相当范围的土壤蓄水过高，严重影响土壤通气和林木生长，甚至造成林木枯死。

3．使用量

应用保水剂时，施入量一般情况下以占施入范围内（植树穴）干土重的0.1%为最佳。施入量过大，不但成本高，而且雨季常会造成土壤贮水过高，引起土壤通气不畅而导致林木根系腐烂。在具体造林绿化中，保水剂的单位面积工程施用量取决于造林密度、树种、整地方式和植树穴规格等诸多因素。

根据对降水量为400 mm左右黄土半干旱区的适宜造林密度的研究，针叶树种每公顷1 200～1 500株，阔叶树种每公顷750～900株，经济树种每公顷500株的造林密度比较合理。在考虑上述合理密度和具体整地方式的基础上，经数年不同保水剂施用量的实地造林对比试验和成本核算，确定出主要树种造林的保水剂合理用量。若采用2～3年生针叶苗，植树穴规格为30 cm深、30 cm穴底直径，保水剂合理用量为每株25 g，按平均价格计算成本，折合每公顷600～750元；若采用1～2年生阔叶树苗木，植树穴深40 cm、穴底直径40 cm，保水剂用量每株60 g，每公顷折合900～1 050元；2年生经济林苗木，采用50 cm深、50 cm穴底直径植树穴，用量每株120 g，成本为每公顷1 200元。

配合其他技术措施，保水剂一般广泛应用于各种植苗造林。

为防止苗木栽植前在运输过程中根系失水，可采用保水剂蘸根的方法。具体方法是：将0.1～0.2 mm粒径的粉粒状“淀粉接枝丙烯酸盐”类型保水剂产品，按0.1%浓度投入浸根用容器中，充分搅拌均匀，20分钟后使用；裸根苗在保水剂浸液中浸泡半分钟后即可取出，最好再用塑料薄膜包扎。这样完全可以保证苗木根系在10

小时内不失水。经对比测定，采用保水剂蘸根法处理的苗木，造林成活率可相应提高15%以上。

保水剂同样也可用于大苗移植造林。1999 年春季，北京林业大学在头年反坡梯田整地后的造林地，进行了 5 年针叶树种侧柏、油松的带土坨大苗移植造林对比试验，植树穴规格为 50 cm×50 cm，土壤墒情一般，含水量为 10%～11%。使用保水剂的植树穴，在大苗移植前施用了事先经充分浸泡吸水呈饱和状态的大颗粒保水剂 10 kg（相当于干保水剂 83 g），而后与植树穴内的土壤充分搅拌、均匀混合；植树后为避免紫外线对保水剂的降解作用，同时为了降低土壤蒸发量，所有植树穴的表面都覆盖了虚土和 3 cm 厚的作物秸秆。经测定，造林后施用保水剂的大苗移植造林成活率仍然高达 90%，其他仅为 71%。为了简化使用，降低造林成本，近两年北京林业大学摸索出一种造林时携带方便、操作简单的保水剂使用方法。做法是将塑料纱网缝制成直径 8 cm、长 50 cm 的棒状网袋，承装前述已吸足水分的凝胶状大颗粒保水剂 1.3～1.4 kg（相当于干保水剂 10.7～10.8 g），造林时，针叶树苗木根系旁只需垂直放置 1 个，阔叶树和果树苗木根系两侧各垂直放置 1 个；其网袋中保水剂贮存的水分可缓慢向土壤释放，涉及直径范围 25～30 cm，其周边的土壤含水量在 20～30 天内可维持在 12%～13%。如若该期间无降水过程，可在造林后的第 25 天左右，将该网袋抽出，放入水桶中重新吸水，然后再放回原处。采用这种方法，造林成活率仍可保持在 90%左右。

本章小结

天然林养护技术就是人类遵循自然演化规律，充分发挥自然力量并加以人为措施，为加速天然林的恢复及其进一步扩展而采取的方法。封山育林是对具有天然下种或萌蘖能力的疏林，无立木林地、宜林地、灌丛实施封禁，保护植物的自然繁殖生长，并辅以人工促进手段，促使恢复形成森林或灌草植被；以及对低质、低效有林地、灌木林地进行封禁，并辅以人工促进经营改造措施，以提高森林质量的一项技术措施。封山育林应搞好规划设计，划定封山育林的界限、林种的区划；设计合理的封禁方式；确定封禁的年限；采用适当的育林措施；封山育林的管理等。

次生林是原始森林经过多次不合理采伐和严重破坏（火灾、垦殖、过度放牧等）后自然形成的森林。次生林的恢复技术包括封山育林、低产林改造（全面改造、林冠下造林改造法、带状改造、抚育间伐、择伐改造、栽针保阔）、次生林抚育技术（上层抚育、下层抚育、综合抚育、带状抚育、模拟自然天窗的人工更新）及定株定向培育技术。

退耕还林是改善生态环境的重大措施。退耕还林范围主要是坡度 25°以上的耕地必须逐年退耕。退耕还林工程模式主要包括生态保护型模式和生态经济型模式。

退耕还林工程的主要技术有植物篱营造技术、覆膜造林技术、整地技术等。植物篱营造技术即为沿等高线一定间距种植速生、萌生力强的多年生灌木或灌化乔木或草本植物混种一行或多行的植物篱，植物篱间为作物耕作带。

风沙源治理工程由南向北划分为 5 个治理区。京津风沙源治理工程以保护和扩大林草植被为出发点，以进行综合治理为基本建设内容，通过沙地飞播造林，封沙育林育草，植物治沙技术，抗旱造林等，减少风沙危害和水土流失，改善首都及周边地区生态状况。

复习思考题

1. 简述封山育林的方式及实施路线。
2. 阐述次生林的改造方法。
3. 简述不同林种对退耕还林树种的要求，举例说明。
4. 简述植物篱营造技术。
5. 简述京津风沙源治理工程治理分区。
6. 阐述沙地飞播造林技术。
7. 论述植物治沙技术。

第四章　草原生态恢复

【学习指南】本章讨论草原资源、退化草原生态恢复技术、草地建植技术等内容。通过本章学习，要求了解草原资源的作用、地位，草原建设中存在的问题，草原退化的成因等。掌握退化草原生态恢复与草地建植的各项技术。

第一节　草原资源概述

中国是一个草原大国，拥有各类天然草原近 4 亿 hm^2，草原面积居世界第二位，占全球草原面积的 13%，约占全国国土面积的 41.4%，是耕地面积约 3.2 倍、森林面积的 2.5 倍，是我国面积最大的陆地生态系统。因此，草原生态系统的保护建设是全国生态建设和环境保护的重要组成部分。

一、草原生态系统

（一）草原

从农业自然资源的角度来说，草原是大面积天然饲用植物群落生长的，以放牧和割草利用为主的畜牧业生产基地。这里所讲的草原是一种泛指，是指生长有草本植物或具有一定灌木植被的土地，它的同义语有草场（rangeland）和草地（grassland）。

注意上述草原一词与植物群落学范畴的草原具有本质的差别。在植物群落学中，草原（steppe）是由耐寒的旱生多年生草本植物为主组成的植物群落。是指在不受地下水或地表水影响下而形成的地带性草地植被。我国大兴安岭以西的内蒙古草原，青海、甘肃的荒漠草原都是这种类型，都叫做草原（steppe）。

（二）草原生态系统

草原生态系统是指草原上的生物（动物、植物和微生物）和非生物之间构成一个互相依存、互相作用、共同发展的一个综合体，这个综合体就称为草原生态系统。

草原生态系统与所有的生态系统一样，具有四个基本的组成成分——非生物环境、生产者、消费者和分解者。

（三）我国草原的类型与分布

我们现在所讲的草原是泛指意义上的草地。我国草原类型多样、分布广泛、面积巨大。我国共有 18 个大类，37 个亚类，1 000 多个草地型。我国的主要草原类型及其分布：

1．林缘草甸类

在森林和草原接壤地区，分布地区属于半湿润气候，年降水量 450 mm 以上，蒸发量不高，湿润系数在 0.6～1.0，覆盖度 90%以上。

林缘草甸分布于森林与草原接壤地区，如大兴安岭西侧的针阔叶混交林区向西南延伸的山坡，多有林缘草甸的分布。林缘草甸适于牛等大畜的放牧，亦是良好的割草地，可作为乳、肉业基地。

2．草甸草原类

出现在森林带附近。处于半湿润气候条件下，年降水量在 350～450 mm，湿润系数为 0.6～1.0，主要以中旱生的多年生根茎禾草及丛生禾草占优势。

草甸草原主要分布在内蒙古东北部丘陵状高平原、东北松嫩平原的缓丘坡地、大兴安岭山前台地、丘陵。牧草发育茂盛，产草量高，质量良好，为我国重要的天然割草场和放牧场，适于牛、马和绵羊等牲畜的牧养，是乳、肉业发展的良好基地。

3．干草原类

年降水量 250～350 mm，湿润系数在 0.3～0.6，主要是旱生的多年生丛生草本植物占优势，优势种主要为针茅属植物，在内蒙古高原多见此类型。

我国干草原在内蒙古高平原有广泛的发育，向西南延伸到黄土高原。生产力较高，为我国重要的优良天然牧场，适于绵羊、马、牛等家畜的生长。

4．荒漠草原类

年降水量在 150～300 mm，蒸发量大，湿润系数在 0.15～0.30，以真旱生或强旱生的多年生草本植物占优势，强旱生的小半灌木在植被中起明显的作用。

荒漠草原主要分布在内蒙古中北部和鄂尔多斯高原的中西部地区，干草原带以西，以及宁夏中部、甘肃东部地区，黄土高原北部及西部、新疆的低山、坡麓，受干旱气候的影响，生产力渐低，产草量不稳定。适于小牲畜和马的牧养。

5．山地草原类

年降水量 300～500 mm，蒸发量较低，湿润系数在 0.4～0.6，植被兼有高山、森林及干草原等各类型植物混合的性质。

山地草原在我国干旱荒漠地区有广泛的分布。新疆境内的天山、阿尔泰山，内蒙古、甘肃、宁夏等山地，山间盆地都有适当发育。产草量中等，草质良好，为良好的季节牧场。适于放牧各种家畜。

6．高寒草原类

年降水量 100～300 mm，80%集中在夏季，草层高度一般为 15～20 cm，覆盖度 30%～50%，产草量不高。

高寒草原主要分布在青藏高原的北部、东北部，四川西北部，以及我国西北部高山，如昆仑山、天山、祁连山的上部，草层低矮，产草量不高，主要为夏季牧场，适于牛、羊、马等牲畜的牧养。

7．草原化荒漠类

气候条件冬季寒冷、夏季炎热干燥，年降水量 100～200 mm，蒸发量大，湿润系数＜0.13，降水量不足，以强旱生小半灌木和小灌木为优势植物，但也具有一些真旱生的多年生草本植物和一年生植物，草层稀疏，覆盖度 15%～25%。

草原化荒漠，主要在新疆盆地北部、内蒙古荒漠的边缘，为狭窄的带状分布，产草量较低，适于小畜和骆驼的牧养。

8．干荒漠类

年降水量 60～150 mm，蒸发量为降水量的 10 倍以上，以超旱生的小灌木和小半灌木占优势，植被有真旱生的多年生草本和一年生草本植物常占据重要地位。

干荒漠在我国西北部广泛发育，形成广阔的地带性植被。植物稀疏，裸露的地面超过植物所占据的面积，适于骆驼和小畜的牧养。

9．高寒荒漠类

气候条件呈现为温度低、多风、冷季长、植物营养期短，有些地区土壤存在的永冻层，不利于植物生长，降水量 20～50 mm，群落结构简单，草层稀疏，覆盖度约为 10%。

高寒荒漠主要在青藏高原西部和北部，喀喇昆仑山脉地区的高原盆地，海拔 4 500～6 000 m，植物生长环境十分严酷。主要用为季节牧场，适于牦牛、藏羊等牲畜的牧养。

10．温性灌草丛类

年降水量 400～600 mm，水分易流失。湿润系数为 0.4～0.6，草低类型主要为次生植被。草本层高 60～80 cm，覆盖度 60%。

温性灌草丛主要分布在暖温带地区，冀北山地、华北地区、晋东南山地、黄土高原中西部等地，地形割裂、沟谷纵横、灌木与草本结合，这重要的天然割草场，适于做牛、羊的放牧场，特别是山羊和农区牲畜。

11．暖性灌草丛类

年降水量 800～1 200 mm，相对湿度保持在 70%～80%，主要由喜温热的旱中生多年生草本为优势种，经常伴生有阳性灌木和稀疏的乔木种类。草层高度一般 50～80 cm，总覆盖度 60%～90%。

暖性灌草丛广泛分布于亚热带和热带的低山丘陵，如湖南的南部、西部都很普遍。暖性灌草丛产量高，牧草前期草质良好，为畜牧业发展的重要基地，应合理地开发利用。

12．干热稀树草丛类

热带较干旱地区，以中旱生的多年生草本植物为主，年降水量 600～1 500 mm，大多在 1 000 mm 以下，群落内主要的组成植物多为阴性植物。

干热稀树草丛主要分布在亚热带和热带的山地，林线以上，如南岭等山地的上部。草本层发育茂盛，产草量高，发育期营养价值良好，后期纤维素增加，茎秆变粗硬。宜早期割草，调制干草或青贮保藏。

13．大陆草甸类

草甸的优势植物由中生的多年草本植物组成，也包括旱中生、湿中生和盐中生的植物。植物种的饱和度大，群落结构复杂，通常草层高度 50～80 cm，覆盖度 70%～90%。

草甸分布广泛，但多分散呈片状。在东北三江平原、辽河平原的低湿地、坨甸地以及华北区林缘等有广泛分布，为良好的割草场和放牧场，草质良好，适于牛、马、绵羊等家畜的牧养。

14．山地草甸类

由温性中生的多年生草本植物组成，中生的禾草和杂类草具有重要的作用。水分主要来源于天然降水、冰雪融水和空气湿度的影响，不受地下水的制约。

山地草甸在我国北方和西北的山系有广泛的发育。鸡脚草草甸在新疆准噶尔界山，无芒雀麦草草甸在华北、东北以及西北山地、沟谷都有广泛分布。产草量高，草质良好，为良好的割草场和夏季放牧场。适于牛、马、绵羊等家畜的牧养。

15．高寒（高山）草甸类

年降水量 400～500 mm，优势植物主要为寒中生的多年生草本植物组成，常伴生耐寒的中生多年生杂类草。草层高度 3～10 cm，覆盖度 70%～90%。

高寒草甸主要分布在青藏高原的东北部，四川西北部，形成地带性景观。其他在我国西北部、西南部的高山亦有广泛分布，形成山地垂直带部分。草层低，草质良好，为良好的夏季牧场，适于牛、羊等畜群放牧。

16．沼泽草甸类

土壤水分充足，潜在肥力较好。由湿中生的多年生草本植物为优势种，伴生湿生植物。草群高 15～35 cm，覆盖度 60%～90%。

沼泽草甸多分散片状，主要分布于四川西北部高原，散见于我国温带地区，东北、华北及其他平原低地沟谷、溪流河岸、湖泊滩地，面积不大。在秋水消逝或地下水下降时，可用于放牧，或做割草场。过度水湿使牧草适口性降低。

17．低位草本沼泽类

植物以禾本科、莎草科、灯心草科植物为多，一年生植物很少。

低位草本沼泽主要分布于东北三江平原的低地、高河漫滩、河岸阶地的低洼地。青藏高原的东北部，和散见于各地平原低洼部分，形成广泛的隐域性植被。在水分消逝或水位下降时，可以放牧和割草，青草产量高，但质量粗糙。

18．丘状草本沼泽类

主要以湿生或沼生的多年生草本植物占优势，并混生有旱生植物。

丘状沼泽主要分布于青藏高原的东北部，若尔盖高原，东北三江平原、大兴安岭北部。春季地下水上升，踏头周围充满水分。水分下降时可做放牧场，夏季可割制干草。

二、草原在维护我国生态安全中的地位和作用

（一）生态保护屏障

我国草原基本上分成三大片：北方温带草原、青藏高寒草原、南方热带亚热带草地。北方温带草原自东北三省，翻过大兴安岭，经内蒙古高原、黄土高原，至新疆山地，这一大片辽阔的国土，几乎全部为不同类型的草地覆盖，构成了京津地区、中原大地重要的生态屏障。作为草地的主要植物类群，禾本科草具有很强的生命力，它们一方面为消费者提供有机物质和能量，另一方面又能良好地稳定其生存的环境。

（二）保持水土，涵养水源

我国高寒草原是黄河、长江两大水系的发源地，黄河上、中游也经过干旱草地分布地区，所以，我国大面积天然草原既关系当地的环境稳定，也关系许多水域的保护。天然草原对防止水土流失、防风固沙都有十分明显的作用。

（三）改良土壤，培肥地力

草原植被在土壤表层可形成大量的有机物质，这些有机质可改善土壤的理化性状，形成土壤团粒结构。在盐碱地种草，能改善这些土地的盐渍化程度，达到改良土壤的目的。在草原植被中，豆科牧草如苜蓿等具有根瘤菌，能使空气中的游离氮素固定，使植物吸收利用，培肥地力。据测定，1 hm^2 苜蓿 3 年可固氮 210～270 kg，相当于硝铵化肥的 675～825 kg，可见草原生态系统培肥地力这方面具有显著作用。

（四）草原对生态环境的调节作用

1．草原可调节小气候

草原调节小气候的功能，主要有三方面作用：第一，草原可截留降水，且比空旷地有较高的渗透率，对涵养土壤中的水分有积极作用。据试验，冰草的降水截留量可达 50%。第二，由于草地的蒸腾作用，具有调节气温和空气中湿度的能力，与

裸地相比，草地上湿度一般较裸地高 20%左右。第三，由于草地可吸收辐射于地表的热量，故夏季地表温度比裸地低，而冬季草地比裸地温度高。

2．净化空气

草地植物在通过光合作用进行物质循环过程中，可吸收空气中的二氧化碳并放出氧气；草地植物能吸收、固定大气中的某些有害有毒气体；某些草地植物能分泌一些杀菌素，从而减少空气中有害细菌含量；茂密的草地，植株多，其叶面积为地表面积的 20～80 倍，好像一座庞大的天然“吸尘器”，可以不断接受、吸附空气中的尘埃。

（五）草地对生物多样性的保护作用

我国草地自然条件的复杂性，带来生物物种、种群和群落的多样性，草地类型也很多，在众多的草地类型中生长和生活着多种多样的生物，致使草地生态系统蕴藏着丰富的生物种质资源，具有重大的科研价值和经济价值。

三、草原在我国国民经济与社会发展中的战略地位

（一）草原生态的保护建设有利于国民经济与社会发展的生态安全和资源安全

天然草原是一种可更新的自然资源，在一定的时间和空间范围内，不仅可以为人类提供物质和能量，而且具有较强的防风固沙、涵养水源、保持水土、净化空气等生态功能。我国地形西高东低，草原大都位于黄河、长江、淮河、珠江等几大水系的源头和上中游地区，面积大、分布广，是国民经济发展和人民生活的重要生态屏障，对减少地表水土冲刷、大江大河泥沙淤积，降低水灾隐患具有重大战略意义。我国草原退化严重，已沙化和表土覆沙的草原达 8 000 万 hm^2，这些沙化草原位于我国中部和东部地区的上风头，冬春季节，植被稀疏，风起沙扬，是我国沙尘暴的主要沙源地和尘源地。加强草原生态保护建设可减少土地裸露、地表径流和防止沙尘暴，从而对保护和改善我国生态大环境具有显著的作用。

（二）草原生态的保护建设是西部大开发战略的重要组成部分

加强生态建设和环境保护，是实施西部大开发战略的重点内容之一。中央提出，西部开发要加快基础设施建设，加强生态建设和环境保护，力争用 5～10 年时间，使西部地区基础设施和生态环境有突破性进展，西部开发有一个良好的开局。西部地区地处高原、丘陵、山地和沙地四大生态环境，大部分地区发展种植业受到不同程度的制约，特别是西北地区年降水量多在 400 mm 以下，森林覆盖率不足 5%，新疆、青海等省区不到 1%，发展林业的自然条件不足。西部地区草原面积占农田、森林和草原等大绿色植被生态环境的 79%，西北地区达到 85%，青海、西藏等省区

都在 90%以上，因此，草原生态保护建设是西部生态建设和环境保护的核心，也是关系到西部大开发乃至全国可持续发展的千秋大业。

（三）草原生态的保护建设是农业经济结构战略性调整的重要内容

草原是国家重要的可再生农业资源。长期以来，我国农业以种植业为主，畜牧业、草业严重滞后。无论从发展畜牧业增加农民收入，还是从保证食物安全看，草原生态保护建设都有着极为重要的现实意义。内蒙古、新疆、西藏、青海等北方草原牧区是我国为数不多的无公害优质动物产品的生产基地。南方 14 个省区有各类天然草原 0.52 亿 hm^2，相当于耕地的 1.8 倍，是我国可开发利用的重要后备资源。草原生态保护建设对牧区深化改革，建舍养畜，实现草畜平衡，对农区实行“粮、经、饲”三元种植，发展草食动物，加快农村和农业结构调整、增加农民收入都具有重要意义。草原畜牧业的发展将成为保障我国食物安全、改善食物结构的重要途径之一。

（四）草原生态的保护建设有利于老、少、边、穷地区的经济发展和边疆的长治久安

我国天然草原大多分布在边区、山区、老区和少数民族地区，又是贫困人口比较集中的地区，全国少数民族中大多数分布在草原牧区，草原是这些地区的优势资源，草原畜牧业是这些地区的支柱产业。实施草原生态保护建设工程，不仅可以改善生态环境，同时还可以有效地改善畜牧业的基本生产条件，增强发展后劲，营造经济发展新的增长点，促进农牧民增收，消除贫困，加快多民族共同富裕的步伐。我国 2.28 万 km 陆地边境线上有 1.4 万 km 位于天然草原分布区，边疆牧区草原经济的振兴和发展也关系到边疆的稳定与安宁。

四、草原生态建设中存在的主要问题

长期以来，天然草原被当作宜农荒地不断开垦。20 世纪 50 年代以来，经过 4 次大开荒，已有 1 930 多万 hm^2 优良草原被开垦；草原牧区人口与牲畜增长过快，草原超载过牧，不堪重负；在天然草原上滥挖药材、滥搂发菜、乱伐林木和樵采、乱开矿等人为活动，严重破坏了草原植被；由于投入不足，基础设施薄弱，建设标准低和保护不力，造成草原建设速度赶不上退化速度，目前，天然草原面积每年减少约 65 万～70 万 hm^2，突出地表现在以下三个方面。

（一）天然草原退化严重

目前，90%的可利用天然草原不同程度地退化，其中覆盖度降低、沙化、盐渍化等中度以上明显退化的草原面积已占半数。草原退化使草原质量不断下降，20

世纪 90 年代与 20 世纪 60 年代初比较，北方天然草原产草量下降了 30%～50%，载畜能力大大降低。随着天然草原面积的日益缩小，牲畜日益增加，导致常年用于放牧的牧区天然草原还将进一步退化，一部分甚至会失去利用价值，成为沙地、裸地或盐碱滩。

（二）天然草原荒漠化日益严重

全国荒漠化土地每年以 26.2 万 hm^2 的速度扩展，其中绝大部分发生于干旱与半干旱草原区，尤其是农牧交错区。“三化”（沙化、盐渍化、退化）草原面积已达 1.35 亿 hm^2，并且每年还以 200 万 hm^2 的速度增加。草场退化和植被破坏导致沙尘暴频繁发生，西沙东进，北沙南侵，掩埋农田，毁坏交通和通信设施，已殃及华北和东南部沿海地区，造成环境的严重破坏和巨大的经济损失。

（三）天然草原水土流失加剧

我国每年有数十亿吨的泥沙输入黄河、长江，其中来自草原的泥沙，已占长江宜昌段泥沙量的 35%。

草原生态环境日趋恶化，沙尘暴、荒漠化等为害日益加剧，已成为制约社会、经济可持续发展的主要“瓶颈”，对中华民族的生存与发展构成了严重威胁，因此，加快草原生态保护建设刻不容缓。

五、草原退化机理与成因

（一）草原退化的机理

1．草原退化的概念

草原退化是指不合理的管理与超限度的利用在不利的生态地理条件下所造成的草原生产力衰退与环境恶化的过程。从生态学规律来认识，草原退化属于逆行生态演替。草地退化又往往是多因素叠加耦合作用的复杂过程。其主要表现是草原生物组成与植被退化、土壤退化、水文循环系统的恶化、近地表小气候环境的恶化等。是草地状况由健康到不健康，直到草地生态系统崩溃的过程。

凡由不利自然因素或人为活动所引起的草地质量衰退，生产力、经济潜力及服务功能降低，系统能量和物质循环严重失调，环境变劣以及生物多样性或复杂程度降低，系统恢复功能减弱或失去恢复功能，均称为草原退化。

2．草原退化的生态学原理

从物质循环和能量流动的角度看，草原退化是在不利的自然条件下，叠加不合理的利用，草地植被的产量和质量下降，土壤环境恶化，使草原生态系统的生产和功能衰退。在这一过程中，由于长期不合理、甚至掠夺式的利用，从草原中不断带走大量的物质，而得不到补偿，长期入不敷出，生态系统的能流、物流严重失衡，违背了生态系统中能量与物质流转应保持平衡的基本原则，从而导致生态系统功能紊乱、失调和衰退，使草原生态系统与生产力不断下降，系统的组成结构与功能发生明显变化，原有的“能流”规模缩小，在低能量水平上形成偏途顶级，建立新的亚稳态。如果这种衰退不断积累，超出了系统所能承受和恢复的阈限，最终导致草原生态系统完全丧失物质再生产能力，草地生态系统崩溃，草地不复存在。

3．草原退化的特点

草原退化实质上是草原生态系统在自然因素与人类活动的超负荷扰动下，发生的结构弱化、功能下降的过程。这一过程包括两个重要方面，即环境演变和植被退化演替。在环境演变过程中，土地退化是最重要的，因为土壤是植被赖以存在和发展的基础，它供应植物以水、肥、气、热的需要，是植物进行生命活动的重要场所；而且土壤退化与植被退化之间存在着重要的相互关系，伴随着草原土壤的退化，草原植被发生退化演替，生物量减少，覆盖度下降，而草原植被的变化又作用于土壤，加速草地退化的进程。因此草地退化过程中同时存在土壤与植被的变化，并且土壤变化滞后于植被的变化。土壤与植被的共同退化，最终导致草地生态系统的衰退。

4．草地退化过程中的土壤、植被变化

草地退化过程中，土壤粗化、贫瘠化，并且干旱化。伴随着草地退化程度的加剧，土壤理化性质总体趋于恶化，具体表现在土壤机械组成粗化、容重增加、孔隙度变小、坚实度下降。土壤表层含水量明显下降，土壤温度的日较差变大。土壤物理性质的恶化导致土壤化学性质也发生了明显的改变，土壤有机质、全氮、全钾和全磷均表现下降趋势，土壤化学性质的改变对植物生长发育产生直接影响。

草地退化过程中，伴随着土壤环境的演变，植被的变化是显著的，总体上看是一种退化演替。草地物种多样性呈下降趋势，草地土壤种子库变化呈现由高到低的态势，植被中的物种数、种子库物种数、种子数量，以及丰富度指数、多样性指数、均匀度指数等均呈现下降趋势。

（二）草原退化的原因

1．草场利用强度过重，畜草矛盾日益突出

试验表明，过度放牧不仅会对植物，也会对土壤产生不良影响。根据李永宏等（1999）的研究结果，过度放牧地上现存量的最大值只有对照的 22.3%。过度放牧对 0～5 cm 土壤容重影响最为显著，经过 6 年连续放牧试验，放牧率为 6.67 只羊/hm^2 的重牧地段，土壤容重为 1.286 g/cm^3。而对照地段的土壤容重只有 1.209 g/cm^3，前者为后者的 1.06 倍。

而事实上，长期以来，我国天然草原都处于过度放牧的状况，现在天然草原平均超载 20%～30%。以锡林郭勒草原为例，与 20 世纪 50 年代前相比，牲畜头数从

130 万头增加到 1 610.6 万头，增加了 11.4 倍，人口由 22 万人增加到 99 万人，增加了 3.5 倍；而天然草场面积则由于开垦、退化、碱化、沙化等原因逐年减少。草场的减少，过牧面积的扩大，土壤越踩越硬，造成板结，表层土壤破坏。再加上牲畜频繁啃食，牧草得不到休养生息机会，光合作用减少，导致多年生牧草演替为稀、短、细、死，一年生牧草增多，草原日趋退化。

2．盲目开垦草原

过度放牧引起的草原退化是一个长期的过程，可以说是渐变的；而草原开垦却是一个迅速的过程，是急变的。长期以来，我国总把土地平整、土壤肥沃、土层深厚、草地植被生长好的土地称做宜农荒地，视作开垦对象。1949 年以来，为了解决粮食问题，在我国广大的草原地区，兴起了多次开垦浪潮，至 20 世纪 60 年代，全国新垦草地达 667 万 hm^2，而 50 年代到 70 年代，我国西北地区三次大规模开垦，开垦草地 6.67×10^4 hm^2。此后，“文革”期间，以及 90 年代初又有几次大的草原开垦。如根据中国科学院调查，1988 年前后 10 年间，内蒙古东部 33 个旗县开垦草原达 970 851 hm^2。草原地区的开垦，多是广种薄收，粗放管理，加之这些地区降水量低，一经开垦，有机物质分解很快，且春季风大，农田无植被覆盖，风蚀严重，表层细微土粒极易被吹散，从而造成严重退化。

3．滥挖与樵柴

在我国北方草原区，有大量的如甘草、麻黄、知母、内蒙古黄芪等药用植物，也有蘑菇、发菜等经济植物。大量的长期的挖坑、耧耙以及砍伐等活动，严重破坏草地植被、土壤或地表结构，从而引起草原退化。在鄂尔多斯高原草原，由于长期滥挖甘草、麻黄，到处土坑林立，严重破坏草地植被，在这一地区，每挖 1 kg 甘草要破坏 0.53～0.67 hm^2 的草地。据估算，在这个地区由此而破坏的草地，每年达到 2.67 万 hm^2。在内蒙古由于滥搂发菜破坏草地 1 300 万 hm^2，占草地面积的 19.5%。

大多数草原区交通不便，经济落后，燃料来源困难；为了解决薪柴问题，当地的农牧民搂枯草、砍灌木作为主要的燃料来源。一般认为一个 5～6 口之家全年的燃柴需要量为 2.5～3 t。在华北农牧交错带典型地段的丰宁县，每户农牧民一年大约砍掉 1 hm^2 的乔灌木。为此，全县每年约有 6 500 hm^2 的乔灌木化为灰烬，相当于该县一年治理的沙地面积。

4．土壤养分平衡长期失调，输出大于输入，肥力大幅度下降

草原由开发以来一直处于高度利用或人为破坏状态之下。土壤养分通过草原产品（牧草、肉、皮、毛、奶等）被大量携走，而向草原的人为物质投放（肥料等）基本没有，即使本应该通过自然物质循环归还草原的家畜粪便，也因燃料缺少而被烧掉，致使草原生态系统物质循环功能下降，土壤有机质与矿物质养分越来越少。另外，自然因素如风蚀等，所造成的损失是巨大的，因而草原土壤肥力处于明显衰退过程。同时，人口剧增，不计后果的大量开荒、盲目增加牧畜数量以及乱挤乱占，

改变草原用途，都给草原带来了巨大压力，致使草原退化日趋严重。

5．草原资源开发与发展工业造成的破坏与污染

草原地区地面与地下矿物资源十分丰富，煤、石油、天然气、盐、硝、碱等，贮藏量都很大。近几年，勘探开采这些矿物资源，促进了牧区经济的发展，但在开采的过程中，也会产生一些负面影响，如碾轧草地植被或尾矿掩埋草原，从而诱发矿区周围草原的退化与沙化。

第二节　退化草原生态恢复技术

草原生态系统是一个自组织系统，具有一定的自我调节能力，对于轻度、中度退化的草原依靠自然植被的内部机制能够达到自然恢复。在生产实践中，人为施加物质和能量是草原生态恢复的必要保障，同时也能够有效地促进草原生态恢复的进程。

一、草原封育

草原封育后防止了随意抢牧、滥牧的无计划放牧，牧草生长茂盛，盖度增大，草原环境条件发生了很大变化。一方面，植被盖度和土壤表面有机物的增加，可以减少水分的蒸发，使土壤免遭风蚀和水蚀。另一方面，改善了土壤结构和土壤渗水能力。草原封育后，由于消除了家畜过牧的不利因素，牧草能贮藏足够的营养物质，进行正常的生长发育和繁殖。一些优势植物开始形成种子，群落的有性繁殖功能增强。特别是优良牧草，在有利的环境条件下，恢复生长迅速，增加了与杂草竞争的能力，不但能提高草原产草量，还能改善草原的质量。

（一）草原封育的方法

1．草原封育类型

（1）打草场。选择地势平坦、植被生长较好，而且以禾本科牧草为主的草场。

（2）培育退化草原和沙地。选择退化严重的草原进行封育，为了固沙，可选择流动沙丘或半固沙丘草地。

2．草原封育时间和管理

一般应根据当地草原面积状况及草原退化的程度进行逐年逐块轮流封育。如全年封育、夏秋季封育、春秋两季两段封育、留作夏季和冬季利用。封育草原的管理主要是为了防止家畜进入封育的草原。封育草原应设置保护围栏，围栏要因地制宜，以简便易行、牢固耐用为原则。小面积草原采用垒石墙、围篱笆等防护措施；大面积草原，则宜采用围栏方法。

（二）封育期内应采取的其他措施

单纯的封育措施只是保证了植物正常生长发育的机会，而植物的生长发育能力还受到土壤透气性、供肥能力、供水能力的限制。因此，在草原封育期内需要结合如松耙、补播、施肥和灌溉等培育改良措施。此外，草原封育以后，牧草生长势得到一定的恢复，生长很快，应及时进行利用，以免植物变粗老，品质下降，营养价值降低。

河北坝上的研究结果表明，自然恢复是一个相当缓慢的过程，需 8～10 年时间，从第 5 年起植被出现快速增长，产量可达 3 195 kg/hm^2，而且优良牧草增加，草原群落渐渐恢复至地带性植被。

二、草原松耙

草原土壤变得紧实，土壤通气和透水作用减弱，微生物活动和生物化学过程降低，直接影响牧草水分和营养物质的供应。为了改善土壤的通气状况，加强土壤微生物的活动，促进土壤中有机物质分解，应适时对草原进行松土改良。

（一）划破草皮

所谓划破草皮是在不破坏天然草原植被的情况下，对草皮进行划缝的一种草原培育措施。

1．划破草皮的方法及效果

在小面积草原上，可以用畜力机具划破。而较大面积的草原，应用拖拉机牵引的特殊机具（如无壁犁、燕尾犁）进行划破。

划破草皮的深度，一般以 10～20 cm 为宜，行距以 30～60 cm 为宜。划破的适宜时间，一般在早春或晚秋。早春土壤开始解冻，水分较多，易于划破。秋季划破后，可以把牧草种子掩埋起来，有利于来年牧草的生长。

2．划破草皮类型

不是所有的草原都需要进行划破草皮，应根据草原的具体条件来决定。例如，一般寒冷潮湿的山区草原和高山草甸，地面往往形成坚实的生草土，可以采用划破草皮的方法；而在那些又干又热的地区，不可采用划破草皮的方法，因为在这样气候条件下，划破草皮会增加土壤水分蒸发，不利于保墒，且破坏牧草的地下部分，使牧草产量降低。划破草皮应选择地势平坦的草原进行。在缓坡草原上，应沿等高线进行划破，以防止水土流失。

（二）耙地

耙地是改善草原表层土壤空气状况进行营养更新的常用措施。

1．耙地的作用

（1）清除草原上的枯枝残株。草原丛生禾草每次形成的新枝均位于株丛的外围，株丛中央往往为枯死的茎叶所充塞。耙地可以消除这些残株，有利于丛生禾草新枝的形成。此外，耙地还能促进根茎性草类的再生。

（2）松耙表层土壤。草原生草土中大量已死草类的根系、根茎充塞土壤孔隙，使土壤紧实。耙地可切碎生草土块，疏松土壤表层，改善土壤的物理性状，有利于水分和空气的进入。同时耙地将土壤的毛细管切断，减少地表土壤水分的蒸发，起到松土保墒作用。

（3）消灭匍匐性和寄生杂草。耙地能够消灭匍匐性和寄生杂草，有利于草原植物天然下种和人工补播的种子入土出苗。同时，疏松的表土层给牧草种子的萌发生长创造良好的生长条件。

2．耙地对草原的不良影响

（1）耙地能直接将许多植物拔出，切断或拉断植物的根系。

（2）耙地将牧草株丛中覆盖的枯枝落叶耙去后，会导致这些牧草的分蘖节和根系暴露出来，失去覆盖层保护，而在夏季旱死或冬季冻死。

（3）耙地只能疏松土表以下 3～5 cm 的土壤，不能根本改变土壤的通气状况。

3．草原耙地方法

（1）耙地的时间。耙地时间最好在早春土壤解冻 2～3 cm 时进行，此时耙地一方面起保墒作用；另一方面春季草类生长需要大量氧气，耙地松土后土壤中氧气增加，促进植物分蘖。

割草地的耙地时间依割草次数而定，通常一年割一次的草原，耙地必须在割草后或放牧再生草后进行。割两次的草原，耙地应在第一次或第二次刈割之后立刻进行，因为此时禾本科草类的分蘖节上正在发出新枝和形成新的分芽，特别需要氧气。另外，干燥炎热季节已过，不会发生因耙地裸露根茎而旱死的情况。在有积雪的干旱草原上秋耙有利于蓄渗雪水，耙地可在秋季进行。就总体而论，早春是耙地的最佳时间，秋季虽可耙地，但改良效果不如春耙明显。

（2）耙地的工具。耙地的机具和技术对耙地效果影响较大，常用的耙地工具有两种，即钉齿耙和圆盘耙。钉齿耙的功能在于耙松生草土及土壤表层，耙掉枯死残株，在土质较为疏松的草原上多采用钉齿耙松土机进行松土。圆盘耙耙松的土层较深（6～8 cm），能切碎生草土块及草类的地下部分，因此在生草土紧实而厚的草原上，使用缺口圆盘耙耙地的效果更好。

（3）适宜耙地的草原类型。这里的草原类型主要是指草原上主要植物的生活型，它对耙地效果起决定作用。一般认为以根茎状或根茎疏丛状草类为主的草原，耙地能获得较好的改良效果，因为这些草类的分蘖节和根茎在土中位置较深，耙地时不易拉出或切断根茎，松土后因土壤空气状况得到改善，可促进其营养更新，形成大量新枝。以丛生禾本科和豆科草为主的草原，因为耙地对这些草损伤较大，尤其是一些下繁草，如早熟禾、羊茅等受害更大，耙地往往不能得到好的效果，匍匐性草类、一年生草类及浅根的幼株可因耙地而死亡。密丛型禾本科草类和莎草科薹草为主的草原，耙地通常没有效果或效果不好。

耙地最好与其他改良措施如施肥、补播配合进行，可获得更好的效果。河北坝上的研究结果表明，松土改良植被破坏率只有 17%，第 2 年后产草量便明显增加，高峰期可达 3 294 kg/hm^2，持续效果约 5 年。

三、草原补播

草地补播是在不破坏或少破坏原有植被的情况下，在草群中播种一些适应当地自然条件的、有价值的优良牧草，以增加草群中优良牧草种类成分和草地的覆盖度，达到提高草地盖度和改善草群结构的目的。为了提高草地生产力，促进牧草优质和高产，对退化草地进行人工补播是一项重要的改良措施。

（一）补播地段的选择与处理

选择补播地段应考虑当地降水量、地形、土壤、植被类型和草地退化的程度。地形应平坦些，但考虑到土壤水分状况和土层厚度，一般可选择地势稍低的地方，如盆地、谷地、缓坡和河漫滩。在多沙地区，可以选择滩与丘之间交界地带，这样的地方风蚀作用小，水分条件也较好。此外，可选择农牧交错带的退耕还草地，以便加速植被的恢复。

补播牧草不仅生长的环境条件差，土壤紧密、沙化、干旱、空气与养分严重不足，而且补播牧草的幼苗要与原有植物竞争。因此，要使补播牧草获得成功，必须减少原有植被对补播牧草的抑制作用。在有植被的地段，补播前进行一次地面处理是保证补播成功的措施之一。地面处理的方法可采用机械进行部分地耕翻和松土，破坏一部分植被，也可以在补播前进行重牧或采用化学除草剂消灭一部分植物，减少原有草群的竞争，有利于补播牧草的生长。

（二）补播牧草种的选择

补播是在不破坏草地原有植被的情况下进行，除了要为补播的牧草创造一个良好的生长发育条件外，还应选择生长发育能力强的牧草品种，以便克服原有植物对它们的抑制作用。

1. 正确选择补播牧草种类应考虑的因素

（1）牧草的适应性。最好选择适应当地土壤气候条件的野生牧草或经驯化栽培的优良牧草进行补播。一般来说，在干旱区补播应选择具有抗旱、抗寒和根深特点的牧草；在沙区应选择超旱生的防风固沙植物；局部地区还应根据土壤条件选择补播牧草种类，如盐渍地应选耐盐碱性牧草。

（2）牧草的饲用价值。选择适口性好、营养价值和产量较高的牧草进行补播。

（3）牧草的利用方式。割草应选上繁草类，放牧应选下繁草类。

以上对于补播牧草种类的选择应以牧草的适应性最为重要，是决定补播牧草能否在不利条件下定居的关键因素。

2．可供补播用的牧草种类

（1）北方农牧交错带东段可以补插的牧草　羊草、无芒雀麦、鸭茅、猫尾草、草地早熟禾、草地羊茅、披碱草、老芒麦、黄花苜蓿、各种三叶草、紫花苜蓿、野豌豆、白花草木樨和直立黄芪等。

（2）北方农牧交错带中段可以补播的牧草　羊茅、碱草、冰草、硬质早熟禾、杂花苜蓿、锦鸡儿、木地肤、冷蒿、达乌里胡枝子等。

（3）北方农牧交错带西段地区适合补播的牧草　沙生冰草、冷蒿、扁穗冰草、优若藜、木地肤等。

（4）在沙化地区补播的牧草　沙竹、沙蒿、沙拐枣、柠条、花棒（细枝岩黄芪）、羊柴、沙柳、沙生冰草、草木樨等。

（5）西南部农牧交错带地区适合补播的牧草　无芒雀麦、猫尾草、鸭茅、草地早熟禾、披碱草、老芒麦、黄花苜蓿、各种三叶草、野豌豆、白花草木樨和直立黄芪等。

（三）补播牧草种子的处理

种子处理的主要目的，一方面是提高补播质量和种子的发芽率。野生及新收获的牧草种子无论在天然或人工栽培条件下，其萌发能力都比较低，这是因为种子还没有完全达到正常的生理成熟。从种子形态成熟到种子生理成熟的后熟期或休眠期，对多年生牧草而言，短的需 30～45 d，长的 60～120 d。另一方面很多禾本科牧草种子有芒，很多豆科牧草种子硬实率高。在种子播前要经过清选、去芒、破种皮、浸种等处理，以保证牧草播种质量和发芽率。在生产实践中，有时对补播牧草种子进行一些特殊处理，如包衣、丸衣化等，以提高种子出苗率。

（四）补播技术

1．播床准备

在补播前播床要松土和施肥。松土机具一般用圆盘耙或松土铲。作业时松土宽度在 10cm 以上，松土深度 15～25 cm。松土原则上要求地表下松土范围越大越好，而地表面开沟越小越好。这样有利于牧草扎根，同时增加土壤的保墒能力，改善土壤的理化性状。

2．补播技术

（1）补播时期。确定补播时期要根据草原原有植被的发育状况和土壤水分条件。原则上应选择原有植被生长发育最弱的时期进行补播，这样可以减少原有植被对补播牧草幼苗的抑制作用。牧草在春、秋季生长较弱，所以一般都在春、秋季补播。在冬季有积雪的地区，春季正是积雪融化时，土壤水分状况好，也是原有草原植被生长最弱时期。但大多干旱地区，冬季降雪不多，春季又干旱缺雨，风沙大，春季补播有一定困难，从草原植被生长状况和土壤水分状况出发，以初夏补播较适合。因为此时植物并非处于生长旺盛时期，雨季又将来临，保证土壤水分充足，补播成功的希望较大。

（2）补播方法。撒播和条播两种方法。条播主要是用机具播种，目前国内外使用的草原补播机种类很多，可根据具体情况选择使用。撒播可用飞机、人工撒播，或利用羊群播种。若面积不大，最简单的方法是人工撒播。利用羊群补播牧草种子在生产上是比较实用的简便方法。如有的地区用废罐头盒做成播种筒挂在羊脖子上，羊群边吃草边撒播种子，边把种子踏入土内。据试验，200 只羊，一半带上播种筒，放牧 5 km，每日可播种 12 hm^2。

在大面积的沙化草地地区，或土壤基质疏松的草地上，可采用飞机播种。飞机播种速度快，面积大，作业范围广，适合于地势开阔的沙化、退化严重的草地和丘陵地。

（3）飞机补播应采取的技术措施。一是选择沙地、严重退化的大面积草原补播，做到适地、适草、适时播种；二是飞机撒播的种子一定要事先经过处理，防止种子位移，最好把小粒种子制成丸衣种子，种子外面的丸衣成分是磷肥、微量元素等含多种养分的种丸；三是播区要有适于草种发芽成苗和生长的自然条件，降水量最少在 300 mm 以上，或有灌溉条件，土层厚度不小于 20 cm；四是飞播后应加强管理，落实承包权，当年禁止利用。

3．补播牧草的播种量和播种深度

种子播种量的多少决定于牧草种子的大小、轻重、发芽率和纯净度，以及牧草的生物学特性和草原利用的目的。一般禾本科牧草（种子用价为 100%时）常用播量为 15～22.5 kg/hm^2，豆科牧草 7.5～15 kg/hm^2。由于种种原因，草地补播出苗率低，所以，可适当加大播量 50%左右，但播量不宜过大，否则会造成不必要的浪费，甚至会对幼苗本身生长发育产生不利。

播种深度应根据草种大小、土壤质地决定。在质地疏松、较好的土壤上可播深些，黏重的土壤上可浅些；牧草种子大的可深些，种子小的可浅些。一般牧草的播种深度不应超过 3～4 cm，常见几种牧草种子播种深度一般为：苜蓿、草木樨 2～3 cm，无芒雀麦和羊草 4～5 cm，冰草 1～2 cm，披碱草和碱草为 3～4 cm，羊茅、沙打旺 0.5～1 cm。有些牧草种子很小，如看麦娘、木地肤等，可以直接撒播在湿润的草原上而不必覆土。

牧草种子播后最好进行镇压，使种子与土壤紧密接触，以利于种子吸水发芽。但对于水分较多的黏土和盐分含量大的土壤不镇压．以免返盐和土层板结。

4．补播地的管理

目的在于保护幼苗的正常生长和恢复草原生产力。农牧交错带地区常干旱，风沙大，严重危害幼苗生长。所以为了保护幼苗，保持土壤水分，常在补播地上覆盖一层枯草或秸秆，以改善补播地段的小气候。有条件的地区，结合补播进行施肥和灌水，提高牧草产量，有利于补播牧草幼苗当年的生长发育。另外，刚补播的草原幼苗嫩弱，根系浅，经不起牲畜践踏。因此，应加强围封管理，当年必须禁牧，第二年以后可以进行秋季割草或冬季放牧。沙地草原补播后，禁牧时间应最少在 5 年以上，才能改变流沙地的面貌，而后才能成为生产草料的基地。补播草地还应注意防鼠、防病虫害，确保幼苗不受危害。

四、草原灌溉

草原灌溉是为满足植物对水的生理需要，提高牧草产量的重要措施。很多试验证明，多年生牧草每制造 1 g 干物质，需消耗 600～700 g 水；当然，不同的植物种类或同一植物不同生长期需水量是不同的。草原灌溉，调节草原水分不仅有生理学意义，更重要的是草原的生产意义。

（一）灌溉对水质的要求

草原灌溉对牧草生长发育的影响，不仅表现在灌溉量上，也表现在水质上。水质主要包括溶解于水中的各种盐类及所含泥沙、有机物三方面。灌溉水中含有过多的可溶性盐类时，不仅破坏牧草的生理过程，而且会导致土壤盐碱化，恶化草原的生态环境。灌溉用水的允许矿化度应小于 1.7 g/L。若矿化度为 1.7～3.0 g/L，则必须对盐类进行具体分析，以判断是否适于灌溉。矿化度大于 5 g/L 的水，不能用于灌溉。这种标准，应根据各地区的条件区别对待，不易透水和排水的草原，矿化度还应降低。

由于不同盐类溶液的渗透压不同，同一浓度的盐分，使植物受害程度也不一样，在盐类成分中，以钠盐类危害最大。水中的盐类也不都是对植物有害。如碳酸钙、碳酸镁、硫酸钙均无害；而且磷酸盐还是一种肥料，用于灌溉有明显的增产效果。

水温对植物的生长发育也有显著的影响，灌溉的水温应与草原土壤温度接近，才适宜植物生长。水温过低或过高，都会损伤植物，应以迂回灌溉或设晒水池等方法，提高水温，一般水温在 15～20℃为好，不宜高于 37℃。

水中泥沙过多，妨碍输水。灌溉后，覆盖牧草，形成胶泥层，干裂时破坏牧草根系和再生。

（二）草原灌溉水源

1．蓄积地表径流水

（1）挖水平沟和鱼鳞坑蓄水。这是在山区和丘陵地蓄水的方法。在倾斜平缓的草原上沿等高线挖掘水平沟，呈品字形排列。一般沟上口宽 0.8～1 m，沟底宽 0.3 m，沟深 0.4 m，两沟间距 2 m。在坡度较大、坡面不整齐的草原，可以挖鱼鳞沟蓄水。

（2）修筑土埂蓄水。通常在缓坡上修筑，沿等高线筑一道或多道层次的土埂。埂高 1 m 左右，埂长数百米，埂间距 60～600 m，视坡度大小而定。

（3）修涝池。山谷地形中，有较大径流或洪水较多时，可利用天然地形修涝池（涝坝）截流，并通过渠道引水灌溉草原。涝池相当于一个小型水库，在缺水地区，还可作放牧饮水的水源。修涝池时，应注意选择有自然凹陷的地方，集水容易。

（4）积雪。主要是防止风把雪吹走、吹散，确保在春季融雪时，使雪缓缓融化，以利调节草原水分，促进牧草春季提早萌发。积雪的方法很多，主要是因地制宜地建立不同形式的积雪障碍物。积雪蓄水的方法，多在草原和荒漠地区年降雨量少的时候进行，但冬季都有一定量的降雪。对于开发干旱缺水草原具有重要意义。

2．地下水的利用

草原开发利用地下水的方法有打井、水窖、掏泉、截流等。井的种类很多，有筒井、管井、坎儿井、机井等。作为放牧饮水，井的分布要合理，每眼井要有一定的控制面积和放牧饮水半径，否则会因牲畜集中而破坏草原。

（三）草原灌溉方法

1．漫灌

漫灌也叫浸灌，是利用水的势能作用，在草原上引水漫流，短期内浸淹草原的灌溉方式。在天然草原灌溉中浸灌较为广泛采用，如新西兰利用漫灌方法灌溉草原，使草原利用年限延长 1 倍，载畜量提高 3 倍。浸灌的优点是工程简单，投资少，收效大，有的水源带有大量有机肥料，起到增加土壤肥力的作用。缺点是耗水量大，灌水不均匀。漫灌一般多在平缓草原上采用。若坡度大时，可采用阻水渗透灌溉方式，即通过挖水平沟、鱼鳞坑、修土坝等拦阻水势，使水沿坡度的沟、坑慢慢下流渗透，达到灌溉目的。草原浸灌最好每年进行 2～3 次，春季缺水时更有必要进行 1 次浸灌以利于牧草快速生长。

2．沟灌

沟灌适用于人工草地或渗水性较好的草原。吐灌水时水沿水沟流动，以毛细管作用向沟的两侧渗入土壤。沟灌可以避免灌水后土壤板结，破坏土壤的团粒结构。沟灌可以减少深层渗漏，节约用水。

3．喷灌

喷灌是一种先进的灌溉技术，它是利用专门的喷灌设备将水喷射到空中，散成水滴状，均匀浇灌在草原上。与地面灌溉方法相比，喷灌有很多优点：一是省劳力，由于灌水工作全部机械化，减轻劳动强度；二是喷灌可以做到浅浇勤灌，不产生地表径流，不会导致土壤盐渍化，而且比地面灌溉省水达 30%～60%；三是喷灌能控制土壤水分，保持土壤肥力，不仅可以提高草产量，同时不会使土壤板结，还可调节地面小气候，增加地面空气温度；四是喷灌不受地面限制，减少沟渠占地，提高土地利用率。喷灌的缺点就是受风力、风向影响大，而且需要机械设备和能源消耗，投资大。

五、草原施肥

施肥是促进草原恢复、提高草原牧草产量和品质的重要技术措施。在草原上单施氮肥，能增进禾本科草的发育，但对豆科牧草生长不利；施磷、钾肥有利于豆科牧草的生长；施用有机肥能使多数牧草种类均衡生长发育，使禾草和豆科牧草的比重增加，草群中杂类草比例减少。理论上，每施 0.5 kg 氮肥，可以增产 0.75 kg 肉，现在生产中实际已达到增产 0.5 kg 肉。试验证明，施氮、磷、钾完全肥料，每公顷增产牧草 1 095～2 295 kg，草群中禾本科牧草的蛋白质含量增加 5%～10%。施肥还可以提高家畜对植物的适口性和消化率。总之，为了保持土壤肥力，必须把植物带走的矿物养分和氮素，以肥料的方式还给土壤。

（一）草原施肥技术与特点

草原在合理施肥的基础上，才能发挥肥料的最大效果。肥料的种类很多，其性质与作用都不同，如何进行合理施肥，发挥肥料的效果，取决于牧草种类、气候、土壤条件、施肥方法和制度。

1．肥料的种类、性质

草原上施用的肥料有有机肥料、无机肥料和微量元素肥料，应根据肥料的性质进行施肥。

（1）有机肥料。指人畜代谢物和各种有机腐物。是一种完全肥料，不但含有氮、磷、钾三要素，而且含有其他微量元素。草原施用有机肥料，不但可以满足植物对各种养分的需要，而且有利于土壤微生物的生长发育，从而改善土壤的理化性状，有助于土壤团粒结构的形成。有机肥料效果迟缓，主要作为基肥使用。

（2）无机肥料。也叫化学肥料或矿物质肥料。不含有机质，肥料成分浓厚但不完全，主要成分能溶于水，易被植物吸收利用。一般多作为追肥施用。

（3）微量元素。植物生长发育除需要氮、磷、钾三要素外，还需要多种微量元素。主要是硼、钼、锰、铜、锌、钴和稀土元素等，是植物生长发育必需的、不可缺少、不可代替的元素。因此，微量元素在草原施用特点是用量小而适量。科学实验和生产实践证明，如果土壤中某一微量元素不足时，牧草就会出现一种缺乏病状，反之，若土壤中某一微量元素过多时，牧草就会出现中毒症状。微量元素一般用于浸泡、叶面喷雾和根外追肥。微量元素肥料的使用要慎重，不可随意施用。

2．施肥作业

（1）根据牧草需要养分的时期施肥。在植物生长的前期，特别在分蘖期施肥效果好，能促进植物生长。施肥时要区别牧草种类和需肥特点，一般禾本科牧草需要多施些氮肥，豆科牧草需要多施些磷、钾肥。豆科、禾本科混播草原应施磷、钾肥。

（2）依据土壤供给养分的能力和水分条件进行施肥。土壤对养分供应能力，同气候、微生物和水分条件密切相关。如气候温暖时，土壤中硝化细菌等微生物活跃，对氮素供应就多。土壤中水分的多少，决定施肥效果，影响植物对肥料的吸收和利用。水分少时，化肥不能溶解植物无法吸收利用，同时有机肥不能分解利用。水分过多也不好，易造成养分流失。

3．施肥方法

包括基肥、种肥、追肥。基肥是在草原播种前施入土壤中的厩肥、堆肥、人粪尿、河湖淤泥和绿肥等有机肥料的某一种。目的是供给植物整个生长期对养分的需要。种肥是以无机磷肥、氮肥为主，采取拌种或浸种方式在播种同时施入土壤。其目的是满足植物幼苗时期对养分的需要。追肥是以速效无机肥料为主，在植物生长期内施用的肥料。其目的是追加补充植物生长的某一阶段出现的某种营养的不足。

（二）不同类型的草原施肥

各类草原以其形成和利用方式不同，各具一定的施肥特点。

1．冲积地草原

土壤中各种营养物质的总体含量较为丰富，相对而言，磷、钾较多，氮较少。因此，这类草施用氮肥效果好，对其他各种肥料的反应较弱。

2．低洼地草原

一般氮和钙的含量较丰富，磷的含量少。因此，施用磷肥效果好。

3．沼泽地草原

营养物质含量最缺乏，这类草原同时施用磷、钾肥效果好。

4．坡地和岗地草原

养分易随地下水流失，加之土壤干燥，氮的含量低，磷和钙也不足，这类草原施有机肥效果最好，无机肥以氮、磷、钙等肥料效果好。

5．水泛地草原

这类草原土壤中各种营养物质总含量较为丰富，因而对各种肥料的反应较弱。通常施氮肥有较好效果。

6. 放牧地

放牧地的施肥应在每次放牧后进行。例如：以禾草为主的放牧地在春季放牧后施以全肥，即每公顷约施 30～45 kg 氮、30～45 kg 五氧化二磷、30～45 kg 氧化钾；在第二次、第三次放牧后，各施氮肥 30～45 kg/hm^2。

7. 割草地

割草地的施肥中应注意施好追肥。追肥最好在春秋两季进行，春季应在植物萌发后和分蘖拔节时进行，每公顷施 45～60 kg 氮、30～40 kg 五氧化二磷、30～45 kg 氧化钾，三大要素可以同时施入。秋季追肥是在割草后进行，目的在于使牧草尽快恢复绿色叶片，促进秋季分蘖，增加地下器官的可塑性营养物质，以利越冬和明年早春返青。秋季追肥应以磷、钾肥为主，每公顷施 25～30 kg 五氧化二磷、30～45 kg 氧化钾，但不宜施氮肥，以免在弱光下枝叶徒长，不利于营养物质的积累，同时也消耗贮藏的营养物质，不利于越冬。秋季如有腐熟的厩肥，割草地施厩肥可使牧草免受冻害，保证来春土壤中的水分。

第三节 草地建植技术

对于严重退化的草原以及弃耕农田完全依靠自然恢复已经不可能实现或者需要时间漫长。解决这一问题切实可行的办法是建立人工草地，通过增加物质能量投入，来加速受损草原生态系统的恢复。尤其是在退耕还草生态建设工程中，草地建植技术更具有重要作用。

牧草的栽培与作物栽培一样，播种前都需耕翻耙、整平土地、耙碎土块、蓄水保墒，为种子的萌发、生长准备一个上虚下实的良好苗床。同时，为了出苗整齐，提高播种质量，还须对某些牧草种子进行处理，如禾本科牧草种子的去芒，豆科牧草种子硬实处理等。牧草播种质量的高低直接决定着草地建植的成败，所以，播种前土壤的准备、播种的方法、技术以及草地建植初期的管理是至关重要的。

一、土壤准备

牧草的生长发育过程离不开光、热、空气、水分和养分。其中水分和养分主要是通过土壤供给的，土壤的通气与土壤温度的变化也直接影响着牧草的生长。牧草只有生长在松紧度和孔隙度适宜、水分和养分充足、没有杂草和病虫害、物理化学性状良好的土壤上才能充分发挥其高产优质的性能。由于牧草种子细小，苗期生长缓慢，容易受到杂草的危害，只有进行合理的土壤耕作，才能为牧草的播种、出苗、生长发育创造良好的土壤条件。所以，土壤耕作是牧草栽培技术中最重要的措施之一。

（一）土壤耕作的作用

1．改善土壤耕作层的结构

改善耕层结构就是改善土壤固相、液相和气相之间的比例关系，调节土壤中水、肥、气、热等肥力因素，创造适合牧草种子萌发和植株生长发育的耕层状态。同时，土壤耕作，可使紧实的耕层转变成具有适当松紧度的土层，并能增加土壤总孔隙和毛细管孔隙，从而增加土壤的透水通气性，提高土壤温度，促进微生物活动，提高土壤中有效养分的含量，这就为牧草播种出苗和生长发育创造了良好的条件。

2．保持和恢复土壤团粒结构

由于降水、灌溉、人和畜践踏、农机具滚压和土壤有机质的积累，使耕作层 0～10 cm 的土壤结构遭到破坏，逐渐变为紧实无结构状态，而下层土壤由于植物根系作用及有机质被嫌气性细菌分解，结构性能逐渐恢复。土壤耕作就是把已丧失土壤结构的上层土壤翻下去，把下层具有较好结构的土壤翻上来。

3．消灭杂草和病虫害

通过耕翻和中耕可以直接消灭杂草，还可以把病菌孢子、害虫的卵蛹及幼虫等埋入土中或翻出地面，使其死亡。

4．增加土壤有机质提高土壤肥力

通过耕作将残茬、枯枝落叶、绿肥、有机肥料和无机肥料翻入土层，可促其分解转化，减少无机肥料的挥发与流失，利于根系吸收。同时可以利于接纳降水，蓄水保墒。

5．准备苗床

为牧草播种及种子发芽出苗创造上虚下实的苗床。

（二）苗床准备

1．耕地

耕地又称犁地，是苗床准备的基本措施。一般用有壁犁耕翻地，深度为 20～25 cm，使土层翻转、松碎和混合，从而使耕层土壤结构发生根本性变化。总之，耕地应遵循“熟土在上，生土在下，不乱土层”的原则。耕地最好用复式犁耕翻，前面的小铧犁可以把板结的残茬较多的表层土壤翻到犁沟底部，主犁再把结构已恢复的下层土壤翻上来覆盖在上层。这既有利于恢复耕作层土壤结构，也能较好地消灭杂草和病虫害。耕地一定要不误农时，在适宜的条件下尽量早耕，以便更好地蓄水保墒。耕地的深度要均匀，地面平整，无漏耕现象。另外，可能的情况下，尽量深耕，可以扩大土壤容水量，增加土壤的底墒。农谚说：“深耕一寸土，多耐十天旱”就是这个道理。

2．耙地

在刚耕过的土地上，用钉耙耙平地面，耙碎土块，耙出杂草根茎，以便保墒，为播种创造良好的地面条件。前作收获后播种时，为了抢墒抢时播种，有时来不及耕翻，可以用圆盘耙进行耙地，耙后即种。播种出苗前，如土壤板结可用钉齿耙耙地以破除板结，利于种苗出土。

耙地的方式有顺耙、横耙和对角耙等。顺耙的碎土作用小，横耙的碎土和平土作用大，对角耙碎土作用介于两者之间，平土作用也大。故未种植过的土地上宜采用横耙与对角耙，有时往往几种方法结合进行。

3．耱地

常在犁地耙地之后进行，用以平整地面、耱实土壤、耱碎土块，为播种提供良好的条件。在质地疏松、杂草少的土地上，有时在耕地后，以耱地代替耙地。有时在镇压过的土壤上进行耱地，以利保墒。播种后耱地，有覆土和轻微镇压作用。耱地的工具用柳条、荆条或树枝等枝条编成，也有用长条木板做成的。

4．镇压

镇压可使表土变紧、压碎大土块，并使土壤平整。在气候干旱的地区和季节，越是疏松的土壤，水分损失越快。镇压可以减少土壤中的大孔隙，从而减少气态水的扩散，起到保墒作用。在耕翻后的土地上，如要立即播种牧草，必须先进行镇压，以免播种过深而不能出苗，或因种子发芽生根后发生“吊根”现象，致使种苗枯死。“吊根”是指种苗根部接触不到土壤，吊在土壤的空隙中，吸收不到水分和养料。播后镇压，则可使种子与土壤紧密接触，起到提墒的作用，有利于种子吸取发芽所需水分。镇压的工具主要有石磙、V形镇压器、机引平滑镇压器和铁制局部镇压器等。

二、种子处理

有些牧草的种子具有休眠性，给予适宜的发芽条件，也须经数日、数月甚至数年才能萌发。种子休眠是牧草在长期历史发展过程中形成的一种适应性，可以使牧草抵抗不良的环境条件，保证其延续性。造成种子休眠的原因主要有：胚未成熟、光敏色素的抑制、种皮的坚硬不透性、种子未完全后熟、种子内某些化学物质抑制作用等。一般禾本科牧草种子收获后，贮藏一段时间，发生一系列生理生化变化，也就完成了其后熟，就可萌发，所以禾本科牧草一般播前不需处理。而豆科牧草种子普遍硬实率较高，在播种前，常进行必要的种子处理，目的在于提高种子的萌发能力，保证播种质量，为牧草的茁壮成长创造良好的条件。播种前种子要处理，除豆科牧草硬实种子处理工作之外，还包括豆科牧草根瘤苗的接种，禾本科牧草种子的去芒等。

（一）硬实种子及其处理

很多豆科牧草种子，在适宜的水、热条件下，由于种皮具有一层排列紧密的长柱状石细胞，即马氏细胞，水分不易渗入，种子不能吸水膨胀萌发，这些种子统称为硬实种子，俗称铁豆子。常见豆科牧草的硬实率为：紫花苜蓿为10%，白三叶为14%，红三叶为35%，杂种紫花苜蓿为20%，红豆草为10%，草木樨为39%。因此，播种豆科牧草，必须进行硬实种子处理工作，其处理方法如下。

1．擦破种皮

擦破种皮是一种最常用的方法，特别适用于小粒种子的处理。可以用石碾碾压或用除去谷子皮壳的碾米机进行处理，也可以将豆科牧草种子掺入一定数量的碎石、沙砾，用搅拌器搅拌、震荡，或在砖地轻轻摩擦，使种皮粗糙发毛，以达到擦破种皮的目的。处理时间的长短，以种皮表面粗糙、起毛，不致压碎种子为原则。经擦破种皮处理的草木樨种子的发芽率由40%～50%提高到80%～90%。

2．变温浸种

对于颗粒较大的种子，通常采用热水浸泡处理的方法。将硬实种子放入温水中浸泡，水温视种类不同而异，以不太烫手为宜，浸泡一昼夜后捞出，白天放到阳光下暴晒，夜间转至凉处，并经常加一些水使种子保持湿润，经 2～3 d 后，种皮开裂，当大部分种子略有膨胀时，即可趁墒播种。此法适用于土壤湿润的或有灌溉条件的土地上。当水温较高时，浸泡时间可适当缩短。紫花苜蓿种子在 50～60℃热水中浸泡半小时即可。变温浸泡可以加速种子在萌发前的代谢过程，通过热、冷更迭，促进种皮破裂，改变其透性，促进其吸水、膨胀、萌发。

3．浓硫酸处理

把浓硫酸加入种子中拌匀，20～30 min 后，直到种皮出现孔纹，将种子放入流水中冲洗干净，稍加晾干即可播种。

（二）豆科牧草接种根瘤菌

豆科牧草能与根瘤菌共生固氮，当豆科牧草生长在原产地及良好的土壤条件下，在其根上生有一种瘤状物，称为根瘤。只有土壤中存在某一豆科牧草所专有的细菌并达一定数量时，这种根瘤才能形成。这种能使豆科牧草根上形成根瘤的细菌，称为根瘤菌。根瘤菌生长、繁殖依靠从根中吸收碳水化合物等营养物质，同时，根瘤菌能从空气中固定游离的氮，转变成豆科牧草便于吸收利用的含氮化合物，供豆科牧草生长之需。豆科牧草凭借根瘤菌能固定大量氮素。因此，在播种前对豆科牧草进行根瘤菌接种，能提高牧草产量和品质。

1．接种需要

大多数的土地都需要进行接种，特别在下述情况下更为必要。某一豆科牧草首次种植时，特别是种植在新垦的土地上；同一豆科牧草经 4～5 年后再次种植于同一土地上时；当不良环境已改善而再次种植豆科牧草时（如土壤酸度高、缺乏牧草所需的营养物质、土壤过于干旱等）。

2．接种方法

进行根瘤菌接种时，要正确选择根瘤菌的种类。豆科牧草根瘤菌分为八个可以互接种族，同族的豆科牧草和饲用作物的根瘤菌可以互相接种，不同族的互相接种则无效。这八个互接种族介绍如下。

苜蓿族：苜蓿属、草木樨属、胡芦巴属。

三叶草族：三叶草属。

豌豆族：豌豆属、山黧豆属、野豌豆属、兵豆属。

羽扇豆族：羽扇豆属、鸟足豆属。

大豆族：大豆。

豇豆族：红豆属、金合欢属、猪屎豆属、胡枝子属、木兰属、葛属、山蚂蟥属。

菜豆族：菜豆属的一部分种。

其他：包括一些上述任何族均不适合的小族，各自包括 1～2 种植物，如百脉根属、田菁属、红豆草属、紫穗槐属、黄芪属、小冠花属等。

根瘤菌接种方法有以下几种。

干瘤法：在豆科牧草开花盛期，选择健壮的植株将其根部仔细挖起，用水洗净，再把植株地上茎叶全部切除掉，然后放入避风、阴暗、凉爽、不易受日光照射的地方，使其慢慢阴干。在牧草播种前，将上述干根取下，弄碎，即可进行拌种。一般播种 1 hm^2 的种子用 38～75 株干根即可，也可用干根重 1.5～3.0 倍的清水与弄碎后的干根搅混，在 20～30℃温度条件下，经常搅拌，使其繁殖，10～15 d 后，即可用来处理种子。

鲜瘤法：用 250 g 晒干的菜园土或河滩泥，加一小杯草木灰，拌匀后盛入大碗中，盖好后蒸 0.5～1 h，待其冷却后，将选好的根瘤 30 个或干根 5～10 株磨碎，用少量冷开水或米汤拌成菌液，与蒸过的土壤拌匀，如果土壤太黏重，可加适量细沙，以调节其松散度。然后置于 20～25℃的温箱中培养 3～5 d，每日略加冷水翻拌，即可制成菌剂。拌种时，1 hm^2 用 750 g 左右即可。

根瘤菌剂拌种：此法使用简便，播种前按说明规定用量制成菌液洒到种子上，并充分混拌，使每粒种子都能均匀地沾到菌液。种子拌好后应立即播种。用根瘤菌剂接种的标准比例是 1.0 kg 种子拌 5.0 g 菌剂，若增加接种剂量可以提高结瘤率。

3．接种时应注意的问题

根瘤菌是活的微生物，因此，不能在日光下直射；不能与农药一同拌种；根瘤菌适于生长在湿润的中性或微碱性土壤里，不适于酸性和干燥的土壤；已拌种根瘤菌的种子不能与生石灰或大量浓厚肥料接触，以免杀死根瘤菌。豆科牧草根瘤菌具有一定的专一性，接种时要注意，同族根瘤菌可以接种，不同族的互相接种无效。注意选择那些有效的根瘤菌接种。有效根瘤菌形成的根瘤，主要集中于主根上，个体较大而长，表面光滑或有皱纹，根瘤中心粉红色或红色；而无效根瘤菌常分散在第二级侧根上，数量多，个体较小而圆，中心白色带绿，无效根瘤菌接种无效。

（三）种子的去芒

一些禾本科牧草的种子，带有芒、髯毛或颖片等附属物。这些附属物在收获及脱粒时不易除掉。为了增加种子的流动性，保证播种质量以及干燥、清选等作业的顺利进行，必须预先进行去芒处理。

种子去芒处理可用去芒机，常用的有锤形去芒机。这种机具构造简单，一般包括去芒、筛离及通风排气三部分，使用很方便。如缺少去芒专用的机具时，也可将种子铺于晒场上，厚度 5～7 cm，用压器进行压切，然后经筛筛除，也可收到去芒的效果。

三、牧草的播种

牧草的播种，是人工草地建植中关键的一环，又具有较为严格的季节性，为了不误农时，保证苗全苗壮和获得优质高产的牧草，必须认真地做好这一工作。

（一）播种方法

牧草播种的方法有条播、撒播和点播。

1．条播

条播是利用播种机播种，条播时行距的大小因牧草种类和利用方式不同而不同，一般行距为 15～30 cm，行距大小应以能否获得高产优质的牧草为标准。条播深度均匀，出苗整齐，又便于中耕除草和施肥，有利于牧草生长和田间管理。在潮湿地区或有灌溉条件的干旱地区，通常采用密条播，行距一般为 15 cm，如果行距再宽些，则达不到充分利用土壤水分、养料和控制杂草的目的；在干旱条件下，一般采用行距 30 cm，如果太窄，则因水肥条件不足，影响其生长。

2．撒播

撒播是在整地后用人工或撒播机把种子撒播于地表，然后轻耙覆土，常因撒播不均匀和覆土深度不一，造成出苗不整齐现象，但在阴雨天出苗效果较好。同条播相比、撒播有其缺点，但在许多情况下还是一种行之有效的方法。

3．点播

点播是间隔一定距离，挖穴播种，适于在较陡的山坡荒地上播种，点播节省种子，出苗容易，间苗方便。多用于玉米等饲用作物的播种。

（二）播种时期

适宜播种时期的确定，应考虑以下因素：水、热条件有利于牧草种子的迅速萌发及定植，确保苗全苗壮；杂草病害较轻，或在播种前有充足的时间消除杂草，减少杂草的侵袭与危害；有利于牧草的安全越冬，符合各种牧草的生物学要求。

1．春播

适于春季气温条件较稳定、水分条件较好、风害小而田间杂草较少的地区。春性牧草及一年生牧草由于播种当年收获，必须实行春播。但春播时杂草危害较严重，要注意采取有效的防除措施。

2．夏播和夏秋播

在我国北方一些地区，春播时由于气温较低而不稳定，降水量少，蒸发量大，风大且刮风天数多，不利于牧草的抓苗和保苗。在春季风大且干旱的情况下，这些地区春播往往失败的可能性较大。但是这些地区夏季或夏秋季气温较高而稳定，降水较多，形成水、热同期的有利条件，这对多年生牧草的萌发和生长极为有利。因此，在这些地区适合夏播或夏秋播。播种前，合理进行土壤耕作，清除杂草。播种多年生优良牧草，特别是在旱作条件下播种，夏播和夏秋播具有很大的优越性。此外，进行夏播或夏秋播，可以适当地调节劳动力和农机具。内蒙古豆科牧草进行夏播的适当时间为 6 月份，7 月底播种越冬不良。禾本科牧草夏播的适宜时间是 6 月中、下旬至 7 月底，内蒙古有一些地方羊草甚至在 8 月底播种时也能安全越冬。

（三）播种深度

牧草播种深度是种植牧草成败的关键因素之一，影响牧草播种深度的因素主要有种子大小、土壤含水量、土壤类型等。一般来讲，牧草以浅播为宜，宁浅勿深。牧草种子细小，一般播深 2～3 cm 为宜，豆科牧草宜浅，因其是双子叶植物，顶土困难，而禾本科牧草可稍深。大粒种子可深，小粒种子宜浅。土壤干燥可稍深，潮湿则宜浅。土壤疏松可稍深，黏重土壤则宜浅。在生产上，常有播种时覆土过深而造成播种失败或出苗不齐的现象。耕翻后立即进行播种时，由于耕层疏松，很容易出现覆土过深的情况，因此，在播种前应进行镇压，使土层下沉，有利于控制覆土深度。

（四）播种量

播种量主要根据牧草的生物学特性、种子的大小、种子的品质、土壤肥力和整地质量、播种方法、播种时期及播种时气候条件等因素来决定。主要牧草播种量见表 4-1。此外，还要根据种子净度和种子发芽率即种子用价的高低来决定。计算实际播种量的公式如下：

实际播种量（kg/hm^2）＝种子用价为 100%时播种量÷种子用价（%）

种子用价＝种子发芽率（%）×种子净度（%）

表 4-1　主要牧草的播种量

牧草	播种量/（kg/hm^2）	牧草	播种量/（kg/hm^2）
紫花苜蓿	7.5～15.0	无芒雀麦	22.5～30.0
沙打旺	3.75～7.5	羊草	60.0～75.0
草木樨	15.0～18.0	披碱草	22.5～30.0
红豆草	45.0～60.0	冰草	15.0～18.0

注：引自陈宝书，2001。

例如：紫花苜蓿的净度为 96%，发芽率为 92%，则其种子用价为 88.3%，紫花苜蓿在种子用价为 100%时的播种量为 7.5～15.0 kg/hm^2，按上述公式计算，则紫花苜蓿实际播种量应调整为 8.5～17.0 kg/hm^2。

（五）牧草的混播

在建立人工草地时，多用豆科牧草与禾本科牧草混播，牧草混播可以提高产量，改善牧草品质，有利于加工调制和提高土壤肥力。

1．牧草混播的优越性

（1）提高牧草的产量。豆科牧草与禾本科牧草混播，其地上部分叶量与地下部分根系高低、深浅均匀分布，能够充分利用阳光、二氧化碳和吸收土壤中养分、水分，生产更多的有机物质。同时，由于牧草种类不同其寿命也不同，生长速度也不一样，当其中一种牧草衰退时，另一种牧草可以弥补，因此，各年产草量比单播稳定。

（2）提高牧草品质并便于加工调制。豆科牧草富含蛋白质、钙、磷，而禾本科牧草含碳水化合物较多，混播中，禾本科牧草利用了豆科牧草所固定的氮，禾本科牧草蛋白质含量增加了。混播草地放牧家畜，可以避免发生鼓胀病。豆科牧草因含碳水化合物少，单独青贮易腐败变质，与禾本科牧草混播后青贮，可以制成优质的青贮料。

（3）提高土壤肥力。豆科牧草根系较深，可以吸收大量的钙，禾本科牧草有大量须根，主要分布在 0～20 cm 的土层内。两类牧草混播可以给土壤遗留大量的残根，增加土壤有机质，进一步形成腐殖质。由于腐殖质和钙质的存在与结合，以及大量根系的穿透分割作用，增加土壤团粒，从而增强了土壤保水、保肥能力，提高了土壤肥力。

2．适宜牧草组合的选择

在牧草混播中如何选择适宜混播组合，只有通过科学试验和生产实践才能正确确定。在选择混播的牧草时，应选择适应当地土壤、气候条件的牧草品种，并根据利用目的（刈割、放牧）、利用年限，选择 2～3 种或 4～5 种牧草组成混播。为了恢复土壤肥力，生产饲草，而进行大田轮作，混播牧草通常利用 2～3 年，多用上繁的疏丛型禾本科牧草和豆科牧草，如苇状羊茅和紫花苜蓿。在饲料轮作中以刈割饲草为主，利用期 4～7 年，如披碱草、老芒麦和紫花苜蓿等。以放牧为主的人工草地则包括上繁疏丛型和根茎型禾本科牧草及下繁禾本科牧草、上繁豆科牧草及下繁豆科牧草，而以下繁禾本科和豆科牧草为主，如紫花苜蓿、百脉根、无芒雀麦和草地早熟禾等。

3．混播牧草的播种技术

（1）播种量。混播牧草的播种量应比单播时多些，如两种牧草混播，可各按其单播量的 70%～80%计算，三种牧草混播则同类（同一科）的两种牧草各占单播量的 35%～40%，另一种占其单播量的 70%～80%，如两种豆科牧草和两种禾本科牧草混播，则各用其单播量的 35%～40%。由于利用目的、利用年限不同，构成混播牧草的比例也有差别，利用年限短的割草地，豆科牧草可以多些；利用年限长的放牧地则豆科牧草的比例要少些。因为豆科牧草寿命较短，如占比例过大，在其衰退后易引起草地裸露，杂草滋生。表 4-2 可以作为确定牧草混播比例时的参考。

表 4-2　混播草地牧草种子配合比例　　单位：%

利用年限	豆科牧草	禾本科牧草	在禾本科牧草中	
			根茎型和根茎-疏丛型	疏丛型
短期草地（2～3 年）	65～75	25～35	0	100
中期草地（4～7 年）	20～25	75～80	10～25	75～90
长期草地（8～10 年）	8～10	90～92	50～75	25～50

注：引自陈宝书，2001。

（2）播种期。根据牧草的生物学特性及土壤、气候条件决定适宜的播种期。若组成混播牧草的禾本科与豆科牧草都是春性或冬性牧草，就应在秋季或春季同时播种，否则应分期播种。同时，还应考虑各类牧草的发育情况，发育缓慢的应先播。禾本科牧草苗期生长较弱，易受豆科牧草抑制。因此，可以秋播禾本科牧草，而在第二年春播豆科牧草。例如，无芒雀麦与紫花苜蓿混播，适宜秋播无芒雀麦，第二年春播紫花苜蓿。如同时播种，无芒雀麦易受紫花苜蓿抑制。

（3）混播方法。混播时应把豆科牧草和禾本科牧草各分为一类，间行条播，可用 15 cm 的行间距，也可用 30 cm 的宽行距，也可用宽窄行相间播，行距为 15 cm 同行播种也行。

（六）保护播种

在一年生作物保护下，播种多年生牧草，这种播种形式就叫做保护播种。保护播种有两大好处，一是抑制杂草对牧草种苗的危害，二是当年有所收益。因为多年生牧草当年生长较缓慢，产草量低，而一年生作物有所收获。但保护播种也有缺点，保护作物在生长中、后期与牧草争光、争水、争肥。

1．保护作物的选择

保护作物要求是生长期短，枝叶不十分繁茂的一年生作物，如小麦、大麦、燕麦、豌豆、大豆等。

2．保护播种的播种技术

（1）播种量。保护播种时，一般多年生牧草的播种量不变，同单播的播种量一样。但一年生作物的播种量减少至单播时播种量的50%～75%。

（2）播种期。保护作物与多年生牧草通常同时播种，这样省工，也能保证播种质量，但是为了减少作物对牧草的抑制作用，一般以提前播种保护作物为好，以提前10～15 d为宜。

（3）播种方法。保护播种以间行条播为好，牧草行距30 cm，行间播种一行保护作物，牧草与保护作物之间行距为15 cm。这种方法优于同行播种和交叉播种的方法，既保证各自的播种深度，播种均匀，又便于时间管理。目前，多采用这种方法。

3．及时收获保护作物

一般保护作物应在生长季结束前一个月内收获完毕，这样使牧草入冬前有一段时间生长，贮藏更多的营养物质，以利于越冬和次年返青。若保护作物生长茂盛，为了防止其对牧草的严重遮阴和影响，可以部分或全部割掉保护作物，消除这种不良影响。

（七）草地建植初期的管理

草地建植初期即苗期的管理好坏直接决定着草地建植能否成功，因为在幼苗期，牧草种苗生长缓慢，抗旱性和与杂草竞争力等都很弱，对外界环境却很敏感。因此，草地建植初期必须保持土壤一定的水分。若土壤偏干，应及时灌水，以地表浸湿为宜，以免种苗受旱而枯死。同时，苗期要注意杂草的防除，及时灭除杂草，可以人工铲除或用选择性除草剂灭除杂草，以减少杂草对种苗生长的抑制作用。

本章小结

草原是大面积天然饲用植物群落生长的，以放牧和割草利用为主的畜牧业生产基地。草原生态系统是指草原上的生物（动物、植物和微生物）和非生物之间是一个互相依存、互相作用、共同发展的一个综合体。我国草原类型多样、分布广泛、面积巨大。我国共有 18 个大类，37 个亚类，1 000 多个草地型。草原在维护我国生态安全、促进国民经济与社会发展中都具有重要的战略地位。但是，我国草原生态建设中存在着天然草原退化、荒漠化日益严重，水土流失加剧等方面的问题。这些问题的产生是气候变化与长期的不合理的人类活动共同作用的结果。而人类活动最主要的就是超载过牧、割草、开垦、樵采及其他不合理的人类活动。

草原生态系统是一个自组织系统，具有一定的自我调节能力，对于轻度、中度退化的草原依靠自然植被的内部机制能够达到自然恢复。恢复的技术措施包括：草原封育、草原松耙、草原补播、草原灌溉、草原施肥等。对于严重退化的草原以及弃耕农田完全依靠自然恢复已经不可能或者需要时间漫长。解决这一问题切实可行的办法是建立人工草地，通过增加物质能量投入，来加速受损草原生态系统的恢复。草地建植技术包括：土壤准备、种子处理、牧草的播种、草地建植初期的管理等。

复习思考题

1. 简述我国草原资源的类型与分布。
2. 简述草原的生态作用与经济地位。
3. 简述草原退化的机理与成因。
4. 退化草原生态恢复的技术手段有哪些？应用时应该注意些什么问题？
5. 试分析围栏封育在草原生态恢复中的作用与地位。
6. 为什么要进行种子处理？根瘤菌接种时要注意什么问题？
7. 牧草播种有哪些技术措施？

第五章　荒漠与绿洲生态恢复

【学习指南】本章内容主要包括荒漠化的概念、分布、危害及成因，绿洲面临的问题，荒漠化生态恢复的目标，沙化土地生态恢复技术，盐渍化成因、危害及生态恢复技术和石漠化成因、危害及生态恢复技术；重点是各类荒漠化土地生态恢复技术。通过本章学习，了解荒漠化、盐渍化和石漠化的概念、分布、危害及成因，绿洲面临的问题，荒漠化生态恢复的目标，重点掌握荒漠化土地生态恢复技术。

目前全球范围内的土地荒漠化现象日趋严重，以土地退化为实质特征的荒漠化是当今人类社会面临的重大环境问题，已引起了国际社会的高度重视，特别是以沙化为典型特征的风沙灾害所造成的生态环境恶化、资源体系破坏和经济贫困已成为人类面临的最大威胁，直接危及人类自身的生存与社会的可持续发展。因此对荒漠化的土地进行生态恢复，是一项非常重要的生态建设任务。

第一节　荒漠及绿洲面临的问题与危害

一、荒漠化概念及危害

（一）荒漠化及其概况

根据《联合国防治荒漠化公约》内容，荒漠化是指包括气候变化和人类活动在内的多种因素造成的干旱、半干旱及亚湿润干旱区的土地退化。土地退化是指土地生物及经济产量的连续下降。

目前，已经荒漠化或正在经历荒漠化过程的地区遍及全球六大洲 110 多个国家和地区，涉及全球约 1/3 的陆地面积，其中非洲约 10×10^8 hm^2，亚洲约 14×10^8 hm^2，由此造成的直接经济损失每年约 423 亿美元，间接损失约为直接损失的 2～10 倍。最近的统计数字表明，全球荒漠化土地面积为 $4\,560\times10^6$ hm^2，荒漠化土地每年以 5×10^6～7×10^6 hm^2 的速度扩展。

我国是世界上受荒漠化危害最严重的国家之一。据 1996 年中国防治荒漠化协调小组办公室公布，我国可能发生荒漠化的地理范围（干旱、半干旱及亚湿润干旱地区）的总面积为 331.7×10^{6} hm^2，占国土面积的 34.6%，实际发生荒漠化面积（荒漠化土地面积）为 262.2×10^{6} hm^2，占国土面积的 27.32%，其中主要是以风蚀和水蚀为主的荒漠化土地。以风蚀为主的荒漠化土地主要分布在我国北方干旱、半干旱地区，以水蚀为主的荒漠化土地主要分布在黄土高原和西南地区石质山地丘陵。我国土地荒漠化涉及 18 个省（区、市）的 471 个县（旗），每年因荒漠化的直接经济损失达 540 亿元，近 4 亿人口受到土地荒漠化危害。其中风蚀引起的荒漠化所占比重最大，危害程度最重，导致风沙化土地面积剧增，土地生产力下降。目前，我国荒漠化的总体局势是：个别地区已得到有效整治，区域有所控制，整体仍在扩展和恶化。

（二）荒漠化危害

土地荒漠化的直接后果是贫困，土地肥力下降，影响到农田、草原、牧场、森林和林地生物经济生产力下降或丧失。我国约有 1.7 亿人口受到荒漠化的危害或威胁，约有 2 100 hm^2 农田遭受荒漠化危害，粮食产量低而不稳，大面积草场由于荒漠化造成牧草严重退化，载畜量下降。

土地荒漠化影响到人畜饮水困难。大面积的土地荒漠化使河流和湖泊面积缩小或干枯，使干旱地区的水资源更加匮乏。由于缺少水，大量的原有植被和动物受到威胁而死亡，生物多样性减少，生态系统脆弱性增加。我国新疆里木河下游长达 180 km 的“绿色走廊”由于受荒漠化的影响，河流水量剧减而濒临毁灭。我国贵州石漠化地区地表土层流失严重，植被生长困难，地表土壤植被系统的贮水保水功能大幅降低，溪河水系水量减少，季节性干枯时间延长，导致地表可方便利用的水资源极度匮乏，大部分石漠化区都不同程度地存在人畜饮水困难等问题。虽然经过近年来政府大力推广的“渴望工程”解决了相当部分的人畜饮水问题，但 2003 年底全省饮水困难的农村人口达 727 万人，计划 2005 年底前解决 227 万人，其余 500 万集中在喀斯特土地石漠化环境恶劣区，解决难度很大。

土地荒漠化使可耕地减少，使大量的可耕地沦为荒地，意味着农民失去了经济收入来源，造成人地矛盾增加。

土地荒漠化使区域生态系统的稳定性下降，生态功能衰退。日益严重的荒漠化，不仅造成生态系统失衡，而且给工农业生产和人民生活带来严重影响。一些地区变得不适宜人们生存，人们不得不退出世代生活的家园，如楼兰地区变成了荒漠。目前我国的内蒙古额济纳旗地区、新疆塔里木河下游地区、甘肃河西石羊河下游民勤地区、广西、贵州“石漠化”严重发展地区，因土地荒漠化，造成约 50 万～60 万人可能沦为生态难民，严重制约着区域经济的可持续发展。

荒漠化在区域及全球层面都对环境产生影响。荒漠化影响可达数千公里以外的地区。发生在中国西北地区的沙尘暴可以影响到北京、朝鲜半岛、日本甚至北美地区。东亚及撒哈拉沙尘暴可以影响到北美及加勒比地区。荒漠化的社会影响及政治影响并不仅限于荒漠化地区，因荒漠化而产生的难民，导致人口迁徙，必然加重城市压力，进而影响全球社会、政治及经济稳定。

（三）荒漠化产生的原因

土地荒漠化是自然因素和人类不合理的活动综合作用的结果。自然地理条件和气候变异形成荒漠化的过程是缓慢的，而人类不合理活动加速了荒漠化的进程，成为荒漠化的主要原因。

1. 自然原因

自然因素主要指气候的异常变化，特别是严重的干旱条件，由此造成植被退化，水源短缺，风蚀加快，引起荒漠化。干旱、半干旱及亚湿润干旱地区深居大陆腹地，是全球同纬度地区降水量最少、蒸发量最大、最为干旱脆弱的环境地带。近年来频繁发生于我国西北、华北（北部）地区的沙尘暴，更加剧了这些地区的荒漠化过程。

2. 人为原因

人口增长对土地的压力，是土地荒漠化的直接原因。干旱土地的过度放牧、粗放经营、盲目垦荒、水资源的不合理利用、过度砍伐森林、不合理开矿等是人类活动加速荒漠化扩展的主要表现。乱挖中药材、毁林等更是直接形成土地荒漠化的人为活动。另外，不合理灌溉方式也造成了耕地次生盐渍化。就全世界而言，过度放牧和不适当的旱作农业是干旱和半干旱地区发生荒漠化的主要原因。同样，干旱和半干旱地区用水管理不善，引起大面积土地盐碱化，也是一个十分严重的问题。从亚太地区人类活动对土地退化的影响构成来看，植被破坏占37%，过度放牧占33%，不可持续农业耕种占25%，基础设施建设过度开发占5%。

二、我国绿洲面临的问题

（一）绿洲及其概况

绿洲是荒漠中水源稳定而富集的地方，由此发育了较肥沃的土壤，滋生了茂密的植被，形成了比周围荒漠稳定、适中的小环境。绿洲可以大到上万平方公里，甚至可以把城市包括在其中，也可以小到一个水泡子连同周围的一圈湿地。从人类生存和发展来看，绿洲适于人类居住，适宜种植农作物、牧草、林木与果树，有利于农、牧、林、渔业及进一步的经济、社会和文化发展。根据人类活动对绿洲形成的作用大小，可将绿洲分为天然绿洲、半人工绿洲和人工绿洲。

世界绿洲主要分布于西亚、美国的中西部地区、苏联的中亚地区、非洲的撒哈拉及北非地区。我国以新疆和甘肃河西走廊等地区的昆仑山、天山、祁连山山麓最为普遍。各绿洲的大小不一，多呈孤岛状、带状或串珠状分布。主要种植小麦、玉米、棉花和少量水稻等作物。它与四周戈壁、沙漠景观截然不同，犹如沙漠中的绿色岛屿，为干旱荒漠地区农牧业生产较发达和人口集中的地方。

（二）绿洲面临的问题

我国绿洲主要分布在干旱地区，干旱地区具有风多风大、蒸发强烈和沙物质丰富等自然特点，再加上人类对水资源不合理利用、滥垦、滥牧等人为干扰，绿洲很容易导致退缩、风沙入侵、防护林体系破坏、盐渍化等生态环境问题。

1．风沙危害

风沙危害不但包括绿洲外围的沙漠以沙丘前移和风沙流的形式入侵绿洲、埋压沃田和村舍、阻塞渠道和交通，也包括绿洲内部的就地起沙、土壤遭受风蚀以及干热风袭击作物。以作物减产损失计算，绿洲内部的风沙危害通常为 20%左右，而绿洲边缘风沙危害则常常高达 33%。新垦绿洲往往高达 50%，甚至颗粒无收。

例如，河西走廊的风沙线长达千余千米，700 多 km 的铁路和 2 800 多 km 的公路以及 600 多个村庄有风沙威胁，有上百万公顷的绿洲农田遭受着不同程度的风蚀和沙打危害。因为农田风蚀，仅仅一个敦煌绿洲每年粮食减产万余吨，棉花减产百余吨。因为风沙危害达到极端程度而不得不弃耕撂荒的农田，目前在民勤县已经达到了万余公顷。内陆河流下游因为河岸林和草地面积的减少，风沙愈加肆虐。

2．干旱危害

绿洲干旱危害主要表现于绿洲水资源的日趋紧缺。其主要表现形式是：河流的干涸、地下水位的不断下降、绿洲湿地的缩小和消失、作物在关键生育期的缺水受旱、绿洲林木和草地因缺水而死亡。例如，我国河西走廊的黑河和石羊河在 20 世纪 60—80 年代的短短的 30 多年里，下游每年得到的水资源总量就锐减了 4 亿多吨，减少 30%以上。再例如，内蒙古自治区的额济纳绿洲的嘎顺淖尔湖泊，早在 1961 年就干涸了，索果淖尔湖泊也在 1992 年干涸了。从 20 世纪 50—90 年代的 40 年间，弃耕地达到 60%以上，梭梭林、胡杨林和沙枣林面积减少了大约 50%，柽柳林减少了 2/3，植被盖度从 40%下降到了 20%左右。草场的载畜能力下降了一半，每公顷仅仅可生产 100 多 kg 的干草，羊群的数量和体重也都随之大大下降。

3．盐碱危害

绿洲盐渍化是个普遍存在的生态危害。全国的水浇地受盐渍化影响的面积约占 23%，而绿洲耕地受盐渍化影响的面积却在 30%左右。天山北麓绿洲、吐善托盆地绿洲、塔里木盆地绿洲、银川平原绿洲、乌兰察布和沙漠绿洲、河套平原绿洲以及河西走廊绿洲都普遍存在着较大的盐碱危害。在 20 世纪 90 年代，银川平原有 40% 的绿洲农田因为上层土壤的含盐量和灌溉用水的含盐量均偏高，导致减产 50%左右。

第二节 荒漠及绿洲生态恢复目标

一、荒漠生态恢复最终目标

根据不同的地域条件，不同的社会、经济、文化背景要求，荒漠及绿洲生态恢复的目标也不完全相同，但其最终目标大致相同，都是要修复或重建被破坏的生态系统，维持健康的生态系统，提高土地生产力，实现社会效益、经济效益和生态效益的共同发展。

二、荒漠生态恢复的阶段目标

荒漠及绿洲生态恢复最终目标的实现要以阶段目标为基础，应本着先局部后区域、先重点后全局的思路，保护与重建相结合，环境改善与经济发展相结合，短期与长期相结合，逐步推动荒漠化地区环境、社会、经济复合系统向健康持续的方向发展。

（一）保护现有的生态系统

从恢复生态学理论知识看，保护现有的自然生态系统是恢复生态学的首要目标，因为保护在生态系统恢复中具有重要参考作用。在荒漠化地区，对没有受到严重退化的生态系统应加强保护，使其慢慢恢复。

（二）恢复退化的生态系统

荒漠化地区进行生态恢复，首先，要稳定住地表基底，因为地表基底是生态系统发育的载体。如沙化地区要固定流沙，石荒化地区要保持水土等。其次，恢复植被和土壤，保证荒漠化地区有一定的植被覆盖率和土壤肥力。再次，是增加物种种类组成和生物多样性。最后，是实现生物群落的恢复，提高生态系统的生产力和自我维持能力。

（三）合理管理现有的生态系统

现有的生态系统主要指完好的生态系统和恢复过的或正在恢复的生态系统。要对其进行合理管理，避免退化。

（四）实现荒漠化地区社会、经济、生态和文化的可持续发展

荒漠化地区生态恢复的最终目标是建立可持续发展的社会经济系统，因此，荒

漠化地区生态恢复绝不是单纯的种草种树，而是要在生态建设的过程中协调人地关系，使荒漠化生态恢复真正成为一项社会—经济—自然的复合系统工程。

第三节　荒漠及绿洲生态恢复技术

一、沙化土地生态恢复技术

沙化是荒漠化的一种最主要类型，不仅面积大，分布广，而且危害也最严重。目前我国土地沙化以平均每年 2 460 km^2 的速度扩展，相当于一年损失一个中等县的土地面积。我国现有的沙漠及沙化土地面积达 174×10^4 km^2，占国土面积的 18.1%，主要分布在北纬 35°～50° 的内陆盆地、高原，形成一条西起塔里木盆地，东至松嫩平原西部，东西长 4 500 km，南北宽约 600 km 的沙漠带。严重威胁着整个北方的生态环境安全，甚至对长江以南的地区造成影响。

（一）沙化土地生态恢复的工程技术

沙化土地生态恢复的工程技术是指采用各种机械工程手段，通过固、阻、输、导等方式在沙面上设置沙障或覆盖沙面，以达到防治风沙危害的技术体系，通常又称机械固沙。常用的机械沙障有立式沙障、平铺式沙障、半隐式沙障等多种。其中活沙障是一种值得推广的固沙方式，即采用易生根的黄柳、油蒿、沙蒿、杨柳枝条等作为沙障材料，由于流动沙丘上水分较好，这些枝条往往能够成活。

1．草方格沙障

草方格沙障是用麦草、稻草、芦苇等材料直接插入沙层内，使其成为呈方格状的半隐式沙障，具体施工方法是：在沙丘平铺麦草或稻草，用铁锹在草中部压入沙内约 15 cm，地上露出 15～20 cm，草厚 5～6 cm，形成方格网状结构。

草方格沙障的固沙原理是增大地表的粗糙度，改变风速廓线，从而削减能量，减弱贴地层风速，降低风沙流的挟沙能力，阻滞沙质地表的风蚀，使设障碍区域不能产生风沙，并使来沙沉积在草方格内，它是工程治沙的主要措施之一。因此，草方格沙障的粗糙度状况可以衡量其固沙功能。当流沙积满草方格时，草方格沙障外露草头高度减小，粗糙度降低，固沙、阻沙功能减弱，风沙流顺利过境，不再沉积，草方格沙障即失去其防沙功能。草方格沙障前沿积沙要多些，而后缘积沙相对要少得多（图 5-1）。草方格沙障还有截留降水和减少沙面水分蒸发的作用，能保护固沙植物免受风蚀和沙埋，同时还改善了沙地水分状况，有利于植物的成活和生长。

图 5-1 草方格沙障的积沙形式

草方格沙障方向一般以沙障与主风向垂直为主，设置时先在沙丘迎风坡中间顺主风方向画一条轴线，然后按与轴线垂直画横线作沙障的埋设线，由于沙丘中部的风较两侧强，也允许沙障与轴线间成大于 90°夹角，但不超过 100°，这样可使沙丘中部的风稍向两侧分流。方格大小视材料而定，一般用麦草、稻草、芦苇等做成的方格，大小以 1 m×1 m 固沙效果好，小于 1 m×1 m 方格浪费材料，大于 1 m×1 m 方格内部易出现风蚀凹槽，如用新鲜的树枝或黄柳条做活沙障，方格可大些，以 2 m×2 m、3 m×3 m 等较好。如在科尔沁沙地的巴林右旗、敖汉旗用杨柳条做的活沙障基本上以 2 m×2 m 为主，取得了较好的防治效果。

2．高立式栅栏沙障

在固沙带前沿设置高立式栅栏，能起到防止前沿积沙作用，主要用于阻拦前移的流沙，抑制沙丘前移和防止沙埋危害的目的。高立式栅栏沙障一般用在草方格沙障的外缘，作为保护草方格沙障的屏障，还可用于流沙危害的农田、渠道、交通线等地段（图 5-2）。高立式沙障一般就地取材，用高秆作物如芦苇、灌木枝条、玉米和高粱秆等编成笆块，制成防沙栅栏，埋入沙层，外露 1 m 高度左右。紧密结构的沙障，迎风侧积沙范围一般为其高度的 2～3 倍，背风侧为 4～5 倍；孔隙度为 0.25 左右的沙障，障前积沙不多，障后积沙范围为其高度的 7～8 倍；孔隙度为 0.5 的沙障，障前积沙很少，障后积沙范围约为其高度的 12～14 倍。从防风阻沙作用来看，设置高立式沙障应以小孔隙度（0.25～0.35）的疏透结构为宜。高立式沙障的防风阻沙作用，还与障高和设置部位，以及与主导风向所处的交角大小有关。在沙丘密集的地段，可设置多排高立式沙障。

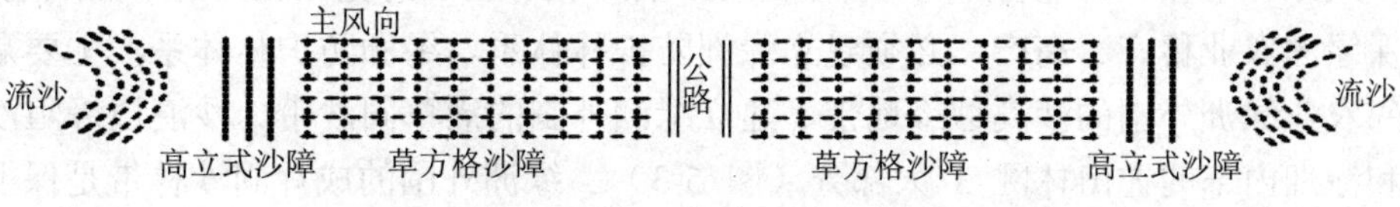

图 5-2 高立式沙障与草方格沙障结合示意图

3．引水拉沙造田

引水拉沙俗称打沙，是指利用沙区水源，如河流、海子（湖泊）、水库中的水，通过引水或机械提水冲拉沙丘，把沙子挟带到人们需要的地方，这种造田方法称为引水拉沙造田。引水拉沙造田既是综合治理风沙的一种措施，也是水分条件较好的风沙区建设基本农田的一种方法。利用水力拉沙造田，首先要完成引水工程设计（表 5-1），要依据地形、水源、水量等条件，选择河流、水库、海子等作为水源，其次是进行田块规划，在冲沙水源的下游或干渠附近，选择地形开阔、田块高程低于水源高程的地段进行。

表 5-1　引水拉沙造田配套工程体系

工程主要项目		主要技术内容
引水渠		引水渠上接水源，下连蓄水池，起输水作用；造田时引水拉沙，造田后成为固定性渠道
蓄水池		临时性蓄水设施，可人工围埂蓄水，抬高水位增加落差。若是平地造田，水量又充足时，可直接引水或抽水拉沙，不必围筑蓄水池
冲沙壕		比降要大，水流要畅通。在冲拉沙丘的过程中，冲沙壕埂要经常向被拉沙丘靠拢，起到逼水、聚水作用，保持或加大水流的冲力，否则随着被冲沙丘的缩小，冲沙壕越来越宽，水流冲力则越来越小
围埂		拦截冲沙场拉下来的泥沙和排下来的水流，使沙湾洼地淤填抬高成田块，所以围埂和田块布设应一致，使围埂拉沙造田后就是农田地埂
排水口		高于田面，低于围埂，起控制高差、拦蓄浑水、沉淀泥沙和排水等作用
拉沙造田方法	抓沙顶	引水拉沙后的淤沙毛坯地，一般都残留有小沙堆以及临时地埂，可将冲沙壕直接穿过沙丘顶部冲沙，水壕不断向左右展开，自上而下，由高到低，逐层拉平沙丘
	漩沙腰	当水渠水位吸能引到沙丘腰部时采用
	劈沙畔	一般在沙丘高大，渠道水位低，水无法引到沙丘顶部或腰部“抓、漩”时采用。在水量大的情况下，可筑两条冲沙壕，两边夹攻，加快拉沙速度

（二）生物治沙技术

1．绿洲防护林体系建立

风沙和干热风的危害，是绿洲农业减产低产的根源。为克服风沙的干热风危害，确保绿洲农业稳产、高产，必须建立绿洲防护林体系。绿洲防护林体系，主要是在紧邻农业绿洲外围的沙漠边缘地带，建立绿洲外围的灌草固沙带、沙漠边缘阻沙林带和绿洲内部的护田林网 3 大部分（图 5-3）。绿洲外围的成片固沙林带是保卫绿洲的第一道屏障。固沙林可以通过营造沙拐枣、梭梭等灌木来形成。固沙林带应当越宽越好，其最小宽度应不低于 200 m；防风阻沙林带是保卫绿洲的第二道屏障，林带的宽度可因地制宜，视农田与沙漠之间的空地宽度和水源条件而定。如果某一段有宽的空地，而且水源充足，就可宽些，可以营造中间有间距的多带式防沙林带，间距 50～100 m，总带宽 500～1 000 m，若空地较少，就可窄些，但最窄不应小于 10 行树；护田林网是绿洲防护林体系的主体，在减免风沙及干热风危害、改善田间小气候中，起着直接的作用。

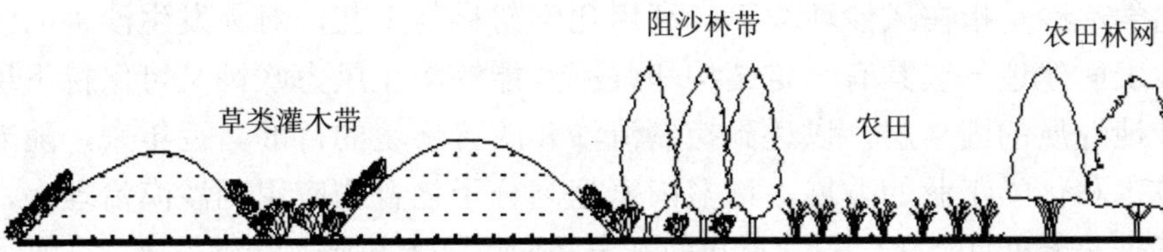

图 5-3　绿洲防护林体系示意图

2．荒漠生物结皮治沙新方法

土壤生物结皮是由细菌、真菌、藻类、地衣和苔藓等形成的一种混合体，作为干旱半干旱地区生态系统的组成部分，它对生态系统镶嵌格局和生态过程有不可忽视的影响；同时，土壤生物结皮通过影响局部水分条件，可以起到稳定土壤表层、减少土壤侵蚀、增加土壤氮养分的作用，因此，土壤生物结皮能够为土壤表层提供一种天然保护的作用，对干旱半干旱地区退化生态系统的恢复具有非常重要的作用。

随着人们对生物结皮在荒漠化治理中重要作用的认识不断深入，20 世纪 90 年代以来，生物结皮已经成为国内外荒漠化研究热点问题之一。生物结皮的固沙作用主要体现在增加了荒漠土壤表面的抗侵蚀能力，生物结皮中细菌、真菌、地衣和苔藓植物的地下菌丝和假根能够黏结土壤颗粒，并形成结构稳定的有机、无机复合层，从而改变荒漠化土壤表面单一、匀质、松散的原始状态，使土壤表面趋于固定化。生物结皮有效地减小了风和水对荒漠地表的侵蚀，从而一定程度上遏制了荒漠化进程。同时生物结皮还能显著改变土壤的养分条件，如生物结皮中的某些种类如蓝藻、细菌等，能够固定大气中的氮素，对土壤理化性质的改变和增加土壤有机质含量起着重要作用。在低等植物和微生物的作用下，生物结皮中存在大量水稳性土壤团聚体，有机质含量也大大增加，土壤的吸湿性、可塑性明显提高，这些结构特点有利于保持土壤含水量，降低土壤水分挥发速率，有利于保墒和充分利用水分。

总之，生物结皮和其结皮下面土层的形成，使土壤表层持水量增加，土壤养分状况得到改善，这些都为其他植物类群的大面积定居和繁衍创造了良好的基础条件，有利于荒漠地植被恢复创造有利条件。近年来，我国在荒漠生物结皮的结构和机理研究方面取得了进展，采用荒漠地表蓝藻、地衣、苔藓和高分子固沙剂在沙漠表面产生人工结皮，建立了荒漠化生物结皮综合治理的新模式，并利用生物结皮与草、灌、乔木相配合的最新方法构建结构优良、防风固沙、增肥效果好的防护生态系统。

（三）化学治沙技术

化学治沙是指在风沙环境下，利用化学材料与工艺，对易发生沙害的沙丘或在流沙表面建造一层具有一定结构和强度、能够防止风力吹蚀又可保持下层水和改良沙地性质的固结层，以达到控制流沙和改善环境的目的。近年来，随着现代科学技术和化学工业的发展，许多国家把高分子化合物应用到沙漠治理上，一些新型有机—无机复合化学固沙材料的开发和应用技术得到了快速发展。主要固沙材料有多功能液膜固沙剂、土壤保水调理剂、多孔状硅酸盐复合材料、稀土抗旱保水材料和木质素固沙剂等。化学固沙与植物固沙有机结合，在水资源贫乏的干旱、半干旱沙区有明显的效果。

（四）我国治沙成功模式

我国的沙化地区在干旱、半干旱和亚湿润干旱区都有分布，面积广大：从东向西，从平原到盆地、高原、跨越不同的自然地带，自然条件复杂；区内有农田，有牧场，有森林，有沙漠，有戈壁，有绿洲，土地利用类型多种多样。为了与沙化作斗争，在长期的生活生产实践中，广大劳动人民创造了许多各具特色的“防、治、用”于一体的沙化防治模式。

1．新疆和田极干旱区绿洲沙害防治

和田绿洲位于塔克拉玛干沙漠西南边缘，气候干旱，年平均降水量 34.8 mm，而年蒸发量高达 2 564 mm，沙化现象严重。当地人民提出了合理利用水资源、以绿洲为中心建立防护林体系，发展农林复合经营等措施防治沙化，取得较好的效益。

首先，兴修水利，充分利用玉龙喀什河和喀拉喀什河的水资源，建成以引水总干渠、各级渠道、中小型水库及干支渠闸口相配套的灌溉系统，80%的耕地实现小农水配套；采用渠系配套防渗、小畦灌溉等措施，提高了水的利用率，渠系利用系数从 0.35 提高到 0.40，灌溉定额由 1 800～2 250 m^3/（hm^2·次）降低到 900～1 050 m^3/（hm^2·次），减少了渗漏损失，节约了水资源。在绿洲外围除采取封育措施外，对孤立的流动沙丘进行平沙整地。对成片的流动沙丘，则在丘间低地引洪灌淤，营造片林，利用芦苇或麦草等设置沙障对沙丘进行固定。在有条件的地区利用 6—9 月份的洪水引洪冲沙，平整土地，扩大耕地。其次，以绿洲为中心建立完整的治沙体系。在绿洲外围半固定沙丘地区实行人工封育，保护天然植被；在绿洲边缘建立宽 100～300 m 的环绕绿洲的防风沙基干林带 358 km。在绿洲内部建立以窄林带、小网格为主的护田林网，使绿洲的林木覆盖率达到 40.2%。在此基础上积极发展多种形式的农林复合经营，主要有桑农复合经营、杏农复合经营和葡萄长廊配置经营等形式。

2．陕西榆林半干旱农牧交错区沙害防治

榆林位于毛乌素沙地东南部，年降水量 414.6 mm，70%集中在 7、8、9 三个月。

春季干旱，冬季风沙严重。榆林北部流动、半固定、固定沙丘以及盐湿滩地交错分布，流动沙丘分布较广；中部为流动、半固定、固定沙丘和覆沙的黄土丘陵相间分布；东南部为水蚀严重的砂黄土梁峁丘陵，沟丘并列，地表切割破碎。

对于以风力作用为主的沙化土地，主要防治措施是建立以“带、片、网”相结合的防风林体系。具体措施如下：

（1）利用沙地内部丘间低地潜水位较高、水分条件较优越的优势，采取丘间营造片林与沙丘表面设置植物沙障及障内栽植固沙植物（沙蒿、小叶锦鸡儿等）相结合的方法固定流沙。同时加强对固定、半固定沙丘的封育，使以流动沙丘为主的严重沙化地处于各种绿色屏障的分割包围之中。

（2）对分布于河谷阶地、湖盆滩地处于沙丘包围下的农田，建立以窄林带小网格为主的护田林网，并与滩地边缘固定和半固定沙丘封育、草灌结合固定流沙等措施共同组成农田防护林体系。同时，在滩地内开发利用地下水，发展水浇地，并挖渠排水，共同组成沙化地区的新绿洲建设体系。这种滩地人工绿洲生态系统散布于丘间低地，使流动沙丘受到分割、包围，削弱了其危害强度。

（3）对面积较大的流动沙丘密集分布区，采取飞播造林种草和人工封育相结合的方法。飞播植物种主要有籽蒿、羊柴、花棒等。在飞播前 1～2 年设置刺铁丝围栏禁牧，飞播后继续禁牧 3～4 年，使固沙植物得以稳定生长起来。飞播保存率一般在 40%～50%，最高可达 70%，3～5 年以后可使流动沙丘固定，并逐步形成以花棒、踏郎为主的优质灌丛草场。

（4）在地表水资源较为丰富的地区，进行引水拉沙，改良土壤。采取自流引水或机械抽水从河流、湖泊或水库中引水，借助流水的冲力拉平沙丘；拦蓄洪水，引洪漫淤，垫土压沙，将起伏的流动沙丘改造成平坦的农田或作为建设用地。榆林城西榆溪河西岸的流动沙丘，采用这种方法改造成农田和城市新区，榆林城市面积已较 1949 年时扩大了 8.5 倍。

榆林市东南部水蚀严重的砂黄土梁峁丘陵地区，对流动沙丘采取灌、草固定；黄土梁峁丘陵坡面上的耕地以水平梯田建设为主，并广种牧草，以控制坡面冲刷。在谷坡上，结合水平沟、鱼鳞坑等田间工程并配合灌木林营造，以稳定谷坡。

采取上述治理措施后，林木覆盖率由原来的 1.8%提高到 1994 年的 37.6%，固定流沙约 $34\times10^4\ hm^2$，受沙化危害的 $10\times10^4\ hm^2$ 农田实现了林网化，在沙区新开发农田 $6.60\times10^4\ hm^2$ 余等，取得了良好的生态效益和经济效益。

3．干旱区铁路、公路防沙治沙典型模式——包兰线沙坡头段铁路防护体系

包兰线迎水桥至干塘段穿越腾格里沙漠东南缘的沙漠铁路是我国最早建成的沙漠铁路，沙坡头段铁路沙害防护林体系是典型的以固为主、固阻结合、兼有输导作用的植物措施和工程措施相结合的铁路综合防沙体系。

沙坡头地区地表主要分布相对高度 15～20 m 的格状流动沙丘，年平均降雨量

185 mm。地表主要生长沙米、沙芥、百花蒿、籽蒿、花棒等植物，平均植被覆盖率仅 1%～2%。

迎水桥至干塘铁路线最早建起的沙坡头防护林系有“阻、固”两个基本带，按结构配置特点划分为四个带：第一带是前沿阻沙带，利用不同材料做成高度 1 m 左右的立式栅栏阻沙，初设栅栏时，两侧扎制 1～2 行草方格沙障，防止根部掏蚀；第二带是无灌溉植物固沙带，在 1 m×1 m 草方格保护下，由灌木和草本植物组成的固沙带，是防护体系的主体；第三带是灌溉条件下的乔灌木固沙林带；第四带是砾石平台缓冲输沙带。经过多年的从防治效果证明，在铁路沿线设置“阻、固”两个基干防护林体系，能防风蚀沙埋，保证了包兰线迎水桥至干塘段沙漠铁路的正常运营。

二、盐渍土生态恢复技术

土壤盐渍化是影响农业生产与生态环境的一个重要因素。据统计，全世界盐渍土地有 9.6×10^8 hm^2，并且有逐年扩大的趋势。随着人口、粮食、土地、能源矛盾的加剧，对盐渍土地的开发及防止次生盐渍的问题已经提到了各国的议事日程，并受到各国政府和科学界的高度重视。

（一）我国盐渍土的概况

盐渍土又称盐碱土，是指含有钠、钾、钙、镁的氯化物、硫酸盐、重碳酸盐的土壤；另外青藏高原有硼酸盐土壤，新疆吐鲁番盆地有硝酸盐类土壤；或者是土壤含盐量虽少，但土壤交换性钠占阳离子的交换量达到了一定比例。

我国盐渍土地约占国土面积的 1/4。广泛分布在长江以北的辽阔内陆地区，以及辽东半岛、渤海湾和苏北沿海狭长地带，浙江、福建、广东等省沿海，我国台湾省和南海诸岛的沿岸也有零星分布。在长江以北的内陆地区中，盐渍土主要分布在淮河以北、西北和青藏高原等内陆干旱和半干旱的河流冲积平原、盆地、湖泊沼泽地区。如宁夏银川平原、河西走廊，甘肃、新疆的各河流沿岸的阶地、山前平原和吐鲁番盆地、塔里木盆地、准噶尔盆地、黄淮海平原，以及青藏高原的柴达木盆地和湟水流域，西藏雅鲁藏布江流域等，都分布着不同类型的盐碱土，东北的松嫩平原、西辽河沙丘平原、辽河冲积平原、三江平原等也分布一定量的盐渍土。另外，现在有 1×10^8 hm^2 的耕地中，由于灌溉不当，又造成了 6.7×10^6 hm^2 的次生盐渍化土地，因此，土壤盐渍化对于我国粮食安全造成了很大的威胁。

（二）盐渍土的危害

1．对农业生产的危害

盐渍土的本质是土体中含有过高的可溶性盐分或者是土壤中钠离子饱和度过

大。这些盐分抑制作物吸收水分和养分，腐蚀植物的根系，影响作物的正常生理过程，严重时可以导致作物死亡，同时还会使土壤的结构遭受破坏，造成土壤结构板结、通透性差等危害，不利于土壤中微生物的活动。例如我国新疆维吾尔自治区有宜农荒地 $1.03\times10^7\,hm^2$，其中就有 $5.15\times10^6\,hm^2$ 因存在盐碱问题无法利用，在全区 $4.07\times10^6\,hm^2$ 的耕地中，因盐碱问题而产生的低产土壤就有 $1.23\times10^6\,hm^2$。土壤次生盐渍化对农业的另一直接危害是降低了农业生产力，造成了土地资源萎缩。

2．对生态环境的破坏

土壤盐渍化对生态环境一个最为明显的直接破坏是使森林和草原退化。我国草原的 1/3 存在严重的退化问题，现在每年退化的草原约 $1.3\times10^6\,hm^2$，其中 1/3 是由于土壤盐渍化引起的。森林和草原的退化进而加剧了温室效应，据研究，1 hm^2 树木 1 年能吸收 7～9 t CO_2，全世界由于森林资源的锐减使碳的排放量每年大约增加 1.6×10^6 t，空气中 CO_2 浓度急剧增加，加速了地球的暖化过程。绿色植物是整个地球生态系统的能量捕获者，是食物链的开端，土壤盐渍化造成的绿色植物的衰减消失必然将引起包括绿色植物在内的生物多样性锐减。因此，土壤盐渍化是破坏地球生物圈的一个非常重要因素，它不仅对土壤直接产生破坏，而且间接地破坏光合作用和生命元素（C、N、O、H 等）在生态系统中的循环，进而对整个地球产生破坏作用。

3．对农业可持续发展的危害

农业的可持续发展取决于农业生产的最基本的生产资料——土地资源实现可持续利用。我国是一个土地资源十分匮乏的国家，13 亿人口仅占有 $1\times10^8\,hm^2$ 耕地，而且还在以 3×10^5～$4\times10^5\,hm^2/a$ 的速度减少，目前我国人均耕地不到世界人均耕地的 1/3。为了获得足够的粮食，人们不得不开发包括盐渍土在内的荒芜土地，而盐渍土的治理往往需要较高的成本，加上土壤盐渍化本身就会造成土壤生产力下降和土壤资源萎缩，因此，土壤盐渍化对可持续发展必然产生严重的负面影响。

（三）土壤盐渍化的原因

土壤盐渍化是在一定的环境条件下形成和发育的，其中气候、地形、地质、水文及生物因素的影响最为突出。另外，伴随着人类对土地的开发利用，人类的活动也必然对土壤盐渍化产生巨大的影响。

据 D．W．Thorne 和 H．B．Peterson 统计，全世界约有 55%的土地分布在干旱及半干旱气候带，这些地区雨量稀少，干旱气候带的年降雨量一般不足 250 mm，半干旱气候带的年降雨量也仅有 250～500 mm，因而，发展灌溉是促使这些地区农业发展的一项重要手段。事实证明，发展灌溉可使作物产量成倍增长，但是因灌溉不当而形成土壤次生盐碱化的问题，已成为当今农业发展的主要障碍之一。根据联合国粮农组织（FAO）和联合国教科文组织（UNESCO）1976 年统计资料，全世界有 50%以上的灌溉地因盐渍和水渍危害，致使每年有数百万公顷灌溉地荒弃。

目前，对发展灌溉（特别是大型自流灌溉）引起土壤次生盐碱化原因的研究已取得新的进展，认为在地面强烈蒸发影响下，其主要原因有三：（1）引起浅层地下水位升高超过其临界深度，导致土体和地下水中盐分向地表富集；（2）土壤心底土存在积盐层，其中的盐分为灌溉下渗水流溶解活化，转向地表累积；（3）采用高矿化地面水或地下水灌溉，而又无调控措施，致使盐分在土壤表层累积。

（四）盐渍土改良与治理的生态工程技术

1. 水利工程措施

目前，在改良盐碱地的措施中主要排水措施、灌溉洗盐措施、采用节水防盐的灌溉技术和引洪放淤等工程措施。

（1）排水措施。排水是改良盐碱地各项措施中最关键的一项措施，排水的主要作用是排出土壤中的盐分，降低地下水位至临界水位以下，及时排出涝水。排水的措施主要有：① 明沟排水：这是一种从地面开挖排水沟排水的方式，是目前全国各地采用的最普遍的一种形式。其特点是工程投资少，施工简便易行。但占地较多，粉沙壤土区塌陷淤积严重。② 暗管排水：将排水管道埋在地下一定深度进行排水称暗管排水，目前在国内外均发展较快。其优点是埋设的深度不受土质影响，易于长期保存，不占面积，还可避免塌坡淤积，便于机械操作，特别适合土质疏松的地区。但施工复杂，一次性投资大。暗管排水技术的发展与管材制作和埋设技术有关。管材有陶管、瓦管、混凝土、塑料管等，应根据当地实际，就地取材，收到经济、坚固、易于养护等效果。③ 竖井排水：为了加快排水效果，在一定排水沟的基础上，可设计配置机井群实行竖井排水。它既可以降低地水位，排水洗盐，同时又可减少田间排水沟的密度，增加土地使用面积。④ 机械排水：采用机械排水主要是在自然排水出路困难的封闭洼涝盐碱地带，把扬水站、排沟、井及灌渠互相结合起来，做到遇涝能排，遇旱能灌，从而使盐碱地得到较好的改良。

（2）灌溉洗盐措施。通过灌水措施把盐分冲洗到土壤深层或淋洗出土体。灌溉冲洗除有充足的水源外，还要有良好的排水系统。这样既可以排除土壤中的盐分，又可很快降低冲洗时抬高的地下水位。生产上灌排结合的方式有灌水渠与排水沟相邻或相同两种方式。

（3）采用节水防盐的灌溉技术。我国 95%以上的灌溉面积是常规的地面灌溉。近年来的研究表明，在地膜栽培基础上，把膜侧沟内水流改为膜上水流，可节水 70%以上。同时，推广水平地块灌溉法，代替传统沟畦灌溉，改长畦为短畦，改宽畦为窄畦，采用适当的单宽流量，可节水 30%～50%。这些措施可减少灌溉的渗漏损失与蒸发，从而防止大水漫灌引起的地下水位上升。在有条件的地方，可发展滴灌、喷灌、渗灌等节水灌溉技术。

（4）引洪放淤改良 把含有泥沙的洪水引入田间，使泥沙沉积下来形成新的淤泥层或淡土层，既冲洗了原有土壤中的盐碱，又因抬高了地面降低了地下水位，抑制了土壤返盐。

2．农业措施

（1）种稻改良。在有淡水水源保证，又有一定排灌条件配合下，借种植水稻来改良盐碱地，边利用边改良，在国内以及国际上都是极为成功的改良盐碱地的措施。通过泡水洗盐，可以起到改良盐碱地的效果。

（2）增施有机肥。增施有机肥料可以增加土壤有机质，是改良盐碱地的重要措施。增施有机肥料可以改善土壤结构，提高土壤的保蓄性和能透性，抑制毛管水的强烈上升，减少土壤蒸发和地表积盐，促进淋盐和脱盐过程。同时有机质分解过程中产生的有机酸，既能中和碱性，又能使土壤中的钙活化，这些均可减轻或消除碱害，从而使盐碱地得到有效的改良。除此之外，秸秆还田也是培肥土壤、改良盐碱地的有效措施。最好采取秸秆覆盖还田的方式，通过秸秆覆盖地面，以减少蒸发，控制返盐。

（3）耕作改良。耕作改良是我国盐碱地区的农民群众在长期的生产实践中总结出来的改良盐碱地的成功经验。主要包括深翻深耕、适时耕耙、平整土地等。此外，还可结合当地实际采取引洪放淤、客土压砂、挖斑换土等措施，均可收到明显的防盐改碱效果。

3．生物措施

利用植物和微生物的生命活动累积土壤有机质，改善土壤理化性质，增加覆盖，减少蒸发，调节气候，降低地下水位，达到延缓土壤积盐和改良盐碱地的作用。

（1）植树造林。植树造林对改良盐碱地有良好的作用。林带可以改善农田小气候，减低风速，增加空气湿度，从而减少地表蒸发，抑制返盐。林木根系不断吸收土壤深层水分，进行叶面蒸腾可以显著降低地下水位。据测定，5～6 年生的柳树，蒸腾量可达 20 400 $m^3/(hm^2 \cdot a)$。因此林带就像竖井排水一样，起到了生物排水的作用。盐碱地上造林要选择耐盐树种，乔木有刺槐、杨、柳、榆、臭椿、桑、沙枣等；灌木有紫穗槐、柽柳、杞柳、白蜡条、酸刺、宁夏枸杞等。种植时还要因地制宜，如高栽刺槐、洼栽柳、平坦地上栽榆树。杨树选择弱碱性土壤，重碱沟坡栽柽柳。林木有很强的生物排水作用，对改良盐碱地有显著的效果。

（2）种植绿肥、牧草。种植绿肥、牧草能起到培肥地力和改良盐碱的双重作用。尤其是绿肥牧草具有茂密的茎叶覆盖地面，可减少地面水分的蒸发，抑制土壤返盐。又由于根系大量吸收水分，经叶面蒸腾，使地下水位下降，有效地防止盐分向表层积聚。据新疆地区试验测定，紫花苜蓿整个生长期叶面蒸腾达 395 m^3，约占总耗水量的 67%，种植 3 年后，地下水位下降 0.9 m，土壤脱盐率大大提高。同时，种植绿肥还可增加土壤有机质，达到培肥改土、防盐改碱的目的。绿肥的种类很多，要因地制宜地选择。在较重的盐碱地上，可选择耐盐碱强的田菁、紫穗槐等，轻至中度盐碱地可以种植草木樨、紫花苜蓿、苕子、黑麦草等；盐碱威胁不大的土地，则可种植豌豆、蚕豆、金花菜、紫云英等。

4．化学改良措施

化学改良盐碱地的主要途径和原理可以归纳为两个方面：一是改变土壤胶体吸附性阳离子的组成，如以钙离于取代土壤胶体上吸附的钠离子，使亲水胶体变成疏水胶体，从而促进团粒结构的形成，改善土壤的通透性，加速土体脱盐，防止返盐。二是调节土壤的酸碱度，改变土壤溶液反应，改善营养状况，防止碱害。

（1）施用钙剂或钙的活化剂。施用石膏、硫酸亚铁（黑矾）、硫酸、硫黄等，可以使土壤的活性钙含量提高，碳酸钠和重碳酸钠显著减少，土壤 pH 值降低，并使土壤的物理性质得到很好的改善。

（2）施用其他改良剂。施用腐殖酸类改良剂，它是一种很好的离子交换剂，对钠、氯等有害离子有很强的吸附作用，能代换碱性土壤上的吸附性钠离子，同时腐殖酸本身具有两性胶体的特性，因此，可以调整土壤的酸碱度。另外，施用土壤保墒增温抑盐剂，主要是一些长碳链的有机化合物，如沥青、重油、动植物油残渣等，将这些物质经加工处理制成乳剂，用水稀释喷于地面，可形成一层连续性的薄膜，具有抑制蒸发返盐、提高地温的作用。

总之，土壤盐渍化的形成是气候、地形、母质、人为等多种因素共同作用的结果。因此，盐碱地的改良必须是水利、农业、生物、化学等多种措施密切配合，进行综合治理，方可达到彻底脱盐、培肥土壤、稳定高产的目的。

三、石漠化土地生态恢复工程技术

（一）石漠化及其概况

喀斯特石漠化是土地荒漠化的主要类型之一，是指在亚热带脆弱的喀斯特环境背景下，受人类不合理社会经济活动的干扰破坏，造成土壤严重侵蚀，基岩大面积裸露，土地生产力严重下降，地表出现类似荒漠景观的土地退化过程。

石漠化的概念是由我国部分科学工作者于 20 世纪 80 年代末至 90 年代初提出的，袁道先首次采用石漠化来表征中国南方亚热带由植被和土壤覆盖的喀斯特地区植被退化，演变为岩石裸露类似于荒漠化景观的过程。我国喀斯特地貌面积超过 $1.24\times10^{8}\ hm^{2}$，约占全国国土总面积的 13%，主要分布于贵州、云南、广西、四川、重庆、湖南等 10 个省区市，我国西南地区是全球三大集中连片分布的喀斯特区域之一，且连续分布面积最大，聚居人口最多，发育类型最齐全。

（二）石漠化的危害

土地石漠化的扩展进一步加剧了该地域生态系统的脆弱性，降低了生态系统的容量，对区域经济社会的持续发展危害极大。

1．土地质量下降，生产力低下

石漠化地区土少，水土流失严重。水土流失冲刷的是土壤表层的有机质，使土壤肥力下降，产量降低。据测，云南杞麓湖径流区每年土壤侵蚀量 2.8×10^5 t，杞麓湖流域内每年因此而流失的总氮、总磷分别为 345.8 t 和 354.2 t。贵州坡耕地上种植的玉米只有 750 kg/hm^2，相当于平原地区的 1/10。

2．可耕地面积减少，人地矛盾增加

西南喀斯特山区山多坡陡，人均耕地（基本农田）已低于联合国规定的人均耕地警戒线，而西南喀斯特土地石漠化又主要发生在坡度较陡的旱作区。据对乌江流域近年来的遥感观测表明：该流域 89%的新增石漠化面积是由陡坡旱耕地演变而来的，因此受石漠化危害的土地面积扩大，意味着可耕地面积减少、人地矛盾加剧。如贵州普定县现人均拥有耕地仅 0.04 hm^2，而每年新增石漠化面积就达 500 hm^2，由于新增的石漠化主要发生在陡坡耕作区。相当于全县每年人均减少耕地 0.001 6 hm^2，即人均耕地年平均减少 4%，人地矛盾日趋突出。

3．旱涝灾害频繁发生

石漠化生态系统的承灾阈值弹性小，喀斯特旱涝灾害频繁：一方面西南喀斯特地区的年均降水量多在 900～1 300 mm，降水充沛，但因喀斯特土地石漠化区缺乏森林植被调节缓冲地表径流，涵养水源，致使这类地区一遇中到大雨，地表径流便极易在低洼处堵塞起来，造成暂时局域性涝灾；另一方面土地石漠化区的地下漏斗、裂隙及地下河网发育，地表径流又能较快地汇入地下河系而流走，造成大面积的地表干旱，素有“十天不雨即干旱，一场大雨又成灾”之说。同时由石漠化造成的水土流失还会淤积水库、河道等，使它们防洪水蓄水的能力减弱。

4．生态自然景观的毁坏与生物多样性破坏

由于石漠化的发展，造成生态系统内植物种群数量下降，植被结构简化，植被类型单一，生物多样降低，同时还造成地质旅游资源景观和环境价值的丧失，从而影响岩溶区这一优势资源的开发利用。

（三）石漠化的原因

喀斯特石漠化的形成是由自然因素和人为因素共同作用的结果。

1．自然因素

我国西南喀斯特地区年降水量很大，年均降水量多在 900～1 300 mm，且时间分布不均，这为土壤侵蚀提供了强大营力；喀斯特山区山高坡陡，为土壤的重力侵蚀提供了势能；喀斯特山区成土母质为碳酸盐岩，碳酸盐岩系抗风化能力强，母岩造壤能力差，成土过程缓慢；喀斯特地区为钙生性环境，这一生境对植被生长的选择限制作用强，适生的物种较其他地区少。

2．人为因素

人是喀斯特植被退化及产生石漠化的主导因素。人为因素主要表现在：不合理的耕作制度，如陡坡（坡度 25°以上）开荒或种地，顺坡方向耕种，石缝、石窝种杂粮。陡坡、顺坡和石缝、石窝点种等耕作方式；任意放牧；乱砍滥伐森林；采石、采煤、采矿、修路及各项建筑用地等滥采乱挖造成植被和土壤破坏。

（四）石漠化土地生态恢复工程技术

1．水土保持工程治理措施

水土保持工程措施主要为防治水土流失、蓄水保土和充分利用水土资源而修建的工程设施。石漠化地区水土保持工程治理措施有山坡农地修梯田；实行等高线水平耕作；保土砌墙；修山塘、积水池等。

2．林业生态工程措施

林业生态工程作用的实质是森林对环境的影响，林业生态工程不仅可以保护现有的自然生态系统，而且可以使已破坏的生态系统重建、更新和复壮。

（1）天然林保护工程。原有森林植被的生长条件是极其艰难的，一旦被破坏，难以恢复。因此，岩溶森林的保护是第一位的，保护好现有岩溶森林，治理才能取得效果，才有意义。

（2）退耕还林工程。对 25°以上陡坡耕地实行还林还草，以改变不合理的土地利用和耕作方式。恢复和扩大林草植被，有效遏制水土流失和石漠化。

（3）封山育林。封山育林是恢复和建设植被最省钱、省工的办法。封山育林形成的森林结构是由乔木、灌木、草本组成的立体结构，其根系也在地下组成立体结构，深根、浅根合理分布于不同的土层，能充分利用不同土层中的水分和养分，故有利于植被的恢复和生长。而且，封山形成的林分生态功能最全、生态效益最高。因此，在石山、半石山和白云质砂石山等人工造林困难的地段，应大规模采取封山育林措施。

（4）人工造林。喀斯特地区独特的自然环境和立地条件，决定了石漠化地区的人工造林有别于常规造林。要大力推广先进适用的科技成果，因地制宜、适地适树，选择适应性强、生长较快的优良乡土树种造林；应用切根苗、容器苗造林，采用生根粉、抗旱保水剂等提高造林成活率。

石漠化地区造林树种搭配原则是选择喜光和耐阴、速生与慢生、针叶与阔叶、常绿与落叶、深根与浅根、吸收根密集型与吸收根分散型以及冠型不同的树种相互搭配，并且伴生树种与主要树种矛盾小，且无共同病虫害，以株间、行状混交效果最佳。结合石漠化地区的特点，坚持生态效益优先，兼顾经济效益和社会效益，适当发展一些经济作物，可选择树种有：滇柏、华山松、云南松、楸树、女贞、桤木、花椒、南酸枣、大叶栎、顶果木、任豆、降香黄檀、肥牛树、香椿、狗骨木、菜豆树、新银合欢、茶条木、墨西哥柏等以及金银花、何首乌、葛藤等藤本植物。

经过多年的实践，石漠化地区植被恢复已得出一些成功的模式。滇东地区海拔较高，植物生长期相对较短，该地区适生树种少，且生长缓慢，较成熟的是“常绿针叶树种（滇柏、华山松、云南松）+落叶阔叶树种（桤木、圣诞树）”模式。黔中地区不同坡位立地条件差异显著，该区域适合按山体分带实施植被恢复。在土层深厚的山体下部以当地冰脆李品种为主，辅之以藤本、灌木等篱带防护措施的“冰脆李+金银花（栀子）”模式；中上部坡度较大，长期耕种使岩石的裸露率变得很大，俗称“石旮旯”，采用的是“落叶树种（楸树、香椿、桤木）+常绿树种（滇柏、女贞）+金银花”模式；山顶土壤极稀少，无法采用人工措施恢复植被，应实施封山育林，保护原生植被。桂西地区海拔低，水热条件好，很适合果树的生长，在岩石裸露少、土层深厚的地段可采用的模式有“果树（火龙果）、无核黄皮、澳洲坚果、牛心李和青梅+矮秆豆科作物（早黄豆、花生等）”模式或“经济植物（苦丁茶、苏木、吊丝竹和金银花）+矮秆豆科作物（早黄豆、花生等）”模式；岩石裸露多、植被低矮、生境恶劣地段，人工造林难度大，只有在封山育林的基础上，补植落叶树种任豆、南酸枣、苏木等与常绿的青冈栎、吊丝竹、麻竹等形成混交林。贵州花江峡谷山体落差大，应根据海拔选择合适的模式。海拔 900 m 以下适合以当地顶坛花椒为核心的“经果林（柚木、柿树、枇杷、桃等）+花椒+金银花”套种模式、“防护林（如肥牛树等）+花椒+金银花+玉米”的混农林模式或“花椒+砂仁”模式；海拔 900 m 以上适合用“石榴+砂仁+金银花”模式 。

3．农业技术措施

农业措施主要是针对坡耕地水土流失所采用的保水保土耕作栽培措施，主要有间作套种、沟垄种植、草田带状间作、轮作、少耕免耕、立体种植等。目前在石漠化农业区大力提倡发展节水农业、畜牧业、农村沼气工程、太阳能工程和小水电工程等，改变传统的农业耕作制度和生活燃材习惯。

石漠化治理是一项复杂而艰巨的系统工程，涉及农、林、水等各个方面，因此应山、水、林、田、路综合治理。治理措施还应包括发展木材替代品、兴修水利、解决人畜饮水、农耕用水以及造林绿化等生态用水，在生态环境特别恶劣、生存条件丧失的个别石漠化区，还应当移民搬迁。条件好的地方，应当实施混农林业，逐步减少人对岩溶环境的破坏。

本章小结

荒漠化是指包括气候变化和人类活动在内的多种因素造成的干旱、半干旱及亚湿润干旱区的土地退化。荒漠化的危害较为严重，面积逐年增加，是当今人类社会面临的重大环境问题，已引起了国际社会的高度重视。

沙化土地生态恢复的工程技术有草方格沙障、高立式栅栏沙障、引水拉沙造田；生物措施有农田防护林营造、流动沙丘植被恢复、防风阻沙林带、绿洲防护林体系、飞播造林、封育保护和生物结皮治沙技术；化学治沙的主要固沙材料有多功能液膜固沙剂、土壤保水调理剂、多孔状硅酸盐复合材料、稀土抗旱保水材料和木质素固沙剂等。

土壤盐渍化是影响农业生产与生态环境的一个重要因素。土壤盐渍化生态恢复的工程措施有排水、灌溉洗盐、采用节水防盐的灌溉和引洪放淤等工程技术。

生物措施有植树造林、种植绿肥、牧草；农业措施有种稻改良、增施有机肥、耕作改良；化学改良措施有施用钙剂或钙的活化剂、施用其他改良剂等。

石漠化是指在亚热带脆弱的喀斯特环境背景下，土地出现类似荒漠化的现象，我国西南地区石漠化较为严重。石漠化土地生态恢复的措施有水土保持工程、林业生态工程和农业种植技术等措施。

复习思考题

1．试述荒漠化的概念、危害及成因。
2．试述沙化土地生态恢复的技术。
3．试述土壤盐渍化的危害、成因及生态恢复技术。
4．试述土壤石漠化的危害、成因及生态恢复技术。

第六章　近海与海岸生态恢复

【学习指南】本章就近海与海岸生态系统的概况、面临的生态问题以及生态恢复的原理与实践概况进行阐述。重点是各类生态系统恢复的原理与实践概况。通过本章的学习，要求了解近海与海岸生态系统的概况、面临的生态问题等，掌握各项恢复技术。

第一节　珊瑚礁生态系统的恢复

珊瑚是地球上最古老的海洋生物，在动物分类学上属于腔肠动物珊瑚虫纲。珊瑚礁是自然界最令人惊叹的自然景观之一，是生长在热带海洋中的石珊瑚以及生活于其间的其他造礁生物、附礁生物、藻类等经历了长期生活、死亡后的骨骼堆积建造而成的。大型珊瑚生长缓慢，每年只不过 1～2 cm，但珊瑚礁的寿命却很长，太平洋里的一些珊瑚礁有 250 万年的历史了，却仍然在生长，而澳大利亚大堡礁至少已有 3 000 万年的历史了。

珊瑚礁主要分布在热带温暖的海域，局部暖流经过地区使珊瑚礁能分布在更高纬度的地区。东南亚是全球珊瑚礁的中心，全球 34%的珊瑚礁分布于此，约占全球海洋面积的 2.5%。我国珊瑚礁主要分布于南海。南海诸岛，除个别火山岛外，多数是由珊瑚礁构成的岛屿或礁滩。海南岛沿岸珊瑚礁分布广泛，全岛 620 km 的海岸线，约 1/4 岸段有珊瑚岸礁。除此之外，广西、广东、福建和台湾等省均有造礁珊瑚。目前已记载我国有 270 多种珊瑚，其中石珊瑚 230 种，占整个印度－西太平洋区的 1/3 左右。

一、珊瑚礁生态系统的功能

珊瑚礁生态系统是海洋生境中的一种，也是众多湿地类型之一，同红树林、海草床、沼泽地一样，对维持渔业经济、保障生物多样性、生物生产率和生态平衡等具有重要作用。

（一）珊瑚礁能维持渔业资源

珊瑚礁是自然生态系统中生产力最高、生物多样性最大的生态系统之一。对许多具有商业价值的鱼类而言，珊瑚礁提供了食物来源及繁殖的场所。珊瑚礁也是重要海洋生物资源。如海南岛的珊瑚礁，其品种、分布面积和生态条件居全国之冠。海南岛沿岸鱼类生命周期中与珊瑚礁有联系的达 569 种，沿岸一些重要的渔场，有珊瑚礁分布的地区，约 50%上岸鱼类在其生命周期中的部分时间内是依赖珊瑚礁而生存的，还有来自礁区的其他一些具有重要经济价值的动植物。如麒麟菜、鲍鱼、珍珠母贝、海参、龙虾、具有重要经济价值的无脊椎动物等，都是海南有名的特产。因此保护好珊瑚礁，就是确保了渔业的发展。

（二）珊瑚礁能吸引观光游客

珊瑚礁集热带风光、海洋风光、海底风光、珊瑚花园、生物世界于一体，是发展生态旅游的绝好胜景。珊瑚那多姿多彩的形态，颜色各异，黄、红、橙、白、紫、蓝、绿各色应有尽有，美丽非凡，构成仙境般的水下奇观，很有观赏价值，是许多海边城市很有特色的旅游资源。如海南的三亚国家级珊瑚礁自然保护区的珊瑚礁构造十分发达，既有色彩缤纷、千姿百态的水中珊瑚丛，又有五颜六色的海洋生物遨游其中，好一派生机盎然的“海底龙宫”景象，目前已被开发为闻名中外的潜水生态旅游区。观光生态旅游目前正是一项兴盛且获利良好的产业，珊瑚礁所构成的巨大吸引力更应被人们所关注。只要能做好管理及监测的工作，必能为观光游客提供所需求的服务，同时也确保珊瑚礁的可持续发展。

（三）珊瑚礁维护了生物多样性

生物多样性是地球的财富。在所有的海洋生态系统中，珊瑚礁的生物多样性是最丰富的，其丰富的程度只有热带雨林可以比拟。全球大约有 60 万 km^2 的珊瑚礁，面积还不到世界海床的 0.2%，但它们却是所有海洋栖息地中物种最丰富的地区，全世界的海洋生物中有 1/4（海洋鱼类有 1/5）生活在珊瑚礁生态系统中。如海南的珊瑚礁的构成除珊瑚虫外，还有各种造礁生物，三亚珊瑚礁自然保护区水下就分布有 80 余种造礁珊瑚，珊瑚礁生物群落中珍稀生物很多；此外，还有各种大型贝类、蛛螺、珍珠贝、钟螺等。珊瑚虫体本身为鱼类的食料，所以珊瑚礁区均为鱼类集中地区，而且礁区的原生动物、动物残体也是不少贝类的食料和藻类生长的肥料，所以礁盘上有多种藻类生长。如麒麟菜、马尾藻、囊藻、肋叶藻、法囊藻、沙菜、网球藻、喇叭藻、蛎菜、角网藻等，这些藻类又可成为其他生物的食料。珊瑚礁区形成独特的生态体系，是一个繁荣的生物群落，具有旺盛的生产力，其净生产力比河口区还要大，一般可达 4 000 g/（$m^2 \cdot a$）。许多海产品也都出自珊瑚礁区。如海参、石斑鱼、龙虾、江珧、鲍鱼等都出自珊瑚礁区，还有不少珍贵贝类、热带观赏鱼。

（四）珊瑚礁保护海岸线

珊瑚礁对于保护脆弱的海岸线免于海浪侵蚀扮演了重要的角色。珊瑚礁就好像自然的防波堤一般，有 70%～90%的海浪冲击力量在遇到珊瑚礁时会被吸收或减弱，而珊瑚礁本身具有自我修补的能力。死掉的珊瑚会被海浪分解成细砂，这些细砂丰富了海滩，也取代已被海潮冲走的沙粒。珊瑚礁、红树林、海防林被称为海岸线的三道防线，这三道防线共同作用，将对海南岛沿海地区防风减灾，防止海岸线侵蚀起到巨大的作用。

（五）珊瑚虫可吸收二氧化碳

珊瑚虫在地球大气中的碳循环过程中也扮演着重要的角色，它们将二氧化碳转变为碳酸钙骨骼，有助于降低地球大气中的二氧化碳含量，从而减轻温室效应、降低大气温度。

（六）珊瑚礁本身有很高的经济价值

由于珊瑚礁中的生物十分密集，于是这种拥挤条件下生物产生许多抗生现象，即有一种生物生产对另一种生物有害或相斥的物质。这些物质一部分是具有高度活性的生化物，在医学上具有广泛的用途，如可产生抗生素、抗白血病、抗凝剂及心脏活性剂，甚至利用这些物质产生抗癌药和其他合成药品。因此，珊瑚礁不仅是一个巨大的新化合物的来源地，也是具有潜在价值的物种储存库。

此外，珊瑚礁可以用作烧石灰、砌墙、铺路；珊瑚还是名贵的装饰品，有很高的欣赏价值；珊瑚体本身含碳酸钙达 95%以上，是工业上冶炼有色金属不可少的良好溶剂；医药上可作药，气味甘平无毒，有明目、镇静、止惊等功能。

可见，珊瑚礁是一种综合效益很高的海洋生态系统，具有很高的保护价值。目前世界上有 60%以上的人口居住在沿海，而其中以珊瑚礁生态系为邻的热带海岸更是人口密集的地区。由于人类对珊瑚礁的价值认识不足及暂时经济利益的驱使，破坏珊瑚礁的现象十分严重，珊瑚礁破坏带来的种种危害，也越来越明显和严重。

二、珊瑚礁生态系统退化的原因

导致珊瑚礁生态系统退化的原因是多方面的，有自然和人为两方面的原因，但主要原因是人为的破坏。

（一）污染和破坏近海的珊瑚礁

珊瑚对于海水的变化是非常敏感且脆弱的，它需要温度适中，洁净且不受污染的海水。但目前全球大约有一半以上的人口居住在沿海，在东南亚沿海的居民竟达70%，人口多必然商贸繁荣，珊瑚礁便难免遭难。例如，海上油轮的溢油和清洁剂是杀死珊瑚的主要杀手，溢油可直接杀死浅水珊瑚，阻止珊瑚的再生和新陈代谢；高浓度焦油常常覆盖在珊瑚上使之窒息而死；清除机油的清洁剂则直接杀害珊瑚。其他突发性的商船危害也不可小视，例如一商船由于途中泄漏几百吨磷肥，致使其通过的 500 m^2 的珊瑚礁死尽。人类对红树林的砍伐使大量的土壤流入海中，这些泥沙沉积于珊瑚礁上，严重阻碍着海藻的光合作用，破坏了礁上幼小生物的栖息环境。例如在菲律宾白奎特湾的分水线以内，伐木业对海湾的侵害性增大了 200 倍，使这里的珊瑚礁死亡了 5%。

同时污水中的营养物会促进海藻的生长，这些藻类会挡住原先可以照射到珊瑚礁群的阳光，并且减低水中的含氧量，海藻甚至可以完全将珊瑚礁覆盖住。海南近一段时间的高位池养虾潮，不断向沿海近岸排放的富含有机物的废水，对沿海的珊瑚礁是一个很大的威胁。即使是海南目前管理最好的养虾场，也有 30%的饵料未被摄食。残饵溶生的氮、磷等营养物质，加上排泄物发酵、污泥和病菌繁生等，尤其是在养虾后期和清池阶段，水质深黑，污染物浓度很高，其废水基本上都未经处理，直接排海，造成海水富营养化，这对于当地的珊瑚礁无疑是个沉重的打击。据对拥有珊瑚礁面积最大的文昌地区的高位池养殖基地进行监测结果表明，废水 COD 超标 1.24～1.52 倍，海域的粪大肠菌群超过供人生食的贝类养殖水质标准的 5.7～7.6 倍。文昌冯家湾一带的近岸珊瑚几乎已全部死亡，已无开发潜水旅游价值。

（二）泥沙淤积影响珊瑚礁的生长

当污泥从陆地冲入海洋时，会降低投射在珊瑚礁上的光线，污泥也会沉积在珊瑚礁上，包裹住珊瑚，阻碍新生珊瑚的成长。珊瑚虫对泥沙等沉积物非常敏感，泥沙滞留在珊瑚上，会导致珊瑚虫窒息死亡，或降低其生长速度和着生能力，或使海水富营养化和滋生大量有害藻类而与珊瑚争夺生存空间。文昌地区附近海域的悬浮物已达到了 18～72 mg/L。海南近岸海域泥沙淤积较典型的是昌化港，20 世纪 60 年代昌化港是原广东省四大渔港之一，港池水深 5～6 m，退潮水位也有 4 m；近 40 年来，由于流沙淤滞，现涨潮最深水位 3.5 m，退潮最深水位仅 0.8 m。这是昌化江细水淤沙所致。

（三）开采造成珊瑚礁的严重破坏

珊瑚礁生态系统是很脆弱的，对人类活动有十分敏感的反应。由于珊瑚礁可生产性能更好的优质产品，所以居住在珊瑚礁周边的人传统上习惯于开采珊瑚礁来生产石灰作为建筑材料，而不是用石灰石或灰岩生产石灰。这不仅破坏了生物栖息区、珊瑚景观和渔业生产，而且还会加剧海岸侵蚀。海南用珊瑚礁烧石灰的历史比较久了，近 20 年来建筑材料需求增大更加剧了这种针对珊瑚礁资源的破坏性利用。多年来，海南岛 80%的岸礁一次遭到不同程度的破坏，有些地区的珊瑚礁已濒临绝迹。目前“开礁热”仍屡禁不止，反而有愈演愈烈之势。如文昌市邦塘湾因开采珊瑚礁导致海岸线内缩 1 km，损失 1.5 万棵椰子树；三亚市、琼海市也有类似的情况。这种只顾眼前利益的开采活动，不但大大降低了珊瑚风景的美学价值，影响到旅游收入，而且严重破坏了珊瑚礁生态系统，断送了长远的利益。

（四）旅游观光对珊瑚礁的影响

美丽的珊瑚礁景观是一些海边城市特有的旅游品牌，但值得注意的是，旅游观光也带来了以前从未有过的威胁，潜水旅游者可能会不小心踩在珊瑚礁上弄碎了珊瑚，或撞坏了珊瑚，或用手直接触弄珊瑚；许多旅游观光客低估了珊瑚的脆弱，潜水者只要触碰到珊瑚就有可能磨掉了珊瑚用以抵御外界侵袭的保护层；还有一些见利忘义的小商贩偷采珊瑚礁制作旅游纪念品出售，在一些市场上这类事情屡见不鲜，特别是活体珊瑚的“地下活动”时有出现。

（五）全球气候变化对珊瑚礁的破坏

全球气候变化对珊瑚礁的破坏正引起人们的关注。一是大气中二氧化碳和其他吸热气体的累聚，带来全球变暖；二是大气臭氧层的破坏，阳光中的紫外线对岩礁生物的杀害。如果按照气象学的预测，未来 5 年内温室效应气体浓度增加，气温升高，海水变暖，两极冰帽融化，海平面会每 10 年上升 6 cm，于是破坏珊瑚，更为频繁强烈的风暴会摧毁珊瑚礁。过去 10 年内一系列珊瑚变白事件是个不祥之兆，这种变白与水温升高关系极大。如厄尔尼诺现象中，暖流使太平洋沿岸的哥斯达黎加、巴拿马和哥伦比亚几个国家 70%～90%的珊瑚死亡。研究发现，一旦海水温度上升 4℃，则在几个小时内将导致 90%以上的珊瑚礁死亡。如果大气臭氧层以当前速度继续破坏，那么下世纪初到达地球表面的紫外线将增加 1%～10%，所有浅水海域的珊瑚礁将面临灭顶之灾。

三、受损珊瑚礁生态系统的恢复的措施

珊瑚礁的恢复旨在加速其自然恢复到终点，即形成同时具有美学价值和系统功能性的珊瑚礁生态系统。Woodley 和 Clark 则认为珊瑚礁最主要的恢复方法是消极法，即首先减缓影响，其次进行自然恢复。积极的恢复只限于小范围的研究，包括成年种的移植、受损种的恢复以及移走捕食者等。

（一）珊瑚移植

珊瑚移植包括对一个健康的珊瑚礁生物群体的整个或片断进行收集，然后将其

移植到一个与它环境条件相似的退化的珊瑚礁处。移植成熟的生物群体可以加快自然恢复的速度，因为它回避了群体生命周期中具有较高死亡率的幼年期，也避免了引入一种不适合的幼体。珊瑚移植的研究主要有两类：整个珊瑚礁生物群体的移植和生物群体片段的移植。

20 世纪 90 年代以来，在珊瑚礁海岸资源急剧衰退和海岸生态环境急剧恶化的严峻形势下，我国开展了一些与珊瑚和珊瑚礁海岸保护管理有关的研究项目，如造礁石珊瑚移植实验研究和珊瑚礁生态系统多样性的结构、功能与恢复机制研究。两次造礁石珊瑚移植实验均在海南三亚鹿回头湾海区进行，利用水泥板作固定基座，用水下胶粘剂固定珊瑚枝，分别移植 44 个群体，6 个月存活率为 75.0%和 200 个群体，1 年存活率 78.5%。不能存活的原因是群体死亡、群体脱落或波浪冲击导致基座翻倒。存活珊瑚显示了正常的生长和局部生态效应，说明珊瑚移植可以成为珊瑚礁生态系统修复重建的有效手段。

但珊瑚移植方法存在着潜在的不足之处，包括：①对移植生物群体来源地的影响：这取决于从该地区移走的生物数量以及被采集的是群体的片段还是整个群体；②移植生物群体易发生附着失败：被移植物（即使已经附着在基质上的）如果暴露在暴风雨或较大的海浪中，损失会更大，被移植物附着失败会给附近的生物群落和移植物来源地带来损害；③移植生物群落的死亡率和存活率变化：被移植的生物群落有比未受干扰的群体更高的死亡率；④移植生物群体的生产能力下降。

（二）人造珊瑚礁框架

人造珊瑚礁框架可以从两个方面促进珊瑚礁恢复，一是为鱼类和无脊椎动物提供遮蔽物和避难所，二是能为珊瑚虫以及其他附着生物提供合适的栖息地。这也是人造珊瑚礁框架在移植中的一个最主要的优点，即它能为一系列生物的迁移定居提供场所，这是单一种的移植无法实现的。人造珊瑚礁框架的最初目的是用来发展渔业，后来随着珊瑚礁生态系统的破坏日益加剧，人们用它来保护海洋环境，进行受损珊瑚礁恢复。

目前，可以用于人造珊瑚礁框架的材料有很多种，如废金属、汽车、橡胶轮胎、竹子、PVC 管及混凝土。

中国在 2001—2003 年，先后在珠海东澳、广东汕头南澳、福建三都澳官井洋斗帽岛、浙江舟山群岛、江苏连云港市赣榆秦山岛以及海南三亚等地开展大规模的人造珊瑚礁试验。这种人造珊瑚礁与天然珊瑚礁相比，具有一定的局限性，它不能像天然珊瑚礁一样自然生长，很难成为海洋生态系统中的有机组成部分，而且相对比较脆弱，例如在美国南佛罗里达，当安德鲁飓风经过后，所有的人工珊瑚礁都遭到了破坏，有的甚至完全消失。同时，它可能会分解，造成污染；且地点的选择和安置可能引起运输问题；此外，由于保证人造珊瑚礁框架的成功需要付出大量的经费和时间，因此要对大面积的珊瑚礁进行恢复时，采用人工珊瑚礁框架是不切实际的。但是如果退化的区域具有较高价值则投资是合理的。有人认为：人造珊瑚礁框架只是作为一个聚集装置从附近的珊瑚礁生态系统招引鱼类和其他生物，实质上只是使生物从一个地方转移到另一个地方，并没有增加海洋生物量。然而有报道称：由于人造珊瑚礁框架提供了一个安全的场所从而减少了生物受损的机会，因此增加了生物量。

1．珊瑚礁球

这是美国的一个公司开发的一种模仿天然珊瑚礁的外观和功能的特殊产品。这种产品是由混凝土组成的，具有质地粗糙的内外表面，呈纽扣状。它的制造方法是将混凝土灌注到一个玻璃纤维的模型中，这个模型中央是一个多格的浮标，它被许多尺寸不同的、用来制造孔洞的可充气的球包围着。这些充气气球被充气后根据压力不同可改变孔洞的大小，并提供了一个粗糙的表面。“珊瑚礁球”的一个主要优点就是能够漂浮，并且在使用时能被小船拖着。

这种铸造技术允许灵活确定珊瑚礁球的质量和表面质地，并可以采用各种尺寸的模型。包括垃圾在内的任何混凝土都可以用来建造这种珊瑚礁球，但是研究人员建议使用适合海洋生物生长的混凝土。

2．MAT 矿物增长技术

20 世纪 90 年代，人们利用“矿物增长”（mineral accretion）技术来建造新型珊瑚礁，即在人造珊瑚礁上通入低压直流电，利用海水电解析出的碳酸钙和氢氧化镁等矿物附着在人工珊瑚礁上。由于海水电解析出的矿物具有和天然珊瑚礁石灰石相似的物理化学性质，加速了石灰石和珊瑚虫骨架的形成和生长，珊瑚在这些结构上的生长非常迅速，形成类似于天然珊瑚礁的生长过程，在珊瑚礁不断增长的同时促进周围生物量的增长，从而达到海岸带生物种群恢复和海岸带保护的目的。该技术阴极通常由延伸的铁丝网制成，被建造成简单的几何形状，如圆筒形、薄片、三棱柱和三角锥；阳极可以是铅、石墨、钢铁或镀钛物。这种方法目前已在牙买加、马尔代夫和塞内加尔等国家和地区得到了成功的应用。

MAT 矿物在活跃环境中的稳定性目前尚不清楚，而且经过长时期后珊瑚的存活率目前研究人员也不清楚。MAT 矿物建造初期的花费巨大、耗时长且需要有技能的劳力。此外，它在不同的自然环境中的事实还没有被验证，也缺乏潜水者对 MAT 矿物反应的评价。虽然存在以上问题，但 MAT 矿物人造珊瑚礁被认为是一种有潜力的珊瑚礁恢复方法。

（三）珊瑚养殖

由于一些地区珊瑚季节性产卵的时间是可以预测的，这就为利用珊瑚结合体进行珊瑚培育创造了机会。同时，少数种类的珊瑚幼虫是可以成功饲养的。Heyward

等利用带有网眼围栏的幼虫培育池塘，评估西澳大利亚珊瑚大量产卵后迁移的结果及其幼虫的存活情况。

人们需要对大范围珊瑚养殖的可行性及各种方法的花费进行评估。此外，关于释放幼体的理想尺寸、幼体对生境的要求以及将幼体固定在珊瑚礁上的方法等需要进一步研究。珊瑚礁恢复的一个主要好处是为受损珊瑚礁提供了大量的足够大的目标物种。

第二节　红树林生态系统的恢复

一、红树林生态系统概况

（一）红树林的概念及生境特点

美国红树林研究者 Davis 认为：红树植物是指生长在热带沿海潮间带泥泞带松软土地上的所有植物的总称。印度洋及西太平洋红树林研究者则认为红树植物是指生长在热带海岸介于最高潮与平均高潮线之间的乔木和灌木。中国学者林鹏等认为红树植物是热带海岸期间带的一种常绿阔叶林。有的在暖流影响下亦分布到亚热带地区。红树林中生长的木本植物叫红树植物，一般都没有包括群落周围的草本植物或藤本植物。红树林植物群落中大部分树种属于红树科，这些红树科植物因富含单宁、树皮韧皮部和木材鲜红褐色而得名。以红树林为主的区域中动植物、微生物及无机环境组成一个整体，统称为红树林生态系统。

世界红树林有两个分布中心。一个在东亚，一个在中南美洲。东亚以马来半岛及其附近岛屿生长最繁茂，种类最丰富。我国红树林主要分布在海南、广东、广西、福建、香港和台湾，天然分布的北界在福建的福鼎（北纬 27°20′），1958 年后在浙江省南部也成功人工引种一种红树——秋茄，但目前已残存不多。据估计，我国目前约有红树林一万公顷。

红树林生长在河口港湾淤泥深厚的潮滩上，滩面一般广阔而平坦，基底土壤颗粒精细无结构，通常是半流体而不坚固，含高水分、高盐分，缺乏氧气，含有丰富的植物残体和有机质。由于厌氧分解产生大量的硫化氢，土壤带有特殊的臭味。此外，红树林淤泥中也含有大量钙质，包括软体动物死亡后的碎壳和潮汐带来的石灰物质。土壤的 pH 值在 3.5～7.5，通常在 5 以下。

红树林是地球上生产力最高的植被类型之一，初级生产量可达 20～40 t/($hm^2·a$)。我国红树林位于其分布区的北缘，年初级生产量也在 15.4～29.5 t/hm^2。而且，红树林的归还率高，掉落物产量超过当年净生产量的三分之一。红树林动物资源丰富与红树林的这种高生产力、高归还率的特性是密切相关的。

我国的红树林层次结构比较简单，一般仅 1～3 层。但是红树林中并不缺乏空间分割和微生境的变化。红树林扎根于潮间带淤泥中，为抵御风浪的强烈冲击，为在缺乏氧气的土壤中生存，它们大都有密集的支柱根、板状根或呼吸根。这些根系形态多样，纵横交错，为鱼类和其他动物提供了生长发育的良好环境。

红树植物的屏蔽作用也为潮间带动物提供了一个较为稳定而温和的环境。李复雪等（1989）的测定表明，九龙江口红树林区的逆温年较差（10～30℃）比非红树林区（7～43℃）小，光照、空气、温度以及海浪冲击程度等环境因子也比非红树林区温和。

红树林得天独厚的生境条件，使这里成为各种动物生活繁衍的乐园。而且，红树林对周围环境的影响不仅局限于红树林内，通过输出大量有机碎屑和为海洋动物提供繁殖、育苗的场所，红树林对邻近海域的动物生活也有重大意义。同时，红树林防风护堤和促淤造滩的功能也保证了林带堤岸基围和农田水塘的安全和环境条件的稳定。所以，红树林生态系统，不仅包括红树林植被覆盖的地段，也包括毗邻的泥滩、林带包围的河口、港湾的水体和林后受保护的地带，可总称为红树林区。

（二）红树林的形态适应

由于红树林地处潮间带，受周期性潮水淹没的影响，红树林内的土壤水分高、盐分高，含有大量的硫化氢、石灰物质并缺少氧气，土壤无结构，植物残体多处于半分解状态，土壤含盐度一般为 1.46%～2.87%。红树林生长最适的海水温度的年平均值为 16～25℃，气温则在 18～26℃，由于红树林长期生长在特殊的环境中，形成了许多与陆生植物不同的形态。在根系方面，有吸收空气功能的表面根、呼吸根和气生根，有增强植株机械支持、抵御风浪作用的支柱根和板状根。在繁殖方面，有胎生现象，是对高盐土壤的一种适应，因为红树植物的系统发育是从陆生不抗盐环境发展来的，种子含盐分低，如直接落到海水中就可能反渗透而不发芽，因而必须在母树上发芽，不断从母树上获得盐分，当积累至海水相适应的盐分时胚轴才脱落，从而适应高盐度的环境，得以滋生和发展。因红树植物所处的条件是生理干旱的环境，因此红树植物叶片表现为旱生结构，具有高渗透压，树皮富含单宁，并且具有抗盐或泌盐等生理形态适应现象。

二、红树林生态系统的功能

（一）防潮护岸、抗击台风

红树林是海湾河口地区生态系统最重要的第一性生产者，对维护海湾河口地区的生态平衡起着十分重要的作用。红树林枝叶繁茂，抗风能力强，根系极其发达，据调查两年生的秋茄树，高为 75 cm，其侧根沿水平方向可延伸达 1.5 m，支柱根、呼吸根的根系纵横交织、盘根错节，形成一道密结的栅栏，不仅使红树林牢固地扎根在常受风浪袭击的沿海滩涂上，还可滞留浮泥并使之沉积，使海滩面积不断扩大和抬升，扩展滩涂林地，为国土增加湿地，形成泥质海岸滩涂森林景观，展现“林下鱼虾游、树上鸟语声”的景象，可开发旅游观赏的绿色抗浪“城墙”，维护海岸生态平衡。

（二）净化大气环境，保障人类健康

红树植物消耗二氧化碳，释放氧气。同时红树植物中硫化氢的含量很高，泥滩中大量的厌氧细菌在光照条件下利用硫化氢为还原剂，把二氧化碳还原为有机物。因此，在红树林生态系统中，有大量的二氧化碳被吸收，且释放大量的氧气，这对净化空气，维持二氧化碳和氧平衡具有十分积极的作用。

（三）抵御温室效应造成的海平面上升

全球温室效应的负影响之一是造成海平面的上升，海水侵吞陆地。而红树林具有造陆功能，一方面，通过红树植物发达的根系网络碎屑，加速潮水和陆地径流带来的泥沙和悬浮物在林区的沉积，促进土壤的形成，土壤淤积使沼泽不断升高，林区土壤逐渐变干，土质变淡，最终成为陆地。另一方面，红树林本身的凋落物数量很高。凋落物是红树林内丰富的海洋生物的排泄物、遗骸等，为红树林海岸的淤积提供了丰富的物质来源。红树林加速了沧海变陆地的进程，从而抵御全球温室效应带来的海平面上升、海水侵吞陆地的后果。

（四）浓缩放射性物质，净化水质

红树林能过滤河川中的有毒物质，从而净化水质，减轻重金属、农药、生活和养殖污染、海上溢油等海上污染。一些红树植物的根还有浓集某些放射性核素的作用，减少海水的放射性核素污染，减少食物链的污染，保护人类的健康。

（五）提供重要的渔业基础

红树林地是鱼、虾、蟹繁殖和饵料基地，据报道，红树林凋落物一般为 3～7 t/（$hm^2 \cdot a$），这些凋落物为海河口的鱼类和微生物提供大量的有机碎屑食料，在红树林中养鱼比木材收益高 5 倍，可见发展红树林与养鱼、虾、蟹结合，可获得木材和水产双丰收。

（六）构成独特的红树林景观

全球红树林树种约有 83 种。在红树林区，林中鸟类、昆虫众多，林下鱼、虾、

蟹、贝丰富。红树林生态系中的生物种类可多达 2 000 多种。红树林中亦有许多珍稀物种，如海水鹦鹗、天狗猴、朱鹮，甚至虎等也在一些地区的红树林中发现。红树林景观奇异多姿，是良好的旅游胜地。在美国，每年有成千上万的游客到特立尼达的卡罗尼红树林赏鸟。

除此之外，由于红树林秋茄树富含单宁，可提取栲胶，木材主要做薪炭，但也可供建筑、桥梁、家具、农具之用。幼枝嫩叶可作饲料、绿肥。

三、红树林生态系统的破坏

红树林主要分布在低纬度的河口河内湾，低盐、高温和淤泥质是有利于其生长的 3 个重要条件。红树林生态系统也是高生产力海洋生态系统之一。全世界约有红树林 1 700 hm^2，约有 16 科 23 属 53 种，以赤道热带为分布中心，大致分布在南北回归线之间。由于对红树林不合理利用和破坏，导致红树林资源急剧减少和退化，体现在面积和种类减少，结构和功能下降。在澳大利亚、新西兰和美国，由于工业、城市的发展，机场等设施的修建，大片围垦红树林；在塞内加尔、冈比亚、塞拉利昂等国大片红树林改造成稻田；在斯里兰卡，很多红树林被开辟为椰子种植场；在菲律宾、印度尼西亚、厄瓜多尔和哥斯达黎加，将红树林改造成鱼池；在印度、贝宁和马来西亚把大量的红树林砍伐、夷平，然后排水改造成盐田。又由于红树林是许多工业的原料，因而被大量砍伐，在印度尼西亚约有 20 多万 hm^2 的红树林正在被开发。

我国红树林主要分布在海南、广东、广西和福建沿海的河口两岸和淤泥质海湾。自然分布的北界是福建省的福鼎县。我国已记录红树林植物共有 36 种，约占世界的 43%。多年来，中国的红树林也已遭到严重破坏。由于大规模的围滩造田和肆意砍伐，我国红树林的面积已大为缩减。据统计，全国现有红树林总面积只有约 2 万 hm^2，仅为历史记载总面积的 28%，仅占世界红树林面积的 0.26%。福建漳江口和九龙江口市是红树林的主要分布区。20 世纪 50 年代漳江口红树林面积为 134 hm^2，目前仅存 50 hm^2；60 年代九龙江口红树林面积约 400 hm^2，现只剩 267 hm^2，整个福建现存红树林的面积只有过去一半。广东和海南两省原有红树林 30 000～40 000 hm^2，现在仅剩 8 000 hm^2，并且现存红树林的外貌和结构已简单化，除部分原生林外，多数为乔灌丛林状态。海南陵水县过去有红树林 200 多 hm^2，树高林茂（最高达 20 米以上），林中候鸟成群、林下鱼虾蟹随处可见。但目前，不仅面积减少了一半，而且大多为灌丛残林，局部地区已沦为光滩，候鸟绝迹，水生生物贫乏。有些红树林植物中已灭绝或处于濒危状态。由于红树林的破坏，抗风暴潮灾害的能力也大大降低。

四、红树林生态系统的恢复

研究表明，红树林面临的主要威胁包括土地利用模式的改变、水污染、大气污染、噪声污染、人类活动干扰等。针对上述问题，可以采取的对策应包括减少人类干扰、水污染治理、病虫害防治、对薇甘菊等外来入侵种进行清除、保护区内鸟类、建立红树林的生态恢复示范区。根据生态系统管理的原理，最重要的是进行分类经营，多元性管理和利用。即对健康的红树林生态系统在保护的同时进行合理利用，主要是旅游开发利用；对退化的红树林实行封围，利用自然演替进行自然恢复；对需要恢复的滩涂，在关键地段进行人工恢复，最终实现红树林生态系统的可持续发展。

所以，退化红树林生态系统的恢复方法包括：自然恢复和在自然恢复不充足的地方人工恢复。

（一）红树林的演替与自我恢复

中国境内的红树林演替系列的先锋群落，主要是由非红树科植物海榄雌、海桑和桐花树等所构成的单优群落。

海榄雌和海桑的适应性很强，既能抗御风浪，又能耐贫瘠。它们的半胎萌现象或硕大的果实，极其有利于作为先锋种而定居于新生的滨海沙滩上。当随海水漂流的果实被阻搁于低洼积泥处或陷于稍具淤泥积物的缝隙中，或者为浅沙所埋时，都可在适当的条件下生根，并以其独特的树形或广展的水平根系为避免海浪的冲击而牢固地扎根生长，成为新生海滩上红树林的第一批开拓者。它们突出地面的大量指状呼吸根是对潮水浸淹而缺乏空气的土壤环境的一种独特的适应，既可阻碍海潮的移动，又能聚集海泥和凋落物，从而改变原有基质性状，有利于本身的大量发展。因此，在新定居先锋种的海滩上，往往在母株周围生长着大量幼苗。显然，它们是通过个体连锁式递增，来占领新生白滩而迅速形成郁闭的单优先锋群落。

桐花树则比较适应含盐度较低的基质，通常在河口、河湾等与淡水相交处占据裸滩而形成单优先锋群落。在海滩裸地较少见，通常仅是次生性白滩的先锋种。

随着先锋群的形成，大大地削弱了风浪对内缘的袭击，并进一步加速海滩淤泥的累积，促使立地条件渐趋稳定，贫瘠的土壤开始泥滩化并积累有机质，为适应静风和泥质生境的其他红树植物的定居提供了先决条件。

先锋群落郁闭后，林地起着明显变化，风微浪弱，淤泥深厚，有机质丰富，含盐度增高等，极有利于胎萌类型的红树科植物的发展，红树属、角果木属、秋茄属等具有明显的生态适应性状，胎萌现象使它们能迅速生根固着，高渗透压使它们能适应盐度高的土壤，庞大而众多的支柱根使它们能立足于深厚的淤泥中，并不断地积累海泥和凋落物，不断地使海滩升高。因此，它们能迅速地取得优势，形成典型的红树林群落。

然而，随着演替的进展，典型的红树群落的高度郁闭，地上根系的极端密致，反过来又限制了其本身的更新，而土壤在群落的作用下进行着脱沼化和脱盐渍化过程，导致地表变干变淡，地下水位下降，含盐度降低，潮流频度减低，内陆和淡水的影响增强，因而土壤有逐渐向地带性土壤过渡的趋势，木榄、海莲及木果楝等适应红树林内缘生境的种类逐渐取得优势而形成演替系列的后期群落类型。

最后，由于基质的高度脱盐化，潜水位下降，土壤条件自外向内逐渐固结而干硬，这显然不利于胎萌种类的更新。同时，因地势的抬高，海潮浸淹的机会更少，或许只是每月的大潮甚至是特大潮水才有海水到达，而不利于红树林植物的发育和繁衍，红树林逐渐被水椰、海漆等半红树林所取代，并进一步向海岸林过渡。

很明显，中国红树林经演替系列是与红树林生态序列相一致的，不同演替阶段的红树林演替系列群落，在特定的区域内分布于一定的范围内，形成与海岸平行的带状分布，在一定的水平空间上形成与海岸线垂直的生态序列，红树林在时间上的演替系列与在空间上的生态序列密切吻合，空间上的生态序列充分反映了时间上的演替系列。利用自然演替规律，进行围滩封育，可以恢复及发展至近顶极的红树林生态系统。

（二）受干扰红树林的人工恢复

与陆地森林生态系统的恢复不同，红树林的人工恢复涉及大量的生态恢复技术，重要的方面包括红树植物引种驯化与造林技术等。

1．红树植物引种驯化与生态因子的相关性

红树植物引种驯化成功与否与其生理生态特性密切相关，而一种植物的生理生态特征又与其原产地的生态因子密切相关。红树植物生长的主导生态因子是气温、盐度、土壤、地貌及潮汐动力等。

（1）气温。红树林的地理分布范围主要取决于温度条件，一般认为红树林繁茂区最冷月平均气温不得低于 20℃，季节性气温变幅不得大于 5℃，或者红树林分布中心范围的平均温在 25～30℃，水温年均值为 24～27℃，气温随着纬度的升高而下降，因而限制了红树林的分布。我国红树林的分布同样受制于气温的高低，在海南岛常年均温在 24℃以上，年较差少于 12℃，最低年均气温大于 15℃，区内的红树植物种类最多，是嗜热窄幅种的特定分布范围。而福建厦门一带，年均温 19～20℃，年均较差 17℃或更大，最低年均温 7～9℃，仅有数个抗低温种分布，因此嗜热性红树植物的引种尤其需要注意温度条件。必须重视红树林与气温的相关性，采取各种措施使之安全过冬。例如一要选择抗寒能力强的树种，容易适应深圳的低温环境；二要选择合适的育苗造林地，一般应选择水浅浪平、淤泥适中、避风向阳的地方，这种林地条件，可避免海浪冲击或潮水直接作用，有利于所引物种扎根和生长；三要采用塑料薄膜覆盖保温，效果较好，但在使用时，应考虑到风浪的影响，将苗床棚架扎牢，并经常检查避免因棚架倒塌毁伤种苗；四是有条件可采用室内低温练苗技术，增加所引物种的抗寒能力。

（2）盐度。盐度是红树植物引种的一个制约因素，真正的红树植物一般要求海水的盐度在 31.85～36.40，而半红树植物则要求海水盐度在 1.14 以下。但是，海水盐度与潮汐水位密切相关，而涨退潮的时间长短也与内外滩地含盐量相关，通常在小潮位地带，海水盐度较高，为 20～35，是海榄雌，桐花树等先锋植物生长的地带；中潮位地带，海水盐度中等，为 10～25，是红树植物生长繁茂地带，是以红海榄、红树、秋茄、海莲等植物占优势；高潮位地带和回归高潮位地带，海水盐度为 5～15，是木榄、海漆以及半红树植物银叶等要生长的地带；而回归高潮位地带是红树林向陆带过渡地带，除半红树植物外，尚可见伴生植物黄槿、海木芒果、杨叶肖槿等。因此，引种红树植物应考虑盐度这一生态因子。

（3）潮汐水位。红树林在潮滩的分布位置（高程）反映了对潮汐浸淹程度，以及与浸淹有关的一系列物理和化学环境因素，如盐度、波浪作用的适应程度。潮汐和浸淹控制了红树林在潮滩上的总体分布和群落结构，是红树林能量特征最重要的组成部分。红树林生长于平均海面稍上与大潮平均高潮位（或回归平均潮位）之间，体现了红树林对潮水浸淹和暴露程度的适应。只有当潮滩发生淤积并达到平均海面以上的高程，红树林才能定居，林外的白滩中也有淤涨到平均海面以上的高程，才能提供红树林向海扩展的可能，在白滩内先有海滩淤涨才能生长红树木，当然红树林的生长又促进了海滩的淤涨。

（4）地貌。红树林植物生长在静风和弱潮的溺谷湾、河口湾或潟湖的滨海环境。

（5）土壤。红树林是热带亚热带潮滩上的一种特殊植被类型，而酸性潮滩土是潮间带上部一种特殊的土壤类型，它是由红树林和红树林沼泽发育的酸性硫酸盐土，或称为红树林潮滩盐土，是红树林发生和演变过程的一个归宿，是构成红树林生境的主要条件之一。红树植物的生物学生态学特性及其分布与其生境条件的红树林潮滩盐土的基本特性密切相关。

红树植物对土壤条件的选择性是不一致的，海榄雌、桐花树和秋茄等在稀淤泥的潮滩盐土上特别旺盛，同时也能生长在坚硬的潮滩盐土上，而红海榄、红树、海桑等则只能生长在淤泥深厚的潮滩盐土上，海榄雌甚至也能生长于沙土和石隙里。木榄、海莲、海漆、银叶树等能忍受坚硬的潮滩盐土，甚至沙质盐土，但少见于稀烂淤泥的潮滩盐土上。同时海榄雌、桐花树、海漆、银叶树等对土壤要求不高，而木榄、海莲、海漆和红海榄等生长地的土壤营养元素含量则较高，因此引种栽培红树植物应综合考虑这些因素。

2．红树林造林方法

红树林造林方法根据种苗来源可分为：胚轴造林、容器苗造林和天然苗造林 3

种方法。

（1）胚轴造林。将胚轴直接栽入土壤基质，插入深度为胚轴长度的 1/3～1/2，过深则胚轴易发霉烂掉，过浅则易被海浪冲走。此法简单易行，适用于大型繁殖体造林，但受胚轴成熟季节性约束较大。

廖宝文（2003）的研究表明：秋茄造林采用胚轴插植方法效果较好，胚轴插植深度为种苗长度的 1/3～2/3。秋茄为海绵状根系，极易损伤折断。用裸根小苗造林适应选择半年内生的幼苗，1 年生至多年生的小苗或幼树难以移活，不宜采用。

（2）容器苗造林。容器苗造林是用聚乙烯薄膜袋（育苗袋，装满营养土时直径 7 cm，高 20 cm）在海上苗圃进行人工育苗，培育出相应规格的容器苗进行定植造林。此法技术要求较高，但造林质量较有保证，特别适合小型胚轴种类及特殊生境的造林。

（3）天然苗造林。天然苗造林是直接从红树林群落中挖取天然苗来造林的方式。由于天然苗根系裸露，在挖苗和植苗时均容易伤根，造林成活率很低。且挖取幼苗对群落发展有负面影响。

3．不同造林方法的比较

（1）适用范围。胚轴造林通常是大型繁殖体种类木榄、红海榄和秋茄进行大规模造林和次生林改造时所采用的造林方法。隐胎生种类白骨壤和桐花树由于繁殖体较小，插植胚轴容易被潮水冲走，需要通过人工培育容器苗造林，此外容器苗也常用于逆境造林、补植和一些科学实验。繁殖体未成熟季节的应急造林、种苗短缺时或补植需要用天然苗造林，但本方法不宜作为主流的造林方法，对多数种类不适用。

（2）造林成效。天然苗造林是 3 种造林方法中使用最少的一种，其造林成效普遍认为不理想。中国华南沿海优良的红树林乔木树种木榄和红海榄被广泛用于红树林次生灌木林的改造。研究人员在北仑河口海洋自然保护区进行红海榄比较造林试验，用 1998 年 7 月采集的同一批红海榄胚轴分别进行造林和育苗，一年后即 1999 年 7 月用容器苗进行比较造林。研究结果表明：容器苗造林幼苗的各种生长指标均优于胚轴造林，其中实生苗增加 36%，基径增加 18%，成活率提高了 11 个百分点。

（3）造林成本。不同的造林方法不仅技术要求不一样，而且资金投入也有差别。从 1994 年以来中国广西红树林中心进行了多项造林技术研究，依据广西沿海社会经济发展水平和多年来的造林实践，初步得出三种不同造林方法的平均成本构成（表 6-1）。

表 6-1 红树林造林费用指标

造林方法	采运繁殖体	育苗费/（元/株）	植苗费/（元/株）	费用合计/（元/株）
胚轴造林	0.10	0	0.10	0.2
容器苗造林	0.10	0.44	0.42	0.96
天然苗造林	0.35	0	0.38	0.73

注：1. 容器苗植苗费包括起苗、运苗和定植费用，育苗费包括育苗材料和用工支出。
2. 引自莫竹承等，2001。

从经济角度考虑，胚轴造林费用仅为容器苗造林费用的 21%、天然苗造林费用的 27%，是费用最低、技术简单、适宜大规模造林的造林方法。红树林的幼林抚育工作主要包括看护、补植、防治污损动物及病虫害，按 3 年估算的抚育成本，平均每年所需投入大约为 0.48 元/株。从现有的经济和技术水平看，胚轴造林是广为接受的造林方式。

综上所述，首先应在前缘裸滩宜林滩涂种植无瓣海桑、海桑、桐花树和秋茄，其中前缘最恶劣滩涂可种植引进的先锋种为无瓣海桑或瓣海桑与海桑混交林。风浪和污染较小的裸滩则可种植秋茄、桐花树等前缘先锋乡土树种。支柱根发大的红海榄应造林于中大潮位滩涂。把高大优美的木榄（含筛选的优良木榄琼山种源）及海南引进的海莲大量育苗应造林于中潮位至中高潮位。

4．退化次生红树林的生态恢复

研究表明，退化次生红树林若不加以改造，将长期保留其低质量和低功能林分组成结构。人们采用 2 m 宽带状和 6 m×8 m 块状间伐后在空隙中栽植乔木幼苗，试验表明，引进的幼苗均能在次生灌木丛中定居和可持续性更新。它们组成两层结构林分，块状比带状伐隙中的幼苗生长好。红海榄生长比木榄、海莲快，引进红海榄比引进木榄提早 2～3 年进入有效防护功能期。进一步的实验证明，选用无瓣海桑改造退化灌丛能在 2～3 年内进入有效防护期，而其他树种则需 7～10 年，总结出的优化技术为小块状间伐后引进无瓣海桑。

第三节　海滩生态系统的恢复

一、海滩生态系统的概况

海滩是松散的沙子、小卵石、大卵石以及大石头组成的堆积物，它从浅水延伸到水边低沙丘的顶端或风暴影响的边界。全世界约 40%的海岸存在海滩。大部分的海滩主要由沙子组成，沙子的粒径为 0.062～4 mm。海滩有自己的底栖动物，但植物非常稀少，并且寿命相当短。

波浪是决定海滩冲积物组成和海滩形成的主要因素。较大波浪打在沙滩上能够使沙滩形成陡峭的轮廓，且由粗糙的分选很好的冲积物组成。较小的海浪则主要形成坡面较缓的由更细小的冲积物组成的海滩。同时，底土层的母质和机械组成、海潮范围、波浪的方向以及海滩沿岸的水流和风向等都可影响海滩的形态、轮廓和稳定性。

海滩出现在水动力较强的海岸，其粒度主要取决于波浪作用的程度。沙粒里还含有来源于陆地或海洋的各种碎屑，在波浪和海流作用下，不同粒径的颗粒缓慢地向外海运动，粗颗粒在海水中首先下沉，较细的颗粒则处于悬浮状态并被继续搬运到离岸较远的地方。因此，在水平方向上形成近岸沙粒粗、远岸细的分布特征；同样的在垂直方向上形成底部粗、上部细的沉积层。

海滩沉积物还有一个特点是沙粒在波浪作用下可以移动，沙粒之间有一定的不稳定性，不利于固着和底栖种类生活。

二、海滩生态系统的功能

海滩被开发用于建造港口、工厂、住房以及观光旅游业。它是重要的混凝土原材料和矿物的来源地。海滩还在海洋防护中起到重要作用，它保护人类资产、耕地和天然生境不受洪水破坏。沿海观光业的发展也使海滩成为旅游观光资源的一部分。

海滩也是许多生物如海龟、海豹和海狮等的筑巢点，也是许多鸟类如燕鸥和海鸥的主要筑巢场所。生物群落在海滩上的带状分布以及非生物状况的广泛变化导致许多海滩特有种的存在。许多稀有和受到威胁的物种依赖于海滩环境，包括那些生长在鹅卵石上的植物、无脊椎动物和海龟。海滩上的底栖动物是滨鸟的重要食物来源。

三、海滩生态系统退化的原因

自 20 世纪 90 年代以来，海滩侵蚀退化、海洋污染和赤潮三大问题已成为制约我国海滨旅游业快速健康发展的"瓶颈"。海滩侵蚀和退化是当今旅游海岸普遍存在的灾害，是对海滩生境的最严重的威胁。如根据遥感和监测资料分析，秦皇岛沙质海滩全线侵蚀后退，海滩资源环境退化严重，部分岸段，如北戴河西海滩近 50 年蚀退近 100 m，滩面下蚀 2～3 m，部分浴场已经失去应有的功能，作为北戴河海滨特色的"金沙滩"正在逐渐消失，而且原被海滩保护的沿岸建筑物正在遭受海浪破坏。如任其自然发展下去，北戴河西海滩的重要浴场将不复存在，海滩资源环境深度恶化，以至达到不可恢复的程度。引起海滩侵蚀和退化的原因很多，其自然因素有冰消作用、温室效应、洪水、暴风雨及台风对浪潮的加剧作用。这些因素一方面导致海平面上升，同时使得沉积物的供给发生变化。另一方面，海滩特性也会影响介质沿着海岸方向的侵蚀速率。如果沿岸介质非常坚实，例如坚硬的岩石，它们能够较长时问地抵抗风雨和浪潮的侵蚀作用和化学物质的风化作用。但是如果介质非常松软，例如泥土或砂岩，就容易被侵蚀变为海岸沉积物。人为因素可归结为以下几种：

其一，受侵蚀岸段岸滩的泥沙供给量减少。一般是受人为因素的影响，如滨海取沙、河流建闸和海岸工程拦沙等。自全新世以来海平面基本稳定，除发生台风、风暴潮等异常事件外，多数海岸已经相对稳定，虽然全球性的海面上升会造成海滩的侵蚀，但由它引起的侵蚀是一缓慢的过程，在 3～5 年短时间尺度来看，岸滩的动力地貌基本趋于平衡。但如果人们在滨海取沙，海洋动力势必重新塑造自己的岸滩平衡剖面，造成海滩侵蚀。

其二，近岸采沙，很多情况是开采水下沙坝。由于水下沙坝被开采，使得海滩的天然“防波堤”消失，在波浪动力的作用下，海滩将重新自我塑造，以达到海滩的动力地貌达到新的平衡。结果，沙滩滩面下蚀，后滨沙丘被侵，岸线后退，侵蚀的沉积物在波动力的作用下，重新在水下形成新的沙坝。新形成的沙坝又被开采，形成恶性循环，最终结果是，岸线不断后退，滩面不断下降。

就全球而言，一般认为海平面的绝对上升是引起海滩侵蚀的一个重要因素。对于不同地区而言，引起海滩侵蚀的主控因子或因素是不同的。如对于秦皇岛地区，海滩侵蚀又有其独自的特点，从区域构造方面来看，秦皇岛地区属于山海关隆起带，为燕山褶皱带的次一级构造单元。据 1968—1992 年地壳形变监测资料，近期秦皇岛地区运动以垂直上升为主要特征。滦河口近期年均地壳垂直抬升速率约为 1.2 mm/a，向东北方向地壳抬升速率逐渐增大，秦皇岛年均抬升速率 4.2 mm/a。1950—1992 年时段，秦皇岛海平面相对上升速率为−2.2 mm/a，经均衡基准校正后，秦皇岛海平面绝对变化速率为 2.0 mm/a。对研究地区性海滩或海岸侵蚀而言，海平面的相对变化是最重要的。由上可知，秦皇岛旅游区大部分区域海平面变化以下降为主。依海陆演化的基本规律，海平面相对下降类似于海退，在此条件下应发生海滩淤积、陆地增长的演化过程。而目前秦皇岛地区的海陆演化趋势却与此相反，所以，现今条件下秦皇岛地区岸滩演化并不主要取决于海平面的变化。近期对秦皇岛地区海滩遭受侵蚀的原因已基本取得共识，其原因是陆域水利工程所导致的入海泥沙的减少或衰减，这一现象称为陆地水利工程的海岸效应。陆地水利工程主要包括水库、跨流域引水工程和农业灌溉工程等。陆地水利工程不仅使下游河道径流量及输沙量减少。主要的是亦影响了入海沙量，以滦河为例，1929—1979 年年均入海沙量为 21.8952×10^{6} t/a，而 1980—1993 年平均入海沙量仅为 632.4×10^{3} t/a。海岸及海滩的侵蚀、淤积抑或是基本稳定有赖于泥沙取给条件。入海泥沙的减少致使秦皇岛地区岸滩的侵蚀与淤积间原有的动态平衡被打破，从而导致岸滩侵蚀处于主导地位。

四、海滩生态系统恢复的技术和方法

无论是侵蚀性海滩保护或是旅游性海滩的恢复，其中关键的两个问题是海滩发育的空间和物源。但对于不同岸坡区海滩，其侧重点又有所不同。在基岩岸坡区，依靠岸坡向陆演化来提供海滩发育的空间是难以做到的。在海域依靠工程措施营造海滩发育空间和人为提供海滩发育所需的物源是恢复海滩的关键问题。提供物源即海滩喂养必须辅以防护海滩侵蚀的有效工程措施，或者说必须防护工程的建立为前提条件。工程措施包括丁坝、导堤、外防坡堤等，其目的就是营造海滩发育的空间。

当然，具体工程措施的选择应考虑地区性波浪特征和沿岸泥沙运移规律等。

（一）静态平衡岬湾理论及其应用

1．静态平衡岬湾

世间各地的沙质海岸，普遍存在着天然岬头伸入海中，岬头与沙滩交替的海岸地貌，约占全世间海岸线的 50%。在岬头的上游或两岬头之间，当地优势的涌浪以其自然的规律，将沙岸雕琢成湾。若上游沿岸漂沙完全被截断，凹入的海岸弧线可能退到一个稳定的防线，岬湾达到静态的平衡，此时海岸的稳定性不再受沿岸漂沙的影响。另外，受季节风浪影响的海岸，优势涌浪对海岸斜向入射将形成沿岸输沙，因此对平直的沙岸或未达到静态平衡的岬湾，沿岸漂沙的连续性是维持海岸线稳定的必要条件。净漂沙量的增减，必将造成海岸线的进退。平直海岸上游的沿岸漂沙被部分或完全被截断，其下游又缺乏有效的岬头，则该海岸线必逐渐后退。只有已达静态稳定的岬湾，即使上游沿岸漂沙完全被截断海岸线仍然可以保持不变。风暴潮侵袭时，静态岬湾海岸暂时遭受侵蚀，前滩的泥沙被侵蚀到近岸海域堆积成为潜沙洲。风暴过后绝大部分泥沙又恢复到岬湾海滩上，这种在风暴期间的海岸侵蚀是海滩自然循环的过程，也是岬湾海岸保持稳定的天然机制。然而，平直的海岸因泥沙被沿岸流带走，而呈现永久的侵蚀。

在自然环境中，静态平衡的岬湾，其平面布置是天然的岬头、礁岩与弯曲沙岸的组合。以天然突堤或离岸岛屿的岬头形成的稳定湾岸，在世界各地的实例不可胜数。

利用适当的人工突堤或离岸堤配合沙岸的布置，有效地将原本单纯只为防御用的海岸保护结构物，转型为人工岬头，使其同时身兼保护及创造海岸的双重任务。

静态岬湾是稳定的理想湾岸，在世界许多天然与人工的海岸都有它的存在。海岸变迁所包括的物理因素相当复杂，因此动态海岸的时空变化几乎不可能有理论来推导；虽偶有理论结构发表，亦仅限于漂沙公式的运算与简易边界条件的应用；若无可靠的数值方式与现场调查结果搭配，则理论推算的结果似乎不可能完整反映现场的实际情况。就海岸线的平面形状而言，海岸学者已先后就天然岬湾发表经验公式：如 Yasso 的对数螺线（log-spiral）方式；Hsu 和 Evans 与 Silvester 和 Hsu 的抛物线型湾岸（parabolic bay shape）方式及最近 Moreno 和 Kraus 的双曲线（hyperbolic tangent）方式。

在所有岬湾经验公式中，Hsu 和 Evans 的抛物线型湾岸经验公式因此采用上游岬头与波浪绕射的工程意义，最具工程价值。Hsu 和 Evans 的抛物线型湾岸经验公式，是以实验室模型试验结果及现场湾岸原形求得“静态平衡”（Static equilibrium）的岬湾海岸线。

2．静态平衡岬湾理论的应用

应用静态平衡湾岸公式，绘出预测的静态湾岸形状，再与现有海岸线相比较。

若预测静态平衡滩线在现有海岸线的陆侧，表示现有海岸线处于不平衡或不稳定状态；若预测静态平衡滩线位于现有海岸线的海侧，则海滩处于侵淤互现的趋势；若现有海岸线较接近海侧，则在漂沙减少的情况下，海滩遭受侵蚀的威胁，直到滩线后退到静态平衡滩线为止。

将静态岬湾观念应用于工程中，可利用结构物的配置设计，特别是岬头位置与波浪方向的关系，预测在有结构物的存在下，养滩的工程效果，有效保护海岸。

3．人工岬湾养滩实例

人工岬湾养滩方法是利用静态平衡岬湾的原理，通过突堤、丁坝、离岸堤等人造岬头和补给海滩泥沙，以建造一个稳定的岬间沙质海滩。静态平衡岬湾海滩在受到高能量的风暴潮波浪作用后，能借季风波浪恢复原有的平衡状态，同时，通过对岬湾的控制，能有效防止湾内泥沙流失，达到养滩的目标，理论上是可行的，同时可以尊重自然景观。国外养滩实践证明，该方法是目前最好的人工养滩法。在美国和欧洲已得到了广泛的应用。

在 1965 年重建摩洛哥的 Larvotto Bay 时，在 500 m 的直线海滩前，参考原有的坡度、粒径，放置了 80 000 m^3 建筑废弃物再处理的滩料。一年后，原本外形较尖锐的养滩粒料，借着自然的波浪作用及运移，已使滩料外形圆滑，且粒径也达到所预期的大小。

在日本的近自然海岸保护法演变过程中，曾倡导以潜堤配合人工养滩及缓坡海底的“面的保护”。日本运输省于 20 世纪 80 年代开始陆续在多处海岸推广整合型海岸保护系统 ISPS（integrated shore protection system）计划，同样也是整合离岸潜堤、人工养滩及缓坡海底三种基本措施，以达到抵御风暴潮的侵蚀，并可提供亲水游憩的海滩。

位于日本濑户内海的山口县屋代岛东边的海岸公园，其海岸设施包含突堤 2 座、潜堤 580 m、缓倾斜护岸 720 m 及养滩 1.0 公顷。

在 20 世纪 80 年代，西班牙政府在其地中海区最常用的海岸保护方法是离岸堤与突堤配合养滩，几乎所有的养滩海滨，都配合边界突堤以防泥沙流失，并于后滩以隔水浅配合，成为名副其实的亲水海岸。如 1988 年完成的花费 2.5 亿比塞塔的 pedregalejo 海岸，就是由荒郊小渔村成功转型为观光型城镇的例子。

“面的保护”比较理想的组合是人工潜堤与人工岬湾两种，目前国内还无实例，但在国外有很多案例。如日本本州西北部的新潟海岸，在离岸堤群间摆设了 5 座人工潜礁，长度 150～225 m、宽度 50～100 m、顶高−2 m、设置水深−5～−3 m，虽然其淤沙效果不如离岸堤，但对海岸景观的维护却是有帮助的。又如南非的开普敦港扩建前后，应用抛物线湾岸经验公式成功预测未来邻近海岸变迁。Weeskaul 用岬湾公式验证泰国的 Laem Chabang 及 Map Ta Put 两个大小不一的港，发现不论港口结构位于湾的上游或下游，都能影响平衡湾线的形成，认为岬湾控制是能缓解海岸侵蚀的好方法。

（二）人工养滩技术

利用疏浚或挖掘土沙，以泵、船、车辆等人为方式，并尽可能利用波浪、水流等自然力营造海滩，使海滩免受侵蚀的方法为人工养滩。一般来说，有充分的沙补给来源，人工养滩是最佳且应优先考虑的海滩恢复治理方式。

人工养滩的关键技术问题是海岸泥沙运动，主要是波浪动力作用下的海岸泥沙横向和纵向输移。由于泥沙运动问题本身的复杂性，以及海岸动力条件下的复杂性，对人工养滩的研究与应用主要还是经验的方法。目前在人工养滩的研究与应用中的主要技术难题是如何提高养滩的功效，特别是针对近岸补沙形式；另外陆地沙源的缺乏使得人工养滩工程大多利用深海取沙，如何有效地进行泥沙粒径的配比来产生最佳的养滩效果是需要研究的课题。这些疑难问题归根结底还是海岸泥沙运动的基本理论问题。

1．补给方案

人工养滩根据泥沙堆积在海岸剖面上的位置一般可以分为 4 种形式：

沙丘补沙：将所有补给泥沙堆积在平均高潮位以上；

滩肩补沙：将补给泥沙主要堆积在平均潮位以上形成宽阔的滩肩；

剖面补沙：将补给泥沙吹填在整个海滩剖面上；

近岸补沙：将补给泥沙抛置在平均低潮位以下形成人工沙坝，然后依靠自然波浪的作用将泥沙向岸滩输移。

相对而言，滩肩补沙是比较常见的类型，近岸补沙则是较具潜力的发展方向，也是目前人工养滩研究中备受关注的课题。

不同补沙形式的运用主要考虑泥沙来源、海滩特殊功能以及补沙施工时间的缓急需求等因素。如泥沙来源于陆地，则不能采用近岸补沙形式；反之，泥沙来源于深海区或疏浚弃土，则近岸补沙是较为经济的形式。在海滨旅游区往往需要宽阔的沙滩，补沙形式宜采用滩肩补沙或剖面补沙。如果需要尽快形成对海滩的防护，则应该采用剖面补沙或近岸补沙形式。

2．海滩剖面设计

决定海滩剖面的三个要素是海滩泥沙粒径、海滩坡度及滩肩高程。人工补沙的沙料中值粒径 D_{50} 约可取原来海滩上的 D_{50} 的 1.0 至 1.5 倍。除了粒径以外，沙料的组成对填沙的稳定性也是重要因素。一般在陆上沙丘或是海底表层取得的沙料，不但细而且分选好（级配差），它们易于流失。而在冲击河道或者海中浅滩上取得的常是较粗且级配好的沙料，则较稳定。

当人工补沙的沙料中值粒径 D_{50} 接近并稍大于原来海滩上的 D_{50} 时，作为设计剖面，在低水位以上的填沙坡度，可大致采用与天然岸坡相平行。当人工补沙沙料

的 D_{50} 与原来海滩上的 D_{50} 不同时，填沙坡度可参考相似条件下的海滩坡度与泥沙粒径的相关关系。当然，实际上这种相关关系还是想当分散的，当缺乏资料时，在中等的波浪动力条件下，对 D_{50} 为 0.2、0.3、0.4 mm 和 0.5 mm 的填沙，其坡度可大致采用为 1∶50、1∶25、1∶15 和 1∶10。这些坡度是综合了美国海滨防护手册、荷兰人工海滩补沙手册和德国有关海岸工程标准上的推荐值而确定的。在低水位以下的坡度可稍陡，以使填沙坡面与天然岸堤相交。以上的设计剖面可用来计算所需填沙的数量。实际施工剖面，特别是从陆上施工时，常填筑成较宽的水上平台和较陡的边坡，然后在波浪作用下将很快地使得边坡变缓、水上平台变窄，逐渐接近于设计剖面。

3．养滩规模

若进行人工补沙养滩的海岸段太短，由于被加宽的海滩相对突出于其邻近的海滩，将有可能造成局部波能集中和沿岸流速增加，而使这段海滩较易被冲刷。因此一般采用人工补沙养滩的海岸段不宜太短。根据国外实例，最短为 600～1 000 m。

第 26 届国际航运会议有关海滩补沙技术议题组的一条结论意见是：对于沙质海岸进行的海滩补沙，在需要时可与建造短而低的丁坝群或离岸防波堤相结合，并成为一种经济的方案，如果设计合理，最终可使海滩由侵蚀型变成堆积型。另一种更为简单而经济的措施，是在岸滩下部抛筑一个由块石或沙包构成的水下棱体，它可以减少海滩填沙在施工期间以及使用期的流失量。

在海滩补沙工程实施前后，通常应对海滩演变进行系统的测量，以积累资料，并不断完善日后的沙料补充方案。

人工养滩工程要考虑养滩数量与经费，要真正将养滩的功效完全发挥，必须在设计阶段确定能够保留大部分泥沙，因此，需要配合其他养滩方法，如离岸堤、人工岬头等，使养滩效果更佳。

4．国外养滩概况及实例

目前世界上广泛采用人工养滩手段的主要是美国和西欧诸国。美国自 1922 年就有人工养滩的记录，但在 20 世纪 50 年代以前一般采用建筑物的方法保护海岸和抵御飓风，以后逐渐转向应用人工养滩技术。欧洲最早在 20 世纪 50 年代德国开始实施人工养滩工程，随后该技术在西欧及南欧得以广泛推广，逐渐取代刚性建筑物成为最普遍采用的工程措施。目前德国、荷兰和丹麦已将人工养滩作为长期策略来防治海岸侵蚀，其中后两国更是将其纳入了法律体系。据统计，欧洲年平均补沙工程项目为 27.5 个，美国为 30 个；海滩补沙工程的规模可自几千立方米至几百万立方米。较大规模的海滩补沙通常是从水上进行填筑的，最经济的方法是绞吸式挖泥船进行水力吹填。一般要求海底取沙坑的距离不超过 10 km，海滩补沙若能与海港的港池、航道开挖相结合，则将更为经济合理。欧洲目前每年的补沙量达 2 800 万 m^3，与美国联邦政府项目的总量持平。

到目前为止，欧洲最大的养滩国家是西班牙和荷兰。两者最大的不同是，荷兰的沙被置于很少的几个相关地点，而西班牙沙被分配到许多小的区域。日本养滩工程开展较好，且出版了养滩手册。

【实例 1】 美国佛罗里达州迈阿密海滩

1970 年上半年海滩几乎无沙，养滩以后成美丽的人造海滩，1978 年利用海滩人数达 800 万，1983 年增至 2 100 万，经济收入增加 40 倍。其养滩方法主要是从滨外取沙，抛于平均低潮线上，形成长 16 km，宽 55 m 脊槽相间式的干海滩。至今 30 多年曾经历两次大飓风的考验，海滩稳定。取沙点为岸外 1.8～3.7 km 处，水深 12～18m；补沙成分，高碳酸盐沙，含大量贝壳和珊瑚碎屑。

【实例 2】 美国马里兰州海洋城补沙工程

补沙滩长 11 km，总共用沙 850 万 m^3；1988 年抛沙 350 万 m^3，造出新海滩，称海洋城；1990—1991 年抛沙 500 万 m^3，堆成沿岸沙丘，也补高了滩肩。补滩后经历过 1991 年，1992 年两次风暴浪的作用，运走少部分沙，监测范围内底沙稳定，直至今日。

【实例 3】 美国南卡罗来纳州狩猎岛补滩

美国南卡罗来纳州狩猎岛补滩障蔽岛海滩长 7 km，含潮流通道，潟湖与海通连，100 年来海滩一直侵蚀后退。

1968、1971、1975、1980 年四次补沙：在 6 400 m 长的海滩上抛沙 270 万 m^3，其中 1968 年抛 65 万 m^3，每年抛沙每年侵蚀，只是有所减缓。其补沙过程中并建立了完善的监测系统，1980 年后沿滩共建 450 个观测站（剖面），检测内容为地形和粒度，发现粒度不断变粗（粗化），平均粒径从开始的 0.15 mm 至现在的 0.23 mm。1991 年 2—3 月实行第 5 次补沙共 58 万 m^3，平均粒径 0.18～0.23 mm，监测范围从海滩至地滨面。

【实例 4】 美国佛罗里达州养滩

1994 年 5—8 月，在 Stuart 海滩养滩长度 5.15 km，宽度 80 m，补沙 200 万 m^3，单位补沙率 485 m^3/m，补沙粒径 0.19 mm。1995 年 12 月—1996 年 4 月，养滩长度 6.6 km，宽度 30 m，补沙 102 万 m^3，单位补沙率 155 m^3/m，补沙粒径 0.27～0.38 mm。

2004 年 2—5 月在 Central Boca Raton 养滩长度 2.5 km，宽度 35 km，补沙 58 万 m^3，单位补沙率 236 m^3/m，补沙粒径 0.19 mm。

1990 年 12 月—1991 年 4 月在 Fisher 岛养滩长度 628 m，补沙 2.0 万 m^3，单位补沙率 12 m^3/m，补沙粒径 0.21～0.24 mm。

5．国内养滩工程概况

国内对养滩研究较少，沿海旅游城市因滨海浴场沙滩退化，均采取补沙的方法，如青岛、大连、厦门、北戴河等几乎每年都有海滩补沙，但规模很小，没有成为真正意义上的养滩工程。由于国内养滩工程处于无规划、无设计、无保护自发性的状态，所以，工程效果较差。

北戴河省政府管理处浴场养滩工程采用的人工岬湾保护系统，成为国内为数不多的成功例子。

（三）植被修复

海滩生态系统的恢复不仅需要通过海滩养护沉积物的回填，同时还需要对海滩植被进行恢复来实现。

1．繁殖体来源

有证据表明海滩植物的种子能被海水远距离传播，重要的是种子或无性繁殖体的片段（vegetative fragments）能够从附近未受到干扰的地区迁移到被恢复的海滩。在美国的 Sizewell 海滩，滨海植物能够很容易地由本地的种子繁殖，鹅卵石沙滩上的可发芽种子库非常小，这在很大程度上是由于种子自身的休眠引起而不是缺少繁殖体所致。附近的区域能够提供适宜繁殖体的能力是由一些场所自身的特性因素决定的，如适宜的植被、盛行风向和潮流。

2．打破种子休眠

许多海滩植物种子普遍具有先天性和继发性休眠特征，这是阻碍植被恢复的一个重要因素。以此，进行海滩植被的恢复要对种子发芽和解除种子休眠的方法有所了解。有些物种不适于直接播种，需要对种子在适当的条件下进行培养或是进行无性繁殖。一些物种如海洋旋花类的植物和海豌豆类植物，种子外皮需要人为刻伤和软化，然后进行人工培养后种植。

3．适宜的颗粒大小

Scott 描述了细颗粒组分与植被分布之间的关系，并认识到这个因素在控制英国鹅卵石海滩上植被分布的重要性。实验表明，在英国的 Sizewell 鹅卵石海滩上，基底组成是种子发芽、幼苗的成活、容器种植植物（container-grown plants）生长及繁殖力的主要决定因素。在非常粗糙的基底上，种子被埋得太深以至于不能成功地生长出来。而且，基底保持水分和营养成分的能力较差，幼苗和成年植物的成活率都非常低。相对于鹅卵石海滩，沙质海滩的颗粒大小对植被建立的重要性要小得多。

在鹅卵石海滩上适当的颗粒物大小对植被的生长非常重要。实际上，海滩只含有 10%～20%的细颗粒物（颗粒直径小于 2 mm）就能大大地促进发芽、幼苗成活和植被的建立。

4．植被的结构和组成

滨海植被能够促进沙子和有机物质在海滩上的沉积，因而经常作为先锋沙丘植被来恢复。然而，有些一年生滨海植物，如 *Cakile maritime* 和猪毛菜（*Salsola kali*）容易被海水散播，并在一个季节内自然迁移。在美国加利福尼亚的西班牙湾海滩植被的恢复中，*Cakile maritima* 虽然是外来种，但是却用作最初的先锋种，因为它可以迅速成活并能固定沙子却不具有入侵性和竞争性。

多年生沙丘草在海滩恢复中被广泛利用，因为它们容易繁殖、收获、运输、储藏和种植。使用沙丘草的无性繁殖后代建立先锋沙丘的技术被广泛报道。如果进行养护的海滩沙源有限，就要使用沙栅和矮灌木丛覆盖的方法来截留沙子以建立先锋沙丘植物群落。

第四节　海岸沙丘生态系统的恢复

一、海岸沙丘生态系统概况

海岸沙丘是由风和风沙流对海岸地表松散物质的吹蚀、搬运和堆积形成的地貌形态。海岸沙丘和内陆沙漠虽同属风成环境，但海岸沙丘形成于陆、海、气三大系统交互作用的特殊地带，与内陆沙漠相比在风沙的运动特征上既有一定的相似性又有一定的特殊性。

海岸沙丘主要形成在沉积作用大于侵蚀作用的地方。海岸沙丘的形成条件包括沙源、风力、湿度、植被、海岸宽度与类型等，但各地海岸沙丘形成条件的差异较大。充沛的沙源、强劲的向岸风是海岸沙丘发育的两个重要条件。

海岸沙丘的沙源主要是河流沙质沉积物、海岸侵蚀物和海底沙质沉积物，海滩沙是海岸风沙的直接沙源。当沙子被冲刷到海岸上以后，它的运动会受到沙丘高度、海滩倾斜度、海滩宽度、海岸线的方向以及当地地形地势的影响。

沙源供应的速率和规模对海岸沙丘的形成影响较大，沙源丰富时多形成前丘且增长速度快；沙源供应中等水平时则会形成风蚀坑、沙席（一个比较宽广平坦的或微波状起伏的风沙堆积区，其风成沙厚度较小，且自海向陆逐渐变薄，沙体无层理或具微平行层理）和迎风坡与背风坡极不对称的前丘等；而沙源不足时主要形成小型影子沙丘和沙席等。

海岸沙丘沙粒的起动速度明显地受沙粒特征（沙粒粒径、分选性、形态、重矿物含量、贝壳含量等）、颗粒的黏结力（沙粒水分含量、黏粒含量、地表盐结皮等）、海滩或地表坡度、植被条件、向岸风与岸线夹角等诸多因素的影响。此外，沙粒的水分含量也是至关重要的。

沙丘上的植被在沙丘的形成和保持沙丘稳定中起了很重要的作用。沙丘草能够把沙子聚集在自己的叶子周围，另外它还能够穿透不断增厚的沙层生长，这些都能影响沙丘的形成。沙丘草可减少风对沙丘的侵蚀，同时可增加沙丘背风面的增长。总之，沙丘先快速向上增长，当达到 5～10 m 时，增长速度减慢。沙丘的高度因沙子来源、天气及其所处地形不同而不同。

大风、沙子的运动（沙子的增长和侵蚀）、高蒸发作用、盐度与效用有限的大量营养元素都能影响沙丘的生态过程。而沙子的运动被看做是影响沙丘上植被分布的最重要因素。

海洋的盐分（主要是氯化钠）限制植物在海岸沙丘上的分布。沙丘能快速排水，所以海水在沙丘上的长期泛滥很少见。沙丘一般是偶尔暴露在盐分中，而不是持续很长一段时间。只有那些最耐盐的植物才能够生长在海岸和前丘上。盐分飞沫是植物在海岸沙丘上生长的一个限制性因素。能够忍受盐分飞沫的沙丘植物在进化过程中，其上表皮形成了一种具有保护作用的蜡膜。海岸沙丘中较低含量的氮和磷元素也限制植物生长。

营养物质输入到海岸沙丘生态系统中主要取决于大气沉淀作用的速度、土壤中的固氮微生物以及共生固氮植物种通过海水和有机碎片的输入。氮损失的途径有反硝化作用、（过滤）流失以及垃圾排放。磷也是沙丘生态系统的限制性营养物质，尤其是在低 pH 值的地方。沙丘不仅含营养物质少，对营养的保持也很差。

沙丘上的植物幼苗对沙子增长的敏感反应表现在生物量上。例如，薰衣草的幼苗以及沙茅草对被沙埋所做出的反应是将生物量分配给芽（减少根部所占的质量比例）以及叶（更长的叶子）的生长。沙丘上的植物不仅对沙子的增长表现出各种形态上的适应，还会有不同的生理学上的反应。例如，美洲沙滩草和沙芦苇在从沙埋中暴露出之后，其光合作用吸收二氧化碳的速度加快。

二、海岸沙丘生态系统的功能

海岸沙丘对风和海浪的影响起到缓冲的作用，对海岸防卫非常有价值，能够在沙子淹没附近田地之前固沙并且为海滩提供沙源。沙丘被看做是有重要遗产价值的自然生境，具有丰富的物种和种群，这种生物多样性使得海岸沙丘具有较强的抵御自然和人为干扰的能力，并形成具有独特娱乐价值的景观。

沙丘生态系统内的各种地形支持高度的生物多样性（包括在地面筑巢的鸟类），且海岸沙丘中有大量的特产植物。

三、海岸沙丘生态系统受损的原因

沙丘是脆弱的生态系统，很容易退化、毁坏。涨潮、飓风和暴风雨等自然干扰都可以造成它的退化，飓风甚至可以缩小海岸沙丘的面积。沙丘往往需要 5～10 年的时间才能从猛烈的干扰中恢复。海岸植物的分布状态也和自然干扰有关。除了自然干扰，海平面上升也威胁沙丘生态系统。

人类活动，如燃烧、森林砍伐、耕作、过度放牧以及无节制的开发和休闲等活动都会造成沙丘植物活力下降，从而对整个生态系统构成威胁。海岸沙丘一般是开放生境，因而容易受到外来种的入侵，外来种能够改变沙丘的功能甚至组成。

（一）地球气候变化的影响

化石燃料的燃烧导致大气中二氧化碳浓度稳定上升，从而改变全球气候。未来海岸生态系统面对的最大的威胁是海水的热膨胀、冰川和极地冰的融化水造成的海平面上升。海平面上升引起地下水位变化，同时全球气候变化将引起降水模式的变化，这些都会影响沙丘植被。

（二）人类开发活动

人类在海岸沙丘附近的各种开发活动，如建公路、铁路、停车场、修建大型建筑物和住房以及穿过沙丘的地下管路等都会对其产生影响。人类娱乐活动的主要影响是人类对植被的直接践踏，引起沙丘侵蚀，还有对动物区系的影响，尤其是在繁殖期对鸟类的干扰以及对土壤和地表水的污染。

（三）过度放牧

沙丘植被对放牧牲畜及牲畜的践踏非常敏感。过度放牧使得植物扎根的深度降低，使海岸沙丘的某些物种消失，导致沙丘侵蚀，这些能引起沙子漂流，这在一定程度上已经威胁到附近的生物群落。沙丘植被受损则会引起整个沙丘生态系统的侵蚀和退化。

（四）生物入侵

海岸沙丘属开放生境，频繁地受干扰且易受外来植物种的入侵。外来种通过改变地下水层、增加土壤中营养物质或战胜本地植物，从而改变生态系统、改变沙丘的植被组成甚至生物多样性。受干扰的海岸地区比未受干扰的地区更易被外来种入侵。

四、海岸沙丘生态系统恢复的技术和方法

固沙是沙丘生态系统恢复的首要步骤，只有使沙丘固定之后，才能进行植物的重建和恢复。否则，植物会被沙丘沙掩埋而导致死亡，使沙丘恢复失败。固沙有非生物固沙和生物固沙两种，生物固沙需要和生物恢复计划结合进行。

（一）非生物固沙

可通过是用泥土移动装置，或建造固定沙子的沙丘栅栏来实现沙丘重建。是用沙丘栅栏比用泥土移动设备更经济，尤其是在比较遥远的地区。但是利用沙丘建筑栅栏形成沙丘的速度还取决于从沙滩吹来的沙子的数量。栅栏的材料应当是经济

的、一次性的和能进行生物降解的，因为栅栏会被沙子掩盖。是用一种适宜的、50%有孔的材料制造栅栏能促进沙子的积累，这样的栅栏在三个月内可以积累 3 cm 高的沙子。

化学泥土固定器被用于恢复场所来暂时固定表面沙子，减少蒸发，并且降低沙子中的极端温度波动。通常在种子和无性繁殖体被移植之后使用。泥土固定器包括有浆粉、水泥、沥青、油、橡胶、人造乳胶、树脂、塑料等。但是用泥土固定器的缺点有它可能引起污染或对环境有害，且花费高，施用困难，下雨时流失物增加，有破裂的趋向以及在大风天气易飞起，可溶解有害的化学物质。

覆盖物可用来暂时固定沙丘表面。可使其表面保持湿润，且分解时增加土壤的有机物含量。可利用的覆盖物有碎麦秆、泥炭、表层土、木浆、树叶。覆盖物尤其适用于大面积恢复，因为可以用机械铺垫。

（二）生物固沙

在进行沙丘恢复之前需要了解沙丘土壤的性质，因为它们决定植被类型。对被挖掘的沙子进行海滩供给是长期维持受侵蚀海岸的一种方法。通过海滩供给而增加的沙子需要在恢复进行之前处置。对沙丘土壤的处置包括脱盐作用、添加化学物质以改变酸度以及添加营养物质。

沙丘恢复使用本土物种，避免外来种。外来种由于在本土生境中通过缺少捕食者和病原体来限制其生长，会改变本地生态系统功能、阻碍本地种的生长。对恢复场点的长期管理包括控制和根除外来种。

使用快速生长的植物来固定沙丘是合理的，但是这也会引起对本地植物种的竞争或促进本地种的建立。这就需要工作人员对用于恢复的本地植物要有深入的了解，比如种子的形成、发芽、幼苗的生长以及成熟体的相关问题等。

根据原生生境进行的恢复需要进行长时期的管理，这包括：通过合理使用肥料保持沙丘草的旺盛生长，控制外来种入侵，引入有益物种以维持演替，在海岸沙丘的恢复过程中要不断地引入物种。引入物种要注意对引进种的控制，例如，沙棘（*Hippophae rhamnoides*）的生长可以通过土壤线虫（*sand wireworm*）来控制。将线虫引入到沙棘的根围（指围绕植物根系的在土壤中的一个区域）中就能控制其种群。建立固沙植物只是第一步，此后还要移植其他物种固定沙子。

进行海岸沙丘生态恢复时通常需要考虑如下因素：沙子的可用性（场点是否有足够的沙子，或是否需要运输），所需沙子的类型，原来沙丘系统的位置和形状，前沙丘（fore dones）的位置，残余沙丘的性质，可用资金。同时，在恢复之前评价各种沙丘植物种对肥料的吸收很重要。肥料的类型取决于物种，添加氮肥对沙丘草很重要，添加磷肥的反应则有所不同。施肥的时间选择很重要，一般与无性繁殖体的移植或种子的播种同时进行或紧随其后进行，从而实现高的成活率和植物的繁茂生长。因为沙丘保持营养的能力很差，快速释放的肥料会很快流失。而慢速释放的肥料具有在一段时间内逐渐释放的优点。但是它通常没有普通的快速释放的配方经济。过度施肥会导致生物多样性下降，促进外来种的建立，还会使草生物量的生产率增加。因此在对沙丘的长期管理中，应该考虑到肥料对物种间相互作用以及演替过程的影响。

（三）使用繁殖体

应在实施恢复之前确定使用繁殖体（种子或者无性繁殖的后代）的优势和适宜性。

1．使用种子

因为沙丘植物生产的种子很少，并且群落也总是通过无性繁殖得以保持，所以种子的实用性经常成为一个限制因素。沙丘植物种子产量主要是由于花粉亲和性差、胚胎夭折以及低密度的花穗，施肥可增加花穗密度。

收集种子可用手或特殊的收割机器。后者会给沙丘带来有害的影响。用手收集种子对沙丘影响较小，是收集小群落种子的理想方法。种子被存放之前应进行干燥、脱粒和清洁。恢复过程中保持种类遗传多样性非常重要，应尽可能使用适应当地沙丘的物种的种子。一般最好选在种子的休眠期进行播种。可以使用种植机器进行播种，但是在陡峭的山岗上或是较小的恢复场点手工播种更好。

大面积恢复时使用本地沙丘植物的种子很有效，尤其是在能够机械播种且沙子的增长不是很快的地方。但是当种子的发芽不稳定或幼苗生长很慢时使用种子是不利的。被沙子埋没是危害沙丘上植物的一个主要因素，因此应紧贴沙子表层播种，这样种子发芽后，幼苗能够从沙子中冒出来。种植的最佳位置应使种子能很容易吸收水分，并能感觉到日气温变化。沙丘草的种类不同，植物体的潜能不太一样。机械播种可用普通的种子钻孔来实现，通常播种在春天或秋天完成，在播种完成之后要用履带式拖拉机使恢复场点加固。

快速发芽对恢复很有益。沙丘草的种子通常表现出休眠状态。对种子进行一段时间低温预处理能够减轻种子休眠。促进休眠种子发芽的其他方法涉及对种子进行激素处理等。

法国海岸沙丘的恢复中人们就采用加斯科尼（Cascony）当地海岸松（*Pinus pinaster*）进行固沙造林，在大片海岸沙丘上结合枝条沙障（在近海岸流沙严重地段，竖起低级立式栅栏“沙障”以阻止沙丘前移，沙障完全按背风向落沙坡形状设计）进行直播造林[按 20～30 km/hm^2 播海岸松种子，混播金雀花、荆豆（*Ulex europaeus*）等灌木种子]。在先锋海岸松林的保护下，林下阔叶树得以良好发育，如南阿基斯坦的欧洲栓皮栎（*Quercus suber*）、北阿基斯坦和布列塔尼（Brittany）的圣栎（*Quercusilex*）以及随处可见的普通橡树。

2. 使用无性繁殖后代

在欧洲，人们很早就尝试过在海岸沙丘种植沙丘植物的无性繁殖体用来固定沙丘，这种方法在苏格兰可以追溯到14世纪或15世纪。

无性繁殖后代衍生自根茎的最小片段，它可以长成一个新个体。使用无性繁殖后代的优势除了它的实用性还有它们能够被用在沙子迅速增长以及可能发生泛滥的场点，尤其是在前沙丘上。沙丘草的无性繁殖后代可以从附近的沙丘上用机械或手挖掘。无性繁殖后代的供应场点应当尽可能邻近恢复场点以减小运输费用，同时要对整个场点进行施肥以保证无性繁殖后代能够重新生长出来。挖出来的无性繁殖后代可以被直接移植到恢复场点或是在移植前先在苗圃生长 1～2 年。收集无性繁殖后代存在的问题包括：①春季在最需要播种材料时缺少可利用的播种材料；②播种材料来源质量不可靠；③对来源沙丘的破坏；④移植一个或两个物种并不会对沙丘上的所有地点都适宜。

一个能生育的无性繁殖个体至少要包括叶子，并连有15～30 cm的根茎。移植时要注意不要破坏无性繁殖个体的叶子。运输过程中要将其保存在潮湿沙子中。恢复场点要事先机械挖好深23～30 cm的沟渠。播种完成后，沟渠应填满沙子。

本章小结

海洋和海岸带的生态恢复，是为了较少资源破坏和避免生态进一步恶化、利用生物和工程技术对已受到破坏和退化的海洋和海岸带进行生态恢复措施的总称。由于海洋和海岸带生态恢复的综合性、复杂性以及有效干预难于实现等原因，海洋和海岸带生态系统的恢复落后于淡水和陆地生态系统。近些年来，大量工作在沿海地区开展起来，主要集中于一些提供动植物特定生存环境的生物区如珊瑚礁、海草床、海岸沙丘、红树林和盐沼，而其他生物区开展较少。

珊瑚礁生态系统恢复方法包括消极法和积极法。消极法即首先减缓影响，然后进行自然恢复。积极的恢复只限于小范围的研究，包括珊瑚移植、受损种的恢复以及移走捕食者等。全球珊瑚礁生态系统的衰退以及珊瑚礁自然恢复需要很长时间，目前几乎没有一个恢复达到根据结构和功能恢复得最终成效来严格评价的程度。人工方法主要在小的空间范围内实施，因而人们很难知道如何将这些研究应用到大尺度的类似于森林改造的恢复计划中去。没有指导方针告诉研究人员在特定情况下哪种恢复方法最好以及当珊瑚礁被破坏到什么程度会实施是必要的。因此关于珊瑚礁恢复的设计仍然是研究的前沿。同时，由于珊瑚人工恢复主要的限制问题是费用问题，不同技术方法费用不同，所以对珊瑚礁恢复方法广泛实施的最大限制就是那些珊瑚礁退化严重、需要恢复的大面积的国家往往负担不起恢复计划所需的费用。

红树林生态系统红树林面临的主要威胁包括土地利用模式的改变、水污染、大气污染、噪声污染、人类活动干扰等。根据生态系统管理的原理，最重要的是进行分类经营，多元性管理和利用。即对健康的红树林生态系统在保护的同时进行合理利用，主要是旅游开发利用；对退化的红树林实行封围，利用自然演替进行自然恢复；对需要恢复的滩涂，在关键地段进行人工恢复，最终实现红树林生态系统的可持续发展。

海滩生态系统的恢复要求通过补充营养恢复合适的海滩冲击物，或在其受到损害后恢复原有轮廓，而后就是海滩植被的恢复。填充到海滩中的营养物要和海滩本来的材料相匹配，尤其是颗粒物的粒径分布。采用精心设计的造型来建立稳定的海滩轮廓和避免底土层收缩也是很重要的。

海岸沙丘生态系统对海水和海岸防护具有非常重要的价值。同时在海岸的这段相对狭窄的带上具有非常高的生物多样性。然而，由于海平面上升以及海岸娱乐活动对它的影响，海岸沙丘生态系统面临严峻的威胁。恢复手段是对海岸沙丘生态系统保护策略的重要组成部分。恢复措施包括固沙和植物的重建与恢复两步，固沙包括生物固沙和非生物固沙。

复习思考题

1．试述珊瑚礁生态系统破坏的原因及生态恢复措施。
2．试述红树林生态系统破坏的原因及生态恢复措施。
3．试述海滩生态系统退化的原因及生态恢复技术。
4．简述海岸沙丘生态系统恢复的技术和方法。

第七章　河流与湖泊生态恢复

【学习指南】本章内容主要包括人类对河流与湖泊生态系统的影响以及河流与湖泊的恢复与修复工程技术。重点是河流与湖泊的恢复与修复技术。通过本章的学习了解人类对淡水水生生态系统的影响，掌握生态修复与恢复的相关理论与技术。

第一节　人类的影响与生态恢复的目标与内容

一、人类对河流与湖泊生态系统的影响

河流、湖泊等淡水生态系统在连接陆地与海洋上的物质与能量循环上起着非常重要的作用，淡水资源是人类生存的基本要素，内陆水体不仅是人类生活与生产用水的主要来源，而且在渔业、航运、水利灌溉、发电、旅游和净化污染物质等方面给人类带来诸多利益。

当前，随着人口的增长和消费的增加，全世界的水域生态系统正在受到严重的改变和损害，这种变化和破坏的程度远远大于历史上的任何时期。而且损害的速率远远大于其自身的及人工的修复速率。而水域生态系统与水生环境的破坏必然会导致水生资源的消耗。

大坝、闸等水利工程造成了对河流和湖泊的人为分割以及径流模式的改变，损害了河流廊道的物质、能量、物种输移通道的能力。现代农业生产在挤占漫滩地、围湖造田的同时，还由于大量使用化肥、农药造成了难以解决的非点源污染问题。城市化进程由于地面不透水层数量的增加显著地改变了城市地区的径流特性，还造成了城市河流、湖泊生态价值的严重损失；这些活动都直接或间接地改变或损害了河流、湖泊生态系统的结构、功能。

（一）对内陆水体、湖泊的影响

我国是一个多湖泊的国家，面积 1 km^2 以上的天然湖泊有 2 800 余个，总面积约为 75 600 km^2，其中大部分为浅水型湖泊（刘建康，1990 年）。我国江河众多，

流域面积在 100 km^2 以上的河流有 5 万多条，1 000 km^2 以上的河流有 1 500 多条，内陆水体淡水资源总储量约为 2 800 km^3，居世界第 6 位，但是人均占有水量仅 2 400 m^3，相当于世界人均占有量的 1/4，居世界第 109 位。中国已被联合国列入全世界人均水资源 13 个贫水国家之一。由于人口的增长及工农业生产的迅速发展，水的供需矛盾越来越突出。水源地与流域上游森林的过度砍伐、植被的破坏造成大量的水土流失及盲目围湖造田违背生态基本原则的行为给淡水资源带来严重破坏。人们日益增长的物质生活需要和大规模的生产活动所产生的大量工业废水和生活污水直接排入江河湖泊和海洋，污染了自然水体，更加重了水的危机。内陆的水域生态系统受损程度越来越严重，而且呈加重趋势。

废水排放量逐年增加，江河污染严重。据有关部门统计，在 1979 年，全国每天排放的工业与生活废水、污水为 7.21×10^7～7.78×10^7 t，其中工业废水占 81.2%。长江流域排放的废水量最大，每天排放 3×10^7～4×10^7 t，占全国排放量的 40%以上。据《2006 年中国水资源公报》2006 年全国污水排放总量 731 亿 t，其中工业污水占 2/3，第三产业和城镇居民生活污水占 1/3。2006 年对约 14 万 km 河流水质进行评价，Ⅰ类水河长占 3.5%，Ⅱ类水河长占 27.3%，Ⅲ类水河长占 27.5%，Ⅳ类水河长占 13.4%，Ⅴ类水河长占 6.5%，劣Ⅴ类水河长占 21.8%。与 2005 年比较，全国水质总体状况变化不大。各水资源一级区中，西南诸河、西北诸河、珠江、长江和东南诸河 5 个区水质较好，符合和优于Ⅲ类水的河长占 65%～93%；黄河、辽河、淮河、松花江和海河 5 个区水质较差，符合和优于Ⅲ类水的河长占 30%～42%。

（二）湖泊富营养化问题突出

大量含有各种有机物质的废水进入湖泊水体造成了湖泊的富营养化问题，致使湖泊水体内营养物质大量增加引起藻类暴发性增长形成水华。

在《2006 年中国水资源公报》对 43 个湖泊的水质进行评价，水质符合和优于Ⅲ类水的面积占 49.7%，Ⅳ类和Ⅴ类水的面积共占 15.3%，劣Ⅴ类水的面积占 35.0%。对 43 个湖泊的营养状态进行评价，云南的泸沽湖为贫营养，17 个湖泊处于中营养状态，25 个处于富营养状态。国家重点治理的“三湖”情况如下：水质状况较 2005 年有所下降。若总磷、总氮参加水质评价，湖体水质均劣于Ⅲ类，Ⅳ类、Ⅴ类、劣Ⅴ类水面积分别占评价面积的 7.4%、11.4%和 81.2%。若总磷、总氮不参加水质评价，则Ⅲ类水面积占 67.5%，Ⅳ类水面积占 15.5%，Ⅴ类水面积占 5.3%，劣Ⅴ类水面积占 11.7%。全湖整体处于富营养状态。滇池：耗氧有机物及总磷和总氮污染均十分严重。无论总磷、总氮是否参加评价，Ⅴ类水水面均占评价面积的 33.3%，劣Ⅴ类水水面占 63.7%。全湖处于富营养状态。巢湖：东半湖评价水面水质为Ⅳ类，西半湖评价水面水质为劣Ⅴ类，总体水质为劣Ⅴ类。全湖总体处于富营养状态。

在评价的 327 座水库中，水质优良（优于和符合Ⅲ类水）的水库有 260 座，占评价水库总数的 79.5%；水质未达到Ⅲ类水的水库有 67 座，占评价水库总数的 20.5%，其中水质为劣Ⅴ类水的水库有 11 座。主要超标项目为总磷、总氮、高锰酸盐指数、化学需氧量和氨氮。对 275 座水库的营养状态进行评价，2/3 的水库处于中营养状态，1/3 的水库处于富营养状态。

除水污染与富营养化问题外，我国湖泊环境正面临极度恶化局面，特别是农业生产发展和围湖造田及水土流失造成的河流淤塞。由于围湖造田加上洪水泛滥等因素，湖泊数量和面积急剧减少，许多湖泊已经消亡或正在消亡中，从 1950—1980 年的 30 年间，全国 1 km^2 以上的湖泊消失了 543 个，湖泊总面积减少了 10 000 km^2，超过我国五大淡水湖面积的总和。洞庭湖区面积缩小了 1 659 km^2，鄱阳湖缩小了 1 840 km^2，以素有千湖之省的湖北为例，20 世纪 50 年代的江汉湖群有湖泊 1 066 个，面积 8 300 km^2 以上，减少到现在的 326 个，湖泊水面缩小近 5 600 km^2。

（三）水域环境退化对生物的影响

退化的水生生态系统通常表现为生产力下降，水体的自净能力变弱，生物多样性明显下降，从而使生产力进一步下降，生态系统的自我修复能力被破坏和削弱。由于环境的改变，我国鱼类资源遭到极大威胁与破坏，近百种濒临灭绝。例如白鲟、中华鲟、胭脂鱼等种类已到灭绝边缘，长江中下游湖泊中，原生活有许多种野生鱼类，现在一般仅有二三十种，而且已经现出了小型化。在湖泊水域中，20 年来，洞庭湖水产资源日趋衰竭，据调查原有的 114 种鱼类，已经灭绝 8 种，另有 15 种已成稀有种类。过去每年的鱼产量可达 5 000 t，现降至不足 1 000 t。武汉东湖在 20 世纪 70 年代共有鱼类 67 种，由于富营养化加强及江湖通路隔绝等影响因素，鱼的种类下降到仅 38 种，湖北的洪湖，由于围湖造田及生态环境的恶化，水域生态系统已明显退化，导致生物多样性下降和鱼类资源小型化，20 世纪 50 年代有不少于 100 种鱼类，目前只剩下 31 种，天然鱼产量也由 20 世纪 50 年代的 10 000 t/a，下降到目前的 3 000～4 000 t/a。

二、河流与湖泊生态恢复的目标与内容

生态恢复是把已经退化的生态系统修复到与其原有系统功能与结构保持一致或近似一致的状态，因此对于水体的生态恢复与修复，从生态学的角度与技术运用需要考虑以下几点。

（一）现有湿地与湖泊生态系统的保存与保持

现有相对尚未遭到破坏的生态系统对于保存生物多样性至关重要。它可为受损生态系统的修复提供必要生物群和自然物质，由于生态系统的修复是一项补救措施，因此只有把对生态系统的保存与保护结合起来，才有可能使整个国家的水域环

境得到较大幅度改善。

（二）恢复生态完整性

生态恢复应该尽可能把已经退化的水生生态系统的生态完整性重新建立起来。生态完整性是指生态系统的状态，特别是其结构、组合和功能以及自然环境的自然状态。一个完整的生态系统应该是这样的自然系统：能适应外部的影响与变化，能自我调节和持续发展，其主要生态进程，如营养物质循环、迁移、水位、流态以及泥沙冲刷和沉积的动态变化等完全是在自然变化的范围内进行。因此，为使生态恢复与修复能加速实现，在水域及流域的范围内，采取有利于自然进程和自然特性的计划方案，随着时间的推移可以维持、保护原有的生态系统。

（三）恢复或修复原有的结构与功能

在水域生态系统中，结构与功能两者都与河岸走廊、湖泊、湿地、河口及水生生物资源关系密切。适度地重新建立原有结构，可有效地恢复其原有功能。比如，河道形态或其他自然特性发生一些不利的变化，这些不利变化又会带来诸如栖息地退化、流态变化、淤积等问题，在生态修复工程中常常会碰到河道变小渠化、湿地开沟、相邻生态系隔断、岸线调整等改变结构的情况。在这种情况下，恢复原有区域的结构形态与自然特征是生态修复工程中所涉及的改善水质、回迁原有生物群等其他方面取得成功的基础。修复湿地底部工程是重新建立水文区域、自然扰动周期和养分通量的关键，在生态修复工程中考虑社会与经济效益时，应优先考虑那些已不复存在或消耗了的生态功能。

（四）兼顾流域内的生态景观工程与修复

生态修复与生态工程应该有一个全流域的计划。而不能仅仅局限于水体退化严重部分的计划。通常局部的生态修复工程无法改变全流域的退化问题。比如新建都市与城市发展可能会增加径流量、侵蚀和河岸冲刷以及污染物荷载，考虑流域上下游的相关因素，应该制订出既有良好生态效益、又经得住相邻土地使用对径流和非点源影响的方案。在湿地生态修复工程选址时，应考虑如何才能使规划工程对流域产生进一步的相关影响，如何增强岸边动植物栖息地的连续性，减少洪涝，改善下游水质等，在流域水体的生态恢复工程中，其他因素也会对生态修复产生一些影响，如来自相邻流域的地面动植物的干扰，或是来自其他区域的浮游污染物沉降。

（五）生态恢复要制定明确、可行的适度目标

在生态恢复与修复过程中，如果没有一个合适的目标，生态修复工程很可能无法取得成功。因此在制订生态修复、恢复的规划与方案中，要对各种不同选择与技

术手段做出评价，从中选择出最为可行的工程目标。从生态学与效益角度来看，应是可能达到的、发挥区域自然潜能和公众支持的。从经济学角度看，对于技术问题、资金来源、社会效益等各种因素必须加以综合考虑。应对修复工程的每一个具体目标有一个明确的认识与分解，如果退化之前的水文区域不能重新建立的话，那么这个湿地的生态修复工程很可能无法取得成功。

（六）自然调整与生物工程技术相结合

水域生态的自然调整与恢复也是非常关键的一个环节，在对一个恢复区进行主动性改造之前，应首先确定采用被动修复的方法。例如减少或限制退化源的发生扩展并让其有时间修复。有些河道和河流采取被动修复可以重新建立起稳定的河道和洪泛区，使岸边植被再生，从而改善河中动植物生存条件。但要注意的是尽管被动修复依靠自然进程，但仍然需要对必要条件加以分析，看看自然进程及其时间要求是否与其相符。同时在生态恢复中，如何恢复本土物种，而避免非本土物种也是关键因素。众多生物入侵物种之所以能生存、竞争并战胜本土物种，是因为这些入侵物种是受困扰地区原有物种的克星。因此生态修复与恢复过程中应注意控制非本土物种的引入与入侵发生，否则一旦发生将逐渐损害修复工程的成果，并会进一步蔓延。

在生物恢复与生态修复中也可以采取生物工程措施，将有生命力的植物与残存植物或无机物质相结合，从而生成有活性的功能性系统，可以防止河道冲刷、泥沙沉积和污染物，为水生动物创造生存条件。也可利用一些特殊的生物工程技术用于雨水处理及湿地系统的建立、河岸植被再生等，使进入流域水体的自然净化能力加强并得到提高。

第二节　河流与湖泊的恢复与修复工程技术

我国不同地区无论是人口压力、生产规模与方式、经济和财政实力还是从自然环境类型、水域生态系统的特性等诸多方面都存在较大差异，因此水域生态系统的修复与恢复生态工程必须同当地的经济、社会条件相结合，必须同我国的国情相结合。如我国的湖泊水域多数为浅水型湖泊，气候相对温和，具有多种多样的生物资源和很高的生物生产力，如果仅从环境保护的观点出发而弃鱼保湖，这在当前既不现实，也不可能。北美和西欧国家许多湖泊为深水分层冷水性湖泊，其功能主要用于储水、垂钓、运动娱乐、很少涉及水产养殖，因此西方的对湖泊水域生态系统维护和修复把景观质量优劣作为恢复程度的主要评判指标。就污染而言，湖泊的治理与其他流水水体的治理有明显不同，在生态恢复过程中，湖泊的治理要比河流复杂得多。例如通常去除河流的污染物在很多情况下只需切断污染源即可，然后通过流水水体的稀释及其他的自净作用就可以达到修复的功效。而作为静水水体的湖泊，其自净能力与河流相比就弱得多，仅仅切断污染源是远远不够的，尤其是底泥中的毒物很难自行消除。

一、污染水体生态修复的工程技术

常见的污染水体治理措施有换水法、截污法、消淤法、曝气法和施用非毒性改良剂。通常污染水体的生态恢复技术需要通过水体生态系统中各种生态群落的综合作用而去除其中的污染物。该技术不需要大量投资，且生态恢复基地建立后，还可适用于其他类似污染体的治理。

（一）植物修复技术

植物修复技术是以植物（如水草、水生花卉等）忍耐和超量积累某种或某些化学物质的理论为基础，利用植物及其共生生物体系清除水体中的污染物的环境污染治理技术。

1．植物萃取技术

利用金属积累植物或超积累植物将水体中的金属萃取出来，富集并运输到植物可收割部分。

2．根际过滤技术

利用超积累植物或耐重金属植物从污水中吸收、沉淀和富集有毒金属。

3．植物固化技术

利用耐重金属植物或超积累植物降低重金属的活性，从而减少因重金属扩散而进一步污染环境的可能性。在具体的植物与技术运用上要注意针对不同污染状况的水体选用不同的生态型植物：以重金属污染为主的水体宜选用观赏型水生植物；以有机污染为主的水体可选用水生蔬菜；对混合型污染为主的水体常采用水葫芦、浮萍、紫背浮萍、睡莲、水葱、水花生、宽叶香蒲、菹草等植物。在运用植物修复技术时应注意用于清除重金属功能的植物器官往往会因腐蚀、落叶等原因使重金属等污染物重返水体，造成二次污染，因此必须定期收割并处理植物器官。另外，由于超积累重金属的植物通常植株短小，生物量低，不易于机械化作业，加上生长缓慢，生长周期长，因而修复效率不高。

（二）动物与微生物修复技术

水生动物群落的恢复是水体生态系统恢复的重要内容，同时亦是维持重建水生植物群落结构和功能稳定的重要机制。在通常情况下，污染水体中动物修复技术包括浮游动物、底栖动物和鱼类修复技术。利用微生物技术处理废水的研究与应用近年来发展异常迅速，成为目前最重要的废水处理方法。微生物在废水处理中除直接分解污染物（毒物）外，还对水体中其他有害生物的防治具有显著效果。利用微生物防治水体中有害物质的实践已获成功，目前建立综合型的水草—动物—微生物共生体清除污染，已成为广泛的共识。

1．采用 CBS 水体修复技术

CBS 是 Central Biological System（集中式生物系统）的简称，由美国 CBS 公司的科学家开发研制，并得到广泛成功应用，是一种高科技的生物修复水体的方法，是利用微生物生命过程中的代谢机理，将废水中的有机物分解为简单的无机物，从而去除有机污染物的过程。CBS 是由几十种具备各种功能的微生物组成的一个良性循环的微生物生态系统，主要包括了光合菌、乳酸菌、放线菌、酵母菌等构成了功能强大的“菌团”。CBS 的作用原理是利用其他含有的微生物唤醒或者激活河道中、污水中原本存在的可以自净的，但被抑制而不能发挥其功效的微生物。通过它们的迅速增加强有力地抑制有害微生物的生长和活动。使用 CBS 可以消除水域有机污染及水体富营养化，消除水体的恶臭与去黑。当 CBS 生物制品投入水体后，唤醒水体中原有益微生物，并使其大量繁殖，进而分解水中的有机污染物，促进氯的反硝化作用。加速磷的无害化，并沉淀水体中的重金属元素。水体水质的严重恶化除了富营养化之外，在通常情况下还与水体淤泥迅速和大量累积紧密相关。这种淤泥常常转化为水体污染的内源，CBS 系统利用向水体河道喷洒生物菌团使底泥脱水，让水和淤泥分离，然后再消灭有机污染物，达到硝化底泥、净化水资源的目的。

2．采用 EM 技术进行水体修复

EM 为高效复合微生物菌群的简称，是一种由酵母菌、放线菌、乳酸菌、光合菌等多种有益微生物经特殊方法培育而成的高效复合微生物菌群。EM 技术是日本琉球大学教授比嘉照夫先生于 20 世纪 80 年代初开发成功的一项微生物技术。EM 菌群是由 5 科 10 属 80 多种对人类有益的微生物复合培养而成的多功能微生物菌群。其物理性状为棕褐色液体，包含有光合细菌、醋酸杆酶、放线菌、乳酸菌和酵母菌 5 大类微生物。EM 菌群在其生长过程中能迅速分解污水中的有机物，同时依靠相互间共生增殖及协同作用，代谢出抗氧化物质，生成稳定而复杂的生态系统，抑制有害微生物的生长繁殖，激活水中具有净化水功能的原生动物、微生物及水生植物，通过这些生物的综合效应从而达到净化与修复水体的目的。据李捍东等人（2000）利用 EM 对污水处理及修复的报道，以水面投放 EM 菌液的方法，15 天后做第 2 次投放，第 2 次投放 7 天后用微量菌液沿污水口做流滴试验的结果表明，定时喷洒 EM 对 BOD_5 去除效果明显，所测得 BOD_5 的变化从 41.2 mg/L 降至 12 mg/L，去除率达 70.7%，经过 5 个月的运行对 COD_5 的去除达到 60%以上。EM 对造成水体富营养化的氮转化成亚硝酸或硝酸。EM 对磷的生物去除作用效果也不错，去除率可达 75%。从 EM 处理水塘后的各类指标来看，可以达到景观娱乐用水 C 类水质标准。水面清晰可见，并除去了以前水面疯长形成的绿油漆状的水华。用 EM 技术也可以对工业废水进行处理。所用的主体净化设备为三级沉淀池，为增强净化效果，在沉淀池出口处再加配一道 EM 生物膜。即选用多孔材料如木炭、竹炭、沸石等，使其在 2%～10%的 EM 稀释液中浸泡 2～4 天后，置于沉淀池出口处，以此使 EM 菌剂有长期滞留的“住处”，也即 EM 生物膜，污水一旦经过此“繁殖场”即会得到有效净化。技术方法，在废水进口处按废水流量的 1%（体积）投加 14%的 EM 稀释液（边流边加），废水流入一级沉淀池，池内装曝气管，再按废水量体积的 0.5%的 EM 稀释液，暖气管不断曝气使废水循环 24 h，在一级沉淀池出口处投加多孔吸附材料，以形成 EM 生物膜。经一级沉淀池处理后流入二级沉淀池，然后同样处理后进入三级沉淀池处理。经过 EM 的三级处理后的水质得以净化，达到了排放标准。可以有效解除水体富营养化及进行水体生态恢复。

二、富营养化湖泊的生态修复技术

由于湖泊水体受到人为的干扰，许多湖泊出现急剧退化的现象，如藻类大量增生、水生植被衰退或呈劣性化的发展趋势、生物多样性降低，水质迅速恶化，不能满足湖泊的生产与生活功能的要求。水生大型植物是浅水湖泊重要初级生产者之一，合理开发利用丰富的水生生物资源，不仅能产生经济效益，而且能实现生态系统的物质与能量输出，延缓湖泊沼泽化进程。目前，浅水湖泊具有水生大型植物占优势和浮游植物占优势的两种替代性的稳定状态，在我国一般称之为草型和藻型湖泊，一旦水体处于某种状态，就具有一系列的反馈机制，维持这种状态的存在。草食性鱼类的大量放养加速了水体富营养化进程中水生植被特别是沉水植被的衰退，使湖泊迅速由草型转变为藻型。因此人工恢复水生植被相当困难，涉及水体污染削减、湖泊及流域生态系统的整体优化等。

通过生物操纵，也有的称为食物网操纵、营养级联反应和下行影响也可以进行富营养化水体的修复与恢复工作，其方法是减少捕食浮游动物鱼类。增加植食性的大型浮游动物，特别是枝角类的密度和体积。由于大型枝角类动物的食谱较广，通过浮游动物的摄食以降低藻类生物量、改善水质。邱东茹（1996，1997）的文章与试验结果认为滤食性鱼类对大型蓝藻具有一定的控制作用；但是对东湖之类的富营养浅湖而言，水体富营养水平远远超过生物操纵作用的阈值。利用鱼类和大型浮游动物所进行的生物操纵，仅能起到治标的作用，这类反馈机制可抵消生物操纵的作用，而且在水体污染严重的条件下，不耐污的动物种类难以生存。针对具体的湖泊类型，修复措施可以分为两类：一类是环境技术，即用水处理技术消除进入湖泊水体中的 N、P 和有机污染物等，如截污分流和污水集中处理，主要用于控制点源污染；另一类为生态技术，即改善生态系统和周围的环境、减少不利的理化因素（N、P 和有机污染物等）和生物因素，如底泥疏浚，引清消污，集水区绿化、水生植被恢复、生物操纵等，其目的是控制面源污染和加快湖泊的恢复速度。

（一）恢复水生植被

控制营养物的生物措施包括扩大天然营养物汇点对营养物的滞留，削减营养物向营养生成带的再循环和内负荷，外源负荷的削减必须与湖泊内过程相吻合，即将营养物保持为初级生产者所不能利用的化学形态或滞留于湖内不能利用的位点。控制外源营养负荷，除利用和恢复水陆交错带的湿地和湖泊沿岸带的大型植物和微生物的作用，发展费用较低的半天然的人工湿地也是一种可行途径。对于水质明显恶化的水体沉水植被不易恢复，即使恢复也难以维持。因此我们必须通过根际系统的净化，控制面源污染，或是通过生物量的收获消除内负荷，美化环境。重建以沉水植物为主的水生植被对以武汉东湖为代表的长江中下游富营养化浅水湖泊的恢复至关重要。因此必须将工程措施与生态措施结合起来。在重建水生植被的早期，也必须根据湖泊水生植被自身的演替规律和水生植物的生理生态特征选择耐污性强的 *r*-选择型植物作为先锋种类，然后逐步对水生植被的结构加以优化。

（二）优化水产养殖结构，恢复生态系统平衡

一般说来，湖泊退化的表征有藻类过度增长、水生植被衰退、污染输入超过水体自净能力及净化能力下降、水质恶化、食物链丧失等。对于这些问题，必须采取相应的人为措施促进湖泊的恢复，防止水体的进一步污染，降低富营养化水平。大型枝角类及植食性鱼类虽然可以降低藻类现存量，提高水体透明度，但在长期尺度上不能根本解决问题，必须进行湖泊生态系统的整体优化，提高和恢复生物多样性，进而提高系统的稳定性。在湖泊富营养化的过程中，水生植物群落本身也发生演替变化，以适应不同的营养水平和水环境条件，邱东茹（1997）在对长江流域多个湖泊水生植被调查资料的基础上，结合在武汉东湖水生植被的生态恢复重建研究结果，提出了长江中下游浅水湖泊的富营养化过程中沉水植被演替模式，对水域生态系统的恢复重建具有指导意义。

在水体富营养水平高，透明度低，加上水华大量发生，草食性鱼类摄食等因素的作用下，沉水植物损失，湖泊进入浮游植物占优势的状态，我国称之为藻型湖泊，表现为湖水浑浊、生物多样性降低，湖泊的利用价值、美学价值和野生生物保护价值也随之下降。但并非每一个湖泊都符合这一模式顺序发展。由上述演替过程分析，对于长江流域富营养化浅水湖泊的生态恢复必须以沉水植物为主的水生植物重建为重点，将工程措施和生态调控措施结合起来。对外源与内源污染负荷的削减是有效的生态调控措施的前提。在重建水生植被的早期必须根据湖泊水生植被自身的演替规律和水生植物的生理生态特征，选择耐污性强的，选择型植物作为先锋种类，然后逐步对水生植被的结构加以优化。李文朝（1997）在太湖富营养化的五里湖中，利用大型无底围隔控制边界条件，以浮叶植物菱及漂浮植物凤眼莲与耐寒型沉水植

物伊乐藻等组建常绿型人工水生植被，不仅使实验区内常年保持较好的水质，而且对外来污染冲击有很强的缓冲能力。所选用的几种水生植物种群在生长期上密切衔接，在凤眼莲与伊乐藻的生长过渡期采取了空间分布上的镶嵌，保证了水生植被的连续性。由于选用的植物具有较高的生长率与水质保护功能，保证了所建常绿型水生植被有较强的环境生态功能及其周年连续性。此外，这些水生植物的废水净化功能还表现在对浮游藻类的竞争抑制以及对湖水中污染物的吸附净化和促进沉降等方面。

三、河流生态恢复的方法

不同河流在地貌单元、生态群落、退化历史与恢复目标等方面都有所不同。在具体的实践中，需要几种不同的方法或措施。

（一）非构造性方法

主要是与集水区或廊道管理有关的措施，其目的在于改变集水区的水文过程和冲积物转运过程以实现恢复河流生态系统。具体方法包括：有计划地闲置一些可自然恢复的河流与集水区，并实施有关的水管理政策，以减少对自然水循环与沉积物频繁变换的影响；制定和完善有关河漫滩或廊道管理的政策，以限制牲畜进入河道，即“半源性”技术，它包括河漫滩规划、托片技术和水生生境边际战略。美国密歇根州 Marquette 流域是专门闲置恢复方法的一个典型实例。20 世纪早期，随着木材工业的衰败，人类对河流的压力越来越小，这就使得河流开始慢慢恢复。到 1938 年为止 Marquette 国家森林在此流域的大部分地区发展起来，大大促进了该地区的进一步恢复。目前，为了限制商业发展和住宅发展对河流的影响，人们不仅重新将河流看做是一类自然景观，而且采取了许多联邦政策来管理和控制垂钓和划船等娱乐活动的发展。

（二）改善网络连通性

通过增加河漫滩洪水脉冲的持续性来改善河流测向的连通性，从而实现河流的生态效益。例如释放过剩河流流量、撤销小型鱼梁和障碍物或大型水坝等措施。此类方法往往倾向于河流的过程恢复，尽量减少对系统状态的改变。

（三）内溪流快速恢复措施

往往要设计一些小型结构来诱导相关过程的发生，主要目的是减缓河流日益沉淀趋势，并通过调节侵蚀与沉淀的地貌过程使河道更具异质性。本恢复方法的具体措施主要包括采用流量导向板与小型水坝、脊或者风向标，进行基地恢复与水潭—浅滩重建，建立自然或人工的覆盖物并设置为鱼巢，采用沉积阀门与退台式堤岸等。

此类方法对鱼类生产量和多样性产生的长期生态作用主要在于方案设计的局部影响以及土地利用和河道管理实践的综合作用。

（四）地貌重建

指在某一河段构建新的地貌。此类方法在小流量河流恢复中十分流行。主要原因在于这些小流量河流自然或快速恢复的速度远远小于地貌工程措施的恢复速度。为了不改变河流侵蚀与沉淀的固有特性，受干扰的集水区河道设计就需要采用河道地貌设计方法。

四、大型水利工程生态问题的防护

（一）三峡工程

1．工程简介

三峡工程全称为长江三峡水利枢纽工程。整个工程包括一座混凝重力式大坝，泄水闸，一座堤后式水电站，一座永久性通航船闸和一架升船机。三峡工程建筑由大坝、水电站厂房和通航建筑物三大部分组成。大坝坝顶总长 3 035 m，坝高 185 m，水电站左岸设 14 台，右岸 12 台，共表机 26 台，前排容量为 70 万 kW 的小轮发电机组，总装机容量为 1 820 kW·h，年发电量 847 亿 kW·h。通航建筑物位于左岸，永久通航建筑物为双线五包连续级船闸及早线一级垂直升船机。

三峡工程分三期，总工期 18 年。一期 5 年（1992—1997），主要工程除准备工程外，主要进行一期围堰填筑，导流明渠开挖。修筑混凝土纵向围堰，以及修建左岸临时船闸（120 m 高），并开始修建左岸永久船闸、升爬机及左岸部分石坝段的施工。二期工程 6 年（1998—2003），工程主要任务是修筑二期围堰，左岸大坝的电站设施建设及机组安装，同时继续进行并完成永久特级船闸，升船机的施工。三期工程 6 年（2003—2009），本期进行的右岸大坝和电站的施工，并继续完成全部机组安装。届时，三峡水库将是一座长处达 600 km，最宽处达 2 000 m，面积达 10 000 km^2，水面平静的峡谷型水库。

三峡工程建设的主要目标是防洪、发电和航运。

2．相关生态问题及防护措施

三峡工程的不利影响主要是：

（1）水库淹没耕地、移民和城镇迁建，会加剧本来就已十分突出的人地矛盾；

（2）建库前库区工业和生活废水年排放量已超 10 亿 t，沿江城镇的局部江段已形成了较严重的污染带，若不加强污染源治理，将加重局部水域污染；

（3）三峡工程将改变库区及长江中下游水生生态系统的结构和功能，一些珍稀、濒危物种的生存条件进一步恶化；

（4）对洄游性的自然繁殖可能会带来不利影响；

（5）三峡水库运行后，对长江中游平原湖区低洼农田土壤潜育化、沼泽化有一定影响；

（6）三峡建坝后，库区沿江部分文物古迹将被淹没，部分自然景观也会受到影响；

（7）三峡工程对局地地质灾害和人群健康等也有一定影响。

对于库区主要采取以下措施减少不利影响：

（1）国务院三峡工程建设委员会办公室会同国家环保局于 1995 年组建了三峡工程生态与环境监测系统，对三峡工程涉及的生态和环境问题进行全过程跟踪监测；

（2）在各县的移民安置规划中编制了移民环境保护行动计划；

（3）移民外迁，为减轻库区人地矛盾、保护生态环境起到了显著作用；

（4）破产关闭污染严重、技术落后的搬迁企业；

（5）加强水污染防治工作。按照《三峡库区及其上游水污染防治规划》，确保到 2010 年库区及其上游主要控制面水质基本达到国家地表水环境质量Ⅱ类标准；

（6）加强地质灾害防治工作；

（7）国家在政策和资金上倾斜库区水土综合治理，积极推进库区长江防护林和天然林资源保护、小流域水土治理、退耕还林还草等农业生态工程和生态建设综合治理的“青山绿水工程”；

（8）建立了 12 个陆生生物和水生生物自然保护区，实施了对荷叶铁线蕨、疏花水柏枝以及中华鲟、胭脂鱼等长江珍稀特有鱼类的保护工作，使库区一大批珍稀植物和珍稀动物得以保存；

（9）采用高新技术进行水土流失动态监测。三峡水土流失动态监测项目采用了“3S”（遥感系统、地理信息系统、全球定位系统）技术。

（二）南水北调

1．工程简介

南水北调工程是解决我国北方地区水资源严重短缺问题的重大战略举措，也是我国经济社会可持续发展的特大型基础设施。从 20 世纪 50 年代初提出“南水北调”的设想，历经半个世纪的前期工作，对东、中、西三条调水线路进行了广泛深入的研究论证，形成了与长江、淮河、黄河、海河贯通的“四横三纵”规划总体格局。利用黄河贯穿我国从西到东的天然优势，通过从长江调水以及对黄河水量的合理分配，实现我国水资源南北调配、东西互济的优化配置总体目标。

东线工程：利用江苏省已有的南水北调工程，逐步扩大调水规模并延长输水线路。东线工程从长江下游扬州抽引长江水，利用京杭大运河及与其平行的河道逐级提水北送，并连接起调蓄作用的洪泽湖、骆马湖、南四湖、东平湖。出东平湖后分两路输水：一路向北，在位山附近经隧洞穿过黄河；另一路向东，通过胶东地区输水干线经济南输水到烟台、威海。

中线工程：从加坝扩容后的丹江口水库陶岔渠首闸引水，沿唐白河流域西侧过长江流域与淮河流域的分水岭方城垭口后，经黄淮海平原西部边缘，在郑州以西孤柏嘴处穿过黄河，继续沿京广铁路西侧北上，可基本自流到北京、天津。

西线工程：在长江上游通天河、支流雅砻江和大渡河上游筑坝建库，开凿穿过长江与黄河的分水岭巴颜喀拉山的输水隧洞，调长江水入黄河上游。西线工程的供水目标主要是解决涉及青、甘、宁、内蒙古、陕、晋6省（自治区）黄河上中游地区和渭河关中平原的缺水问题。结合兴建黄河干流上的骨干水利枢纽工程，还可以向邻近黄河流域的甘肃河西走廊地区供水，必要时也可相机向黄河下游补水。

规划的东线、中线和西线到2050年调水总规模为448亿m^3，其中东线148亿m^3，中线130亿m^3，西线170亿m^3。

2．相关生态问题及防护措施

南水北调工程的实施将在一定程度上缓解北方水资源短缺问题，对华北、西北地区经济发展具有重要意义。但调水工程巨大，涉及社会、经济、环境和技术等多方面的问题。此外，调水会改变流域间水资源的自然地理分布，受水区、输水干渠沿线和水源区水文情势将发生变化，从而可能带来一系列的生态环境问题。

南水北调工程的生态问题主要是：

（1）西线实施对长江和黄河上游水生态环境产生重大影响，水库的形成会引起该地区气候的变化从而对其脆弱的生态系统产生影响；

（2）中线和东线向华北平原供水可能会造成土地盐碱化，输水沿线湖泊水文节律的改变也会影响其生态系统的结构和过程；

（3）这3条由南向北的输水线路会形成物种迁徙的廊道，地区间物种和基因的交流频率将会增加，威胁西北和华北地区的生态安全。

（4）污水跨区流动带来的相关生态问题

南水北调工程涉及的生态问题非常复杂，很多都在研究之中，比如① 长江和黄河上游的水环境及南水北调工程对水生态系统的影响；② 东线沿线湖泊水环境节律的改变及湖泊生态系统的响应；③ 汉江流域丹江口库区上游水环境时空变化及其下游水环境的变化；④ 华北地区地下水环境变化及对地表过程的影响；⑤ 长江、黄河和汉江上游典型生态系统类型对水资源和水环境调控机理研究；⑥ 人类活动所引起的土地利用和土地覆盖的变化对流域水资源环境的影响；⑦ 生态系统的恢复与重建与流域水资源保护；⑧ 流域尺度上空间数据集成与水资源保护关键区域的鉴定等。

东线，为确保输水干线水质达到地表水环境质量Ⅲ类标准和水资源的有效利用，国务院制定了“先节水后调水、先治污后通水、先环保后用水”的三先三后原则，启动实施了《南水北调东线工程治污规划》，保障东线第一期工程输水水质安全。在东线工程受水区、输水区及其相关水域内，将分别实施清水廊道工程、用水保障工程及水质改善工程。规划建设 369 项工程，其中城市污水处理 135 项、截污导流 33 项、工业结构调整 38 项、工业综合治理 150 项、流域综合整治 13 项。经治理后，黄河以南水质可以基本达到国家地表水环境质量Ⅱ类标准，黄河以北可以达到Ⅲ类水标准。

西线，针对目前西北地区退化生态系统的现状，并结合西线工程实施方案，在生态学理论和可持续性原则的指导下，考虑恢复过程中的优势种或关键种和优化群落模式的构建，同时开展生态适区人工生态系统最大可持续生产力模式组建技术，提出调控机理及对策和典型地区退化生态系统恢复与重建的途径，同时探讨不同耕作制度与水土保持之间的关系，寻找优化的土地耕作方式。

本章小结

由于工农业生产的发展和人口增加，造成水质恶化，湖泊富营养化问题突出，可以利用生态恢复技术把已经退化的生态系统修复到与其原有系统功能与结构保持一致或近似一致的状态。污染水体生态修复的工程技术主要有：植物修复技术和动物与微生物修复技术；对于富营养化水体可以通过恢复水生植被、优化水产养殖结构来恢复生态系统平衡等方法加以改善。

复习思考题

1. 人类对河流和湖泊生态系统有哪些主要影响？
2. 简述植物修复技术。
3. 简述富营养化湖泊的修复技术。

第八章　小流域治理与生态恢复技术

【学习指南】本章内容主要包括小流域生态系统的概念、分类和特点；小流域水土流失治理技术；小流域生态恢复实例。重点是小流域生态系统的水土流失治理技术。通过本章学习，了解小流域生态系统的概念、分类和特点，重点掌握小流域水土流失治理技术。

第一节　小流域生态系统的概念、分类和特点

流域是指江河水系中一个完整的自然集水区，大至江河的汇水区域，小到毛沟。自然界中江河河床泥沙淤积及其引发的水患，源自于流域内的水土流失。以小流域为单元集水区内的水土流失，是输入江河泥沙的一级渠道。因此，大江大河的治理还必须立足于各个水系以小流域为单元的水土流失综合治理。

一、小流域的概念

小流域是水土流失治理工作的基本组织单位，大面积水土流失区的治理就是将其划分为若干流域，分而治之。从水文学上看，小流域是以分水岭和出水口断面为界形成的自然集水单元，是小河流或各级支流的地面径流集水区域，面积较小，是大流域的源头。从地形学观点来看，小流域包括上部山冈、中部山坡及下部水流汇集和泥沙沉积区（谷底平坝）三个有机组成部分。上方以分水山脊为界，下方边界常较模糊，一般以泥沙沉积主要地带或水流出口地带为界。界定小流域面积大小的标准尚未统一。美国将面积在 1 000 km^2 以下的流域称为小流域；欧洲和日本则将面积在 50～100 km^2 的流域称为小流域；而联合国粮农组织和世界银行支持我国的开发项目规定，小流域面积为 1～50 km^2；我国的水土保持研究和教学单位则将面积为 3～50 km^2 的流域称为小流域。

小流域是一个包括许多自然、经济、社会因子的高层次、多因子、多干扰和多变量的开放式小单元。小流域治理通过对一个单元小区或流域小区内的土壤、山地、水资源、光、热、气、肥的合理利用，农、林、牧地和果园、经济林的统一规划与

布局，采取工程措施、耕作措施、林草措施，并加以科学管理，实现水土资源的最佳配置和综合利用。小流域治理目的在于通过多种措施、产业调整、投资分配和土地优化利用等途径来协调人类社会的各种活动与小流域生态系统中的关系，以建立一个稳定、持久、高效的生态、经济和社会复合系统。

综上所述，小流域既是一个自然集水区域、水土保持治理单元，又是一个社会-经济-自然复合生态系统，集水区域面积一般为3～50 km^2。

二、小流域生态系统分类

小流域由于地形、地貌、气候等因素的差异，形成了多样化的小流域生态系统。因此有必要对众多的小流域生态系统进行分类。并在此基础上，实现对小流域生态系统资源管理的分类指导、分类规划、分类开发，从而提高小流域生态系统资源的开发管理效率。但对小流域生态系统的分类研究报道很少，国内仅对黄土高原小流域和浙江省红壤小流域生态系统作过分类研究，目前对小流域生态系统的分类国内还没有统一标准，所以对小流域生态系统分类研究，只能借鉴某些学者的研究结果对小流域生态系统进行分类，以期为小流域的综合治理提供指导。

根据陈进红等采用定性与数学分类相结合的方法对浙江省红壤小流域进行分类，主要按照地理位置、地形地貌、水资源状况、土地资源结构、社会资源结构、气候资源结构、产业结构等对浙江省红壤小流域进行了三级分类。

根据小流域的地形地貌特征一级分类：对小流域生态系统而言，首先是地理位置基本决定了该小流域的主要结构和功能，而对同一地理区域的小流域，主要是地形地貌居于主导地位。因此，在一级分类中，主要考虑的是地形地貌类型，即一类是低丘岗地型，其主要特征是由一系列平缓的岗地丘陵构成，无明显的高山陡坡；第二类是"座椅"型，呈现出由高山脊及与裙脚下较平坦坡地构成的形如座椅的地形地貌特征；第三类是高山陡坡型，其主要特征是由较高的山脉与较陡斜的山坡构成。

根据小流域内水资源状况进行二级分类：在小流域生态系统中，水资源是该系统发展的重要障碍因子，是影响小流域生态系统功能发挥的关键制约因素。据此，以水资源状况对小流域生态系统进行二级分类。即在一级分类的基础上，根据小流域内的水资源不同，又可分为三类：第一类是自灌基本充足型，即有足够的水资源对于小流域内的生产用水需要；第二类是缺水型，即拥有一定的水资源，但是不能完全满足小流域内的生产需要，又没有完善的工程引水设施；第三类是引水灌溉型，即小流域内自身没有足够的水资源，但有较完善的引水设施，通过利用外界水资源可基本满足需要。

三类分类：从经济、社会和环境的实际需要出发，在二级分类的基础上，可根据小流域生态系统的土地资源结构、社会资源结构、气候资源结构、产业结构、动植物结构、小流域生态系统的功能状况等分别进行进一步分类，或综合以上各个方面的指标进行综合分类。如根据小流域生态系统土地资源的拥有状况，可分为三类：富裕型，人均土地面积＞0.6 hm^2；较丰富型，人均土地面积＞0.3～0.6 hm^2；贫乏型，人均土地面积＜0.3 hm^2。

三、小流域生态系统的特点

尽管小流域生态系统有多种多样的表现形式和存在类型，但同一区域内的小流域仍有许多共同特点。南方小流域大多分布在热带或亚热带季风气候区，以红壤丘陵为主，土壤较为贫瘠，季风影响显著，气候温暖，雨量充沛且时空分布不均，山丘区源短流急，山洪暴发常伴随着发生山体滑坡和泥石流等地质灾害，同时还造成许多滑坡隐患，小流域开发治理和生态恢复以防洪减灾为中心，以河道综合整治与搞好坡面水土保持为重点。南方与北方小流域既有一些相同之处，又存在着一些明显差异，北方小流域除去少数石质山岭和凹陷平地外，大多覆盖着颗粒细松的黄土层，降水主要集中在夏季，总体而言，植被覆盖率和水资源条件不如南方，小流域开发治理和生态恢复应以抗旱保水为中心，以治沟和坡面水土保持为重点。据《浙江省小流域综合治理技术研究与应用推广》课题组研究，浙江省小流域与北方小流域具有不同的特点（见表 8-1）。

表 8-1　浙江省小流域与北方小流域的主要差异

类别	浙江省小流域	北方小流域
水文气象条件	受台风、梅雨、风暴潮影响大；短历时暴雨强度大（≥50～100 mm/h）；雨量充沛；汇流时间短，径流系数、洪水总量、洪峰流量大	受台风、梅雨影响相对较小；短历时暴雨强度相对较小（≤50 mm/h）；雨量相对较少；汇流时间相对较长，洪水总量、暴雨洪峰流量相对较小
地形地貌特征	崇山峻岭，山坡陡峭，沟壑密度小；相同集雨面积情况下中下游河床相对较宽	山势逶迤，山坡相对平缓，沟壑密度大；相同集雨面积情况下中下游河床相对较窄
治理重点	以防灾减灾为中心，以河道整治和水土保持为主，开展坡沟整治	以抗旱节水为中心，以治沟治坡和水土流失治理为主，开展沟坡兼治
主要工程类型	水库、山塘、堰坝、丁坝、潜坝、消力槛、沿山渠道（撇洪渠）、拦沙坝、开口堤等	谷坊、淤地坝、拦洪坝、水平沟、引水拦沙
主要蓄水工程	水库、堰坝、山塘	井、窖、塘、机井
人耕地	0.067 hm^2 以下	0.067 hm^2 以上

类别		浙江省小流域	北方小流域
土壤植被条件		土层相对较浅薄； 植被恢复相对较快	土层相对较厚； 土壤植被恢复相对较慢
植被情况	植被组合	乔灌草、林果草	草灌乔、果灌草
	乔木种类	毛竹、马尾松、杉木、湿地松、国外松、枫杨、杨柳、木荷	油松、侧柏、刺槐、毛白杨、旱柳、棒、楸、泡桐、落叶松、白榆、栎
	灌木种类	丛生小竹、山苍子、桑、茶、油茶、胡枝子、杜荆	沙棘、紫穗槐、文冠果、胡枝子、杞柳
	主要草种	黑麦草、高羊茅、紫云英、踏扁、子草、铁丝根草、狼尾草	草木樨、苜蓿、苕子、沙打旺、芨芨草
	经济林种	柑橘、笋类、桃、梨、枇杷、杨梅、银杏、板栗、青梅、李	苹果、石榴、枣、核桃、樱桃、柿子
耕地		梯田、梯地、旱地、水田	旱塬、台地、水浇地
耕作制度		2～3 熟/年	1～2 熟/年
人口密度		高	低
地质雨洪灾害类型		泥石流、滑坡、面蚀、崩岗	坍方、沟蚀、塌陷
主要侵蚀外力		水力侵蚀、人力加速侵蚀、重力侵蚀	水力侵蚀、风力侵蚀、重力侵蚀、人力加速侵蚀

第二节　小流域水土流失治理技术

一般地，土壤侵蚀是指地球陆地表面的土壤及其母质受水力、风力、冻融、重力等外营力的作用，发生的各种破坏、分离（分散）、搬运（移动）和沉积的现象。土壤侵蚀是现今世界上大多数国家采用的术语，我国传统称为水土流失。

水土流失的治理技术措施称为水土保持。《中国大百科全书》（农业卷）指出：水土保持是防治水土流失，保护、改良和利用水土资源，维护和提高土地生产力，以利于充分发挥水土资源的经济效益和社会效益，建立良好的生态环境的综合性技术科学。水土保持是控制水土流失的根本措施，一般分为工程措施、生物措施和综合措施。

一、水土保持工程技术

（一）坡面治理工程——梯田工程

梯田是山区坡面治理效果最理想的一种水土保持工程措施，也是农业生态工程措施的重点，是农田基本建设的主要形式。一般坡度在 20°以下且土层较厚的坡耕地，均应修成梯田。按其断面形式分类，有水平梯田、坡式梯田和隔坡梯田（如图8-1 所示）；以田坎的建筑材料分类，有土坎梯田和石坎梯田。在生产实践中和科学研究中，主要是按梯田的断面形式分类。

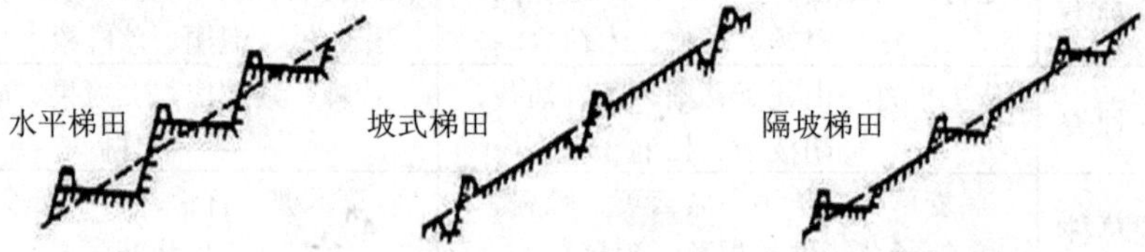

图 8-1　梯田示意图

（1）水平梯田。即按照田面设计宽度，采用半挖，半填的方法，将坡面修成若干台田面水平的地块，达到截短坡长，减缓坡度，保持水土目的。水平梯田属于高标准的基本农田，可以种植任何农作物、果树等。在人多地少的丘陵地区，应该提倡修建水平梯田，其作物产量提高明显，且景观效果理想。

（2）坡式梯田。在坡面上每隔一定间距沿等高线开沟筑埂，将坡面分割成若干等高带状的坡段，开沟筑埂部位改变了小地形，其余坡面仍保持原状。坡式梯田依靠逐年翻耕、径流冲淤并加高地埂，使田面坡度逐渐减缓，终成水平梯田，所以这也可以说是一种水平梯田的过渡形式。

（3）隔坡梯田。指在原坡面上隔一定距离修筑一台水平田面的梯田，是水平梯田与坡式梯田相结合的一种形式。在坡面上将 1/3～1/2 面积保留为坡地，1/2～2/3 面积修成水平梯田，形成坡梯相间的台阶形式，这样从坡面流失的水土可被截留于隔坡梯田上，有利于农作物生长，梯田上部坡地种植牧草和灌木，形成粮草间种、农牧结合的方式，修建隔坡梯田较水平梯田省工 50%～75%。

（二）沟道治理工程

沟道的治理，要根据沟道的发育程度、水源情况，采取自沟头至沟口，自上而下，先毛沟后支沟，最后干沟的顺序，节节修建拦沙蓄水的工程。

1．沟头防护工程

沟头防护工程是为了制止沟头因径流冲刷而发生的沟头前进和扩张，有蓄水式和排水式两种类型，以蓄水式为主。

蓄水式沟头防护工程多修在距分水岭较近，集水面积较小，暴雨径流量不大的沟头，或虽坡面集水面积较大，但坡面治理已基本控制了坡面径流的沟头，要求把水土尽可能挡蓄。主要形式有沟埂式和埂墙涝池式。在沟头以上来水量较大，坡面较陡，又没有条件将水拦蓄，或拦蓄后易造成坍塌时，可采用排水式沟头防护工程。

排水式沟头防护工程有悬臂式和多阶式跌水两种。

（1）沟埂式蓄水工程。在沟头以上适当位置挖沟筑埂，把水蓄在沟头以上。沟埂的组成中，沟深与埂高，沟底与埂顶宽，沟顶宽与埂底宽相等，沟埂高度在 1 m 左右（如图 8-2 所示）。沟埂的容量设计，可根据集水面积和 10 年一遇最大降雨量来确定。同时沟头埂上应留有溢流口，以便排出容纳不了的水量。

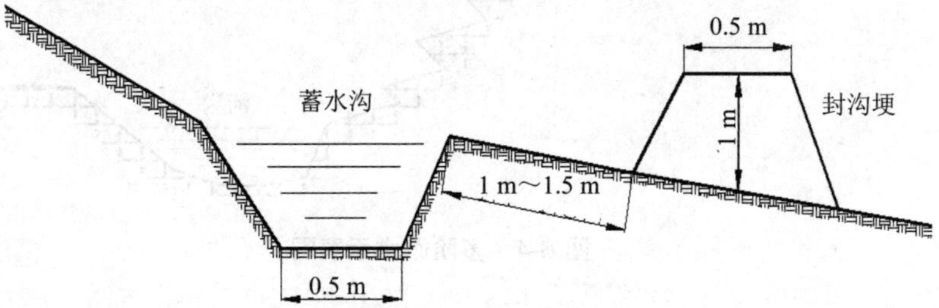

图 8-2　沟埂式示意图

（2）埂墙涝池式蓄水工程。在沟头上部的坡地上，结合截水沟埂把剩余径流水引入涝池，涝池不仅可以防护沟头发展，而且可贮备灌溉和牲畜饮水。涝池的容量设计主要根据沟头上方来水量而定，可按 20 年一遇暴雨进行设计。

（3）悬臂式排水工程。如沟头坚固且陡峭，可在沟头上方水流集中的跌水边缘，用木板、石板或水泥预制板做成槽状（如图 8-3 所示）。使水流跌入沟谷的消力池，防止水流冲刷沟头。池底最好是基岩或块石、碎石，使水流缓冲后再流入沟道。

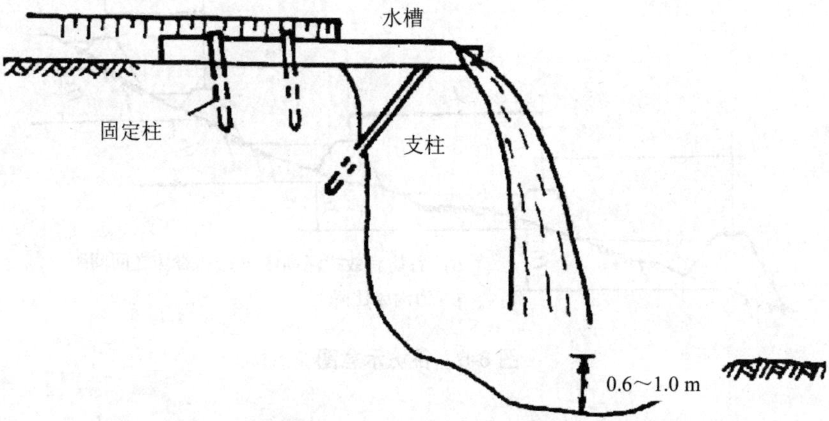

图 8-3　悬臂式排水示意图

（4）多阶跌水排水工程。多阶式跌水沟头防护工程，多用砖、石浆砌而成（如图 8-4 所示），当水流通过时，能逐阶消能。总跌水差不宜过大，跌差越大，投资也越多，以小于 5 m 为宜。

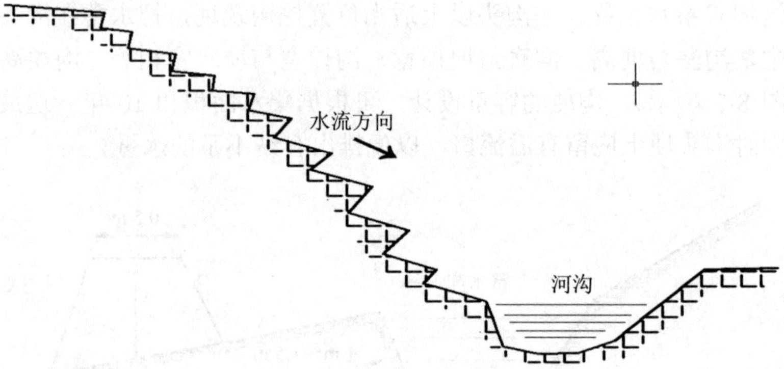

图 8-4　多阶跌水示意图

2．沟底工程

沟底工程，从本质上讲，就是修坝，修各种不同形式的坝，主要有谷坊和淤地坝两种。

（1）谷坊工程。谷坊（如图 8-5 所示）是重要的水土保持沟道工程之一。谷坊主要修建在山区水土流失严重地区的支、毛和冲沟的上游，为防止沟底下切，制止沟岸扩张和抬高侵蚀基点；拦截泥沙，减少流入河川的固体径流量，减轻石洪危害，为利用沟底土地资源创造条件；所拦蓄的部分径流量，可降低沟道中的水流速度，削减下游洪峰流量。

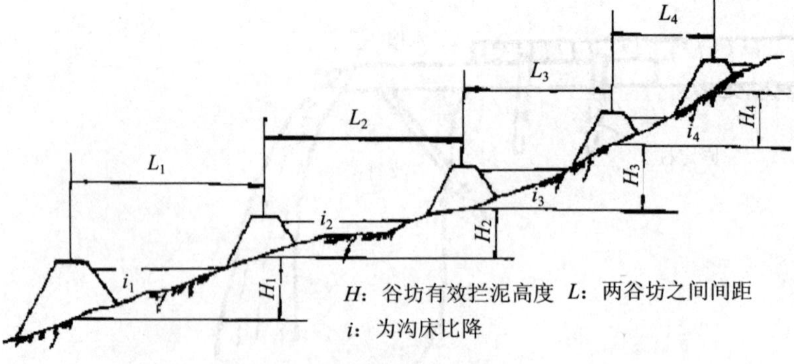

图 8-5　谷坊示意图

按照建筑材料的不同，谷坊可分为土谷坊、石谷坊和植物谷坊等。土谷坊由填土夯实筑成，适宜于土质丘陵区；石谷坊由浆砌或干砌石块建成，适宜于石质山区或土石山区；植物谷坊多由柳桩打入沟底，枝梢编篱，内填石块而成，通称柳谷坊。土、石谷坊拦蓄泥沙淤地后，可用于栽种果木或经济作物；柳谷坊则逐渐发展为成片的沟底林。

一般来说谷坊的高度均在 5 m 以下，多为 1～3 m，设计时视建筑材料的不同可参照以下情况而定。干砌石谷坊：1.5 m 左右；浆砌石谷坊：3.5 m 左右；土谷坊 3～5 m；柳谷坊：1.0 m 左右。多在毛沟道修筑。具体一条沟道中，每座谷坊设计的高度，要根据沟道地形、沟床的宽窄、径流泥沙量的大小和谷坊类型经综合比较，择优选定。

谷坊的修建不是单个修筑，而是在沟内建造一条坝系——谷坊群。谷坊的间距通常根据上坝基和下坝顶相平的原则确定，即下一个谷坊的顶部与上一个谷坊的底部齐平，或 1%的允许比降。谷坊的间距可由公式计算。

$$L=\frac{H}{i}$$

式中，L——两谷坊之间间距，m；

H——谷坊有效拦泥高度，m；

i——沟床比降。

谷坊的施工技术不同类型的谷坊有所不同。以土谷坊为例，首先要选择坝址，选择两岸坚固、远离跌水处修建谷坊；其次是清基，将修谷坊处地面上的虚土、草皮、树根及腐殖质较多的土壤挖掉，露出坚实的土层，一般清基深度为 1.0～1.5 m；再次是填土，清基后，再将底部坚实土层挖虚 5 cm 左右，即可进行分层填土夯实。每层填土 0.3 cm，夯至 0.2 cm。最后开挖溢洪口，在沟岸坚实土层上开挖溢洪口，以排泄过量洪水，保证坝身安全。同时还要注意，谷坊修建是由上而下，由小到大，先支后干，先上游后下游的顺序建筑。

（2）淤地坝工程。淤地坝和谷坊一样，都是修筑于沟底的坝，但它们大小、高低和目的不同。谷坊一般 5 m 以下，淤地坝通常 5 m 以上。在我国主要修筑在水土流失较严重的黄土高原丘陵沟壑区的支、毛沟内。这类地区土料丰富，可就地取材，施工经济。通常有两种分类方式：按建坝材料可分为土坝、石坝和土石混合坝，按施工方法分为碾压坝、水力冲填坝、堆石坝、干砌石坝和浆砌石坝等。

淤地坝在结构上，一般淤地坝由坝体、溢洪道、泄水涵洞三个部分组成。坝体是淤地坝的主体结构，是拦洪蓄水挡水建筑物，通常有土壤或土石混合组成。溢洪道是排泄洪水的建筑物，当淤地坝洪水位超过设计高度时，就由溢洪道排出，以保证坝体的安全和坝地的正常生产。泄水涵洞多采用竖井式和卧管式，沟道常流水，库内清水可通过排水设备排泄到下游，用来灌溉。

3．主河道工程

（1）以保护田坝、村庄为主修建防洪堤，保证河道两侧的农田和村庄不致遭到洪水的威胁，使当地农民安居乐业，发展生产。

（2）在河道上游选择适当的位置修造滞洪水库，以控制洪峰集中通过河道，避免山洪暴涨暴落而引起水土流失，同时还可以把储蓄的地表水用于坝地农田灌溉。

（3）在河道中下游或两条河流的汇合处修建拦沙坝，拦洪留沙，使河道的泥沙流而不失。

（4）对河床比降较大、水流很急、冲刷很大的河床地段，视其具体情况，修建若干小型沙堤，以降低河床比降，防止河床变迁而引起防洪堤倒塌，同时也避免因洪水掏空沟壁引起山体产生重力下滑。

（三）小型蓄水工程

1．小水库

在溪沟河谷地形条件较好、集水面积较大的地段，修建小型水库对防洪、灌溉、发电、养鱼、保持水土、促进农业增产等方面都有重要作用。

（1）水库位置的选择。① 地形要“肚大口小”。肚大是指库区内地形宽阔，坝不高而库容大，口小是指河谷窄，坝短，工程量小，即选择三面环山、一面开口的地形为宜；② 坝址以上要有足够的集水面积，使水库能调蓄足够的水量；③ 坝址地质基础要牢固，无下陷和漏水现象；④ 谷底和库区山坡不漏水；⑤ 坝址附近建筑材料丰富，如土料、砂料、石料、木材等质量好，产地近；⑥ 坝址处有天然开挖溢洪道的条件；⑦ 水库上游草覆盖条件好。

（2）水库类型。根据水库的总库容大小，水库可分为大型、中型、小型和塘坝。总库容 $10\times10^4\sim100\times10^4\ m^3$ 的水库叫小水库。国家规定库容 $100\times10^4\sim1\,000\times10^4\ m^3$ 的为小（Ⅰ）型水库；库容 $10\times10^4\sim100\times10^4\ m^3$ 的为小（Ⅱ）型水库；库容小于 $10\times10^4\ m^3$ 的为塘坝。库容 $1\,000\times10^4\sim10\,000\times10^4\ m^3$ 为中型水库；库容 $1\times10^8\sim10\times10^8\ m^3$ 为大型水库。

（3）小型水库的库容。包括死库容、兴利库容和防洪库容。死库容是小型水库为了淤积泥沙，养鱼，提高水库自流灌溉水位而预留的库容，又称垫底库容。兴利库容又称有效库容，是用来灌溉或发电的。当水库来水达到兴利库容时，就基本淤满了，如遇到设计暴雨来水，水库就要溢洪，水位必然上涨，由此形成的库容为防洪库容。

（4）小型水库结构。小型水库一般由大坝、溢洪道和泄水洞三部分组成，称为小型水库的“三大件”。

2．蓄水池

蓄水池用于拦蓄径流、防止冲刷、保水抗旱和供人畜饮水。一般修建在沟头、梁顶、路旁、村边等处。土质要求坚硬、不易漏水。其容量大小要根据其上部的径流而定。蓄水池容量应等于设计径流量，满足自流灌溉的要求，一般规模在 $100\sim1\,000\ m^3$。

3．水窖

在黄河中游的干旱和枯水区，为解决人畜饮水问题，通常在坡地适当位置，于地下开挖一个瓶状的土窖（如图 8-6 所示），底部和四壁用黏土或胶泥捶实防渗，雨季将地表径流澄清后，引入窖内存储，供长年饮用，体积约为 10 m³ 左右。新中国成立后，有的地方将土窖的做法发展为水窖，体积扩大到 100～200 m³，底部、四周锤实后用黏泥或水泥抹面防渗。水窖不仅能满足饮水需要，还可以抗旱点浇，发展生产。

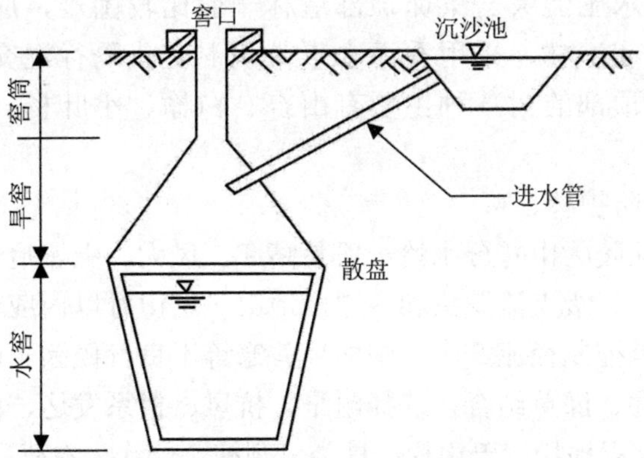

图 8-6　土窖示意图

4．引洪漫地

引洪漫地就是把河流、山沟、坡面村庄和道路流下来的洪水漫淤在耕地或低洼河滩。

（1）引河流洪水漫地。在土壤侵蚀严重地区，河水含沙量极高，如黄河一般在30%以上，可采用此法增地肥田。

（2）引沟壑洪水漫地。即从泥沙含量高的沟壑中将洪水引到沟口以外的耕地。

（3）引坡洪漫地。通过山坡修筑的截水沟、转山渠等拦截坡面洪水，漫淤台地、阶地和山谷川地。

（4）引路洪、村洪漫地。山丘区道路、村庄是人类活动的主要场所，一般坡度大、来水猛，泥沙量大，含肥料丰富。通过截水沟或排水沟引路、村洪漫淤，效果好。

二、生物技术

在流域内，为涵养水源、保持水土、改善生态环境和增加经济收入，采用人工造林（草）、封山育林（草）等技术，建设生态经济型防护林体系，提倡多林种、多树种及乔灌草相结合。

（一）分水岭防护林

丘陵或山脉的顶部通常称为分水岭，它是地表径流和泥沙的发源地，水蚀和风蚀较为严重，水土流失首先从顶部开始。

1．梁峁顶防护林、草

“梁”和“峁”是我国黄土丘陵沟壑区的主要地貌，梁顶和峁顶水蚀比较微，但一般气温变化剧烈，风蚀严重，土壤干旱瘠薄。如梁峁顶部为荒地，可全面进行造林；如梁峁顶部较长又多为农田，可在农田的一侧或两侧营造防护林带，以保护农田和防止水土流失。梁峁顶部造林一般比较困难，应选抗风蚀耐干旱和根系发达的树种或灌林，采用乔灌水平带状混交或隔行混交，并应加大灌木的比重。适于梁峁顶部的树草种主要有山杏、白榆、小叶杨、刺槐、柠条、紫穗槐、沙打旺等。

2．山脊分水岭防护林、草

我国南方山地丘陵区山脊分水岭一般是高寒、风大、土壤瘠薄等气候和地质条件。在较大河流一、二级支流源头和两岸山地第一层山脊以内应布设水源涵养林，以含蓄降水，在起点控制径流产生，削弱风、寒等不良气候因子的影响。营造山脊分水岭防护林实行乔、灌草结合，选择耐旱、抗风、根系发达、保土能力强的深根性树种，如马尾松、湿地松、巴山松、栎类、刺槐、合欢、木荷、胡枝子、芒箕等，林带宽度可依山脊分水岭宽度、风害和侵蚀程度而定。

（二）坡面水土保持林

坡面水土保持林是指梁顶或山脊以下，侵蚀沟以上的坡面上营造的林木。坡面是水土流失面最大的地方，也是水土流失比较活跃的地方。梁峁坡营造水土保持林、草多以带状或块状形式配置，水平梯田建设或坡度较缓的农田可采用镶嵌方式排列，具体位置根据斜坡断面形式和坡度差异来决定。梁峁坡水土保持林应沿等高线布设，与整地工程设施相结合，可采用单一乔木或灌木树种，以乔灌混交型为佳。主要造林树种有：油松、樟子松、侧柏、刺槐、臭椿、白榆、杜梨、山桃、柽柳、毛条、枸杞、山杏、柠条、沙棘、紫穗槐等。

南方山地丘陵坡地营造水土保持林，一般均辅以相应的工程措施。对坡度 25°以上的陡坡，可采用环山沟、水平沟、鱼鳞坑整地等方式。沟内栽种阔叶树，沟埂外坡种植针叶乔木和灌木。对坡度 15°～25°的斜坡，可采用水平梯田、反坡梯田整地，沿等高线布设林带，其面积占集水区耕地面积的 10%～20%。林带实行乔、灌、草混交和针阔混交。坡度在 15°以下时，可挖种植壕，发展经济林和果、茶，并套种绿肥。在石质山地或土层浅薄的坡面，可围筑鱼鳞坑或坑穴，营造灌木林，或与草带交替配置。有岩石裸露的地方可用葛藤等藤本植物覆盖地面。主要造林树种有：柏木、马尾松、湿地松、云南松、华山松、桤木、麻栎、栓皮栎、槲栎、化香、黄荆、胡枝子、栀子等。

（三）侵蚀沟防护林

侵蚀沟防护林是各类地貌中水土流失量最大、危害程度最深的地方。侵蚀沟分为沟头、沟坡、沟底 3 部分。沟头由于径流冲蚀作用激烈，土体崩塌严重，不断扩张；沟坡集水面积大，植被稀少，遇到大雨经常发生滑坡和崩塌；沟底径流集中，流速快，泥沙多，径流常常导致沟底加宽加深。根据侵蚀沟这些特点，营造侵蚀沟防护林的目的是控制沟头扩张前进，防止坡面滑坡崩塌，保护沟谷和促进水土淤积。

沟头造林须采取生物措施和工程措施相结合的办法，具体做法是在距沟头 3～6 m 的地方，筑埂高 1.0～1.5 m，顶宽 0.5～0.7 m 的围堰，围堰外密植灌木，堰内栽植乔灌混交林。沟坡造林应在侵蚀沟的两侧，沿等高线整成 50～80 cm 宽的水平条带，栽植根系发达、郁闭早的乔灌木。坡面支离破碎，采取鱼鳞坑整地方式，栽植乔灌混交林。沟底造林应视沟底状况，采取不同的措施和方法，如沟底部坡度比较小，下切不严重，可全面造林；沟底较缓，土壤条件较好，集水面积不大，可营造块状林和小片丰产林；沟底坡度比降大、水流急、下切严重，必须采取修筑小型拦水坝、谷坊和栽植乔灌混交林相结合的方法来治理。

营造沟头防护林，应注意选择根蘖性强的固土抗冲速生树种；沟坡防护林，应注意坡向，选择根系发达、萌蘖力强、枝叶茂密、固土作用大的速生树种；由于沟底地势低洼，径流集中，洪水流量大，营造沟底防冲林应注意选择耐积水、抗冲、根蘖性强的速生树种。

三、农业技术

水土保持的农业技术主要指水土保持的耕作技术。一般来说，我国的水土保持耕作技术可分为两大类：一类是以改变地面微小地形，增加地面粗糙度为主的耕作技术，如等高带状种植、水平沟种植等；另一类是以增加地面覆盖和改良土壤为主的耕作技术，如秸秆覆盖，少耕免耕，间、混、套、复种和草田轮作等。具体采用哪种耕作技术，必须根据其适宜区域范围、适宜条件与要求来决定，不能生搬硬套。

（一）垄沟种植法

在川台坝地和梯地上采用垄沟种植法，在坡度为 20°以下的坡耕地上使用，增产幅度明显，而且其投入比梯田与坝地少得多，容易为农民所接受。

（二）等高耕作法

在坡耕保持水土最基本的耕作技术，也是其他耕作工程的基础。一般情况下，地表径流顺坡而下，在坡耕地上，采用顺坡耕种，会使径流顺犁沟集中，加大水土流失。特别在 5°左右的缓坡和 10°左右的中坡地上进行机械耕作时，往往如此。采用等高耕作，对拦截径流和减少土壤冲刷有一定的效果。据研究，等高带状耕作（间作）要求是：坡地坡度在 25°以下，坡越陡作用越小；坡度越大，带越窄，密生作用越大；带与主风向要垂直等。

（三）残茬覆盖耕作法

在地面上保留足够数量的作物残茬，以保护作物与土壤免受或少受水蚀与风蚀。据有关资料，增加 10%的地面覆盖，侵蚀减少 20%；20%的残茬覆盖减少侵蚀 36%；30%的残茬覆盖减少侵蚀 48%。

（四）少耕法与免耕法

在保护土壤方面有积极的效果。少耕法改善土壤通透性，有利于水分下渗。免耕法使土壤上层有机质含量增多，渗水性改进。这两种方法还节约了劳力、动力、机具与燃油的消耗，降低了生产成本，提高了劳动生产力；节约了耕作时间，减少因耕作损失的土壤水分；增加了地面覆盖，减少水土流失，在黄土高原坡耕地上，这两法有相当大的应用价值。

（五）多作种植

水土保持耕作法从种植制度上的发展，它把防侵蚀能力强的作物布置在坡耕地上，应用多作种植，充分利用自然资源，可提高单位土地面积生产力；同时也增强农田植被覆盖度，延长了覆盖时间（因收获期不同），因而是减轻水土流失的好办法，应该因地制宜加以运用。

第三节　小流域综合治理与生态恢复实例

近 30 年来，小流域综合治理在理论、实践、技术、机制等方面不断创新和发展，现已成为我国水土保持生态建设的一条重要技术路线。为改善我国水土流失地区生态与环境、发展农村经济、促进经济社会可持续发展作出了显著的贡献。

一、小流域综合治理的发展历程

我国以小流域为单元的水土保持综合治理基本上始于 20 世纪 50 年代初期，主要由当时建立的水土保持综合实验站为起点，发展为以小流域为单元的水土保持综合治理试验示范研究。鉴于黄河泥沙问题的严重性，在黄河流域首先开展了小流域综合治理试验。早在 40 年代，设在黄土高原的天水水土保持试验站在大柳树沟初步开展了小流域综合治理试验；50 年代初，最早在黄河中游相继建立了以小流域为基础的水土保持试验站，如甘肃天水吕二沟、甘肃西峰南小河沟、陕西绥德韭园沟、辛店沟。这些试验站率先开展了以小流域为单元的水土流失规律观测研究，不同水土保持措施配置和效益的实验研究。之后，各地区间里的水土保持试验站（所）基本上参照以上的模式，进行了小流域综合治理试验。例如，继以上黄河流域的三个试验站，全国不少地区均相继建立了开展小流域综合治理试验的水土保持试验站（所），主要有山西离石县王家沟、内蒙古自治区准格尔旗五分地沟、陕西省延安市上砭沟、甘肃定西县安家沟、广东五华县乌陂河小流域、江西兴国县塘背河小流域等。

在水土保持试验站（所）的示范和推动下，自 1980 年全面开展了以小流域为单元综合治理的正式试点、推广和全面发展。到 20 世纪末，全国已开展治理的小流域 1 万余条，已竣工验收的 3 000 余条，以点连片，形成大范围的水土保持综合防护体系。20 世纪 80 年代前期小流域综合治理以保水保土为主要目标，实施水土保持三大措施的合理布局和配置，以达到层层设防、节节拦蓄、控制水土流失的目的；以国家、集体投资与群众投劳为主，集体经营为管理方式。80 年代中后期，在明确个体承包责任制基础上，随着商品生产和市场经济的发展，开始重视小流域综合治理与开发相结合，治理与治穷致富相结合，逐步与市场经济接轨。

到 20 世纪 90 年代初，全国的小流域治理无论在量还是在质的方面，都发生了很大的变化。不仅有了广泛的群众基础和相当的治理规模，而且有了一批效益显著的建设典型。各地在总结多年小流域治理经验的基础上，相继提出以经济效益为中心，治理与开发相结合，小流域治理同区域经济发展相结合，发展水保特色产业的思路，并积极付诸实践。把小流域治理纳入市场经济发展的轨道，积极运用价值规律、供求关系指导治理开发，调整土地利用和产业结构，走出了许多具有地方特色的治理开发路子。提高了治理开发的效益。同期，山西吕梁地区又率先推出了拍卖“四荒”使用权，极大地调动了社会力量治理开发“四荒”的积极性。这条经验也很快走向全国，随之掀起了新一轮的小流域治理高潮。

1998 年以来，随着我国综合国力的提升，国家全面加大生态建设的投入力度，小流域治理进入了前所未有的快速发展时期。各级水保部门从经济社会发展和人们对改善生态与环境的迫切需要出发，按照中央的水利工作方针和水利部党组可持续发展治水思路的要求，及时调整工作思路，把水土保持生态建设引入以大流域为规划单元、小流域为治理设计单元的规模化防治阶段。在指导思想上，坚持人与自然和谐相处的理念，全面加大了封育保护的力度，充分发挥生态的自我修复能力。在工程布局上，着力推进水土保持大示范区建设，在政府的统一领导下，由水利水保部门统一规划，分部门实施，加快水土流失防治步伐。在建设内容上，以调整土地利用和产业结构为中心，以节约保护、合理开发、科学利用、优化配置水土资源为主线，努力推进水土资源的可持续利用和生态与环境的可持续维护。

近年内出现城郊型小流域综合治理与建设旅游休闲场所相结合的新模式。遥感技术和计算机技术的发展，推动了小流域综合治理效益的动态监测。

二、小流域生态恢复原则

（1）尊重自然规律，确立人与自然和谐共处的发展方针。例如黄土高原，如果人们对它开发利用得当，使其生态环境日益变好，就能成为抗御风沙侵袭、减少入黄泥沙和保护华北平原环境安全的屏障；反之，如果开发利用不当，违背了自然规律，不仅它本身会发生荒漠化，加剧水土流失，导致生态环境日益恶化，同时还会加重黄河下游的水患，严重威胁华北平原的安全。

（2）全面认识流域生态经济系统的整体性、相似性与差异性，划分生态环境建设类型区。针对不同区域的生态经济特征，因地制宜地确定治理目标、土地利用结构以及保护与改善（含恢复、重建）的综合措施。

（3）坚持流域治理的综合性，包括综合分析诊断、综合规划、综合治理、综合开发利用，以获取综合效益。

三、小流域综合治理与生态恢复实例

我国主要水土流失类型区分为黄土高原区和土石山区。黄土高原区是我国水土流失最严重的地区，分为黄土丘陵沟壑区和黄土高原沟壑区；而土石山区又包括北方土石山区、南方花岗岩地区和风沙区等。各个区域水土流失类型和特点各不相同，其综合治理与生态恢复的模式也各不相同。

（一）黄土丘陵沟壑区

黄土丘陵沟壑区总面积 23.6 万 km^2，地形支离破碎，梁、峁广泛分布。由于黄土疏松，易遭侵蚀，加之长期的滥伐滥垦，造成了十分严重的水土流失。年平均土壤侵蚀模数达 7 000～10 000 t/（km^2·a），侵蚀严重地区可达 20 000 t/（km^2·a）。现以陕北安塞县纸坊沟流域为例介绍其综合治理模式。

1．流域概况

纸坊沟流域是延河支流杏子河下游的一条支沟，属黄土高原丘陵沟壑区第Ⅱ副区，其北为毛乌素沙漠南缘的风沙滩地，南邻渭北台塬。流域面积 8.27 km^2，海拔高度为 1 100～1 400 m，梁峁顶最大相对高差 205.7 m，上下游沟床高差 210 m，平均纵比降 3.7%，境内梁峁起伏，地形破碎，沟壑密度高达 8.06km/km^2，年平均土壤侵蚀模数为 14 000 t/km^2，沟谷大部分已切入基岩。梁峁地 228.9 hm^2，占总土地面积的 35%，其中小于 25°的缓坡地占 50.8%，大于 25°的陡坡地占 49.2%。低山地占 32.3%，远山高山地占 67.7%。有沟坡地 512.8 hm^2，占总面积的 61.5%，除部分塌地外，具有坡度陡、侵蚀强烈、岩石裸露等特点，是综合治理的重点，坡度大于

25°以上的沟坡地 174.9 hm^2，占沟坡面积的 34.3%，塌地面积 111.9 hm^2，占沟坡地的 21.8%，沟谷地面积 29.3 hm^2，占总土地面积的 2.9%。

纸坊沟流域属暖温带半干旱气候区，年平均气温 8.8℃，年平均降水量 549.1 mm，降水分布不均，7、8、9 三个月降水量占年降水量的 61.1%，且多暴雨。在 20 世纪 30 年代，该流域曾经是次生林区。40 年代以后，森林破坏十分严重，到 1958 年森林植被荡然无存，到处是荒山秃岭。70 年代初开始综合治理，到 1985 年，森林覆盖率为 17%。

2．土壤侵蚀特点

土壤侵蚀以面蚀为主，常有细沟侵蚀和浅沟侵蚀发生，崩塌、滑坡等重力侵蚀严重。由于黄土比较疏松，渗透性好，遇水很快分散，一有径流发生便会引起比较严重的土壤侵蚀，特别是在大暴雨的情况下，土壤侵蚀非常严重。据 1983—1989 年径流小区测定结果，一次最大降雨的侵蚀量占年侵蚀总量的 63%～98%，特别是坡耕地，一次最大降雨（雨量 38.4～130.7 mm）侵蚀量占总侵蚀量的 80%以上，最大超过 98%。

3．综合治理与生态恢复技术的配置

针对纸坊沟流域的具体自然地理条件，根据土地类型和坡度的差异，其综合治理与生态恢复技术的配置如下：

（1）川平地采用沟垄种植，＜25°坡耕地采用水平沟种植，25°～30°坡耕地，由于种种原因，不能退耕，实行草粮带状间作、轮作和草灌带状间作。

（2）在梁峁顶部以隔坡水平阶整地形式播种沙打旺等牧草；坡上部修成窄条梯田栽植苹果和山楂等经济林；坡中部修成水平梯田，种植小麦、玉米、谷子和豆类；坡下部营造乔灌纯林或混交林，如刺槐、柠条、沙棘等。

（3）在沟沿线以下的陡坡，改良草场 13 个，阳坡半阳坡以角篙、铁杆篙、白羊草、甘青草场为主，阴坡半阴坡建立柠条、锦鸡儿、长芒草（或白羊草）为主的草场，撂荒地补种沙打旺、红豆草，并实行封沟轮牧。

（4）沟道配置柳谷坊和淤地坝，达到节节拦蓄降水，控制水土流失和合理利用土地的目的。

4．治理成效

到 1996 年底，乔灌林地面积达 266.2 hm^2，草地面积达 3 173.3 hm^2，森林覆盖率由 1985 年的 17%增加到 36%，林草覆坡率达到 70.5%，水土流失治理度达到 70%，年侵蚀模数下降到 5 000 t/（km^2·a）。

（二）黄土高原沟壑区

黄土高原沟壑区的水土流失综合治理一般采用“三道防线”，即塬面防治体系、沟坡防治体系和沟道防治体系。现以陕西淳化县泥河沟为例来介绍综合治理模式。

1．流域概况

泥河沟流域位于陕西渭北淳化县，由塬面和沟壑两大地貌单元组成。面积 9.48 km^2，塬面占地 59.2%，沟壑占地 40.8%，其中塬坡占 14.1%，沟谷占 26.4%，海拔 712～1 193 m．沟谷深切 120 m 以上，沟谷密度 1.6 km/km^2，塬面到塬边坡度从 3°增加到 12°以上，塬坡坡度 15°～35°，沟坡坡底大于 35°。

流域年平均气温 9.8℃，多年平均降水量 600.6 mm，最多 822.6 mm，最少 409.5 mm，降水年际变化大且年内分布不均，7、8、9 三个月降雨量占全年降水量的 53%。年蒸发量大于降水量，常形成旱、涝灾害。

2．土壤侵蚀特点

该流域塬面比较平坦，小于 3°的坡度占 50%以上，3°～5°的坡面占 30%左右，大于 10°的坡面在 10%左右（主要靠近塬边）。塬面侵蚀以面蚀和细沟侵蚀为主，进而发育为浅沟侵蚀，平均侵蚀模数 1 880 t/（km^2·a）。局部道路侵蚀模数可达 5 000 t/（km^2·a）。产流模数介于 1 248.6～29 843.5 m^3/km^2。浅沟、小切沟集中发育在大切沟、冲沟的上游，成为地表径流汇集下泄的通道，它的发育可由数条浅沟兼并而成，而侵蚀量大，发展快，其侵蚀方式明显的有切蚀、侧蚀及崩塌等，沟底常出现跌水。在自然状态下，横断面呈“V”形，受人为活动干扰后，变化为“U”形或宽“V”形。坡面浅沟平均密度为 10～15 km/km^2。

在 25°～35°的坡面，平均密度 16.5 km/km^2，沟坡被切割成破碎的条块。泥河沟上游有沟头 21 个，其中切沟沟头前进 0.38～0.73 m/a，最大达 1.83 m/a，冲沟沟头前进 0.30～0.59 m/a，最大达 0.84 m/a。有较大跌水的切沟沟头 5 个，平均高差 0.85 m，溯源延伸 2.0 m/a 以上，沟床切深自上而下逐渐增大，平均 0.65 m，沟坡坡度超过 50°以上，多发生崩塌。全流域具有崩塌 221 处，侵蚀体积 18 579.7 m^3。滑坡多发生在 35°～55°的沟坡，大型滑坡（中层滑坡和深层滑坡）地形高差常在 1 m 以上，有的从塬边直到沟坡中下部，小型滑坡（浅层滑坡）地形高差一般小于 20 m。流域有滑坡 52 处，总体积 28 597.0 m^3。除此之外，在 35°以上裸露坡面，常有泻溜发生，共有较大的泻溜面 328 处，侵蚀量在 1 449 m^3 以上。沟坡平均侵蚀模数 20 000 t/（km^2·a），流域平均侵蚀模数为 4 000 t/（km^2·a）。

3．综合治理与生态恢复技术的配置

从 1986 年开始，流域被列为国家综合治理试验示范区，具体综合治理与生态恢复技术的配置如下：

（1）在农业生产方面，采用等高耕作、沟垄种植和麦草、麦糠覆盖等耕作措施。在梯田大力发展以苹果为主的经济林，12 年来，共栽植苹果、梨、杏、桃园 398 hm^2；在埂坎栽植花椒和杜仲。此外，四旁植树达 5 万余株，形成带、块状农田防护林网。

（2）在塬面 3°～8°的地块兴修水平梯田，面积累计达 309.7 hm^2，改善农业生产基本条件。

（3）在村庄、路旁修建水窖620余眼。

（4）在塬坡大力发展植树造林，造林前采用水平阶、反坡梯田和燕翅形整地集流工程，栽植油松、樟子松、白皮松、侧柏、刺槐、大扁杏等 193.3 hm^2。沟坡采用鱼鳞坑整地，栽植沙棘、柠条、紫穗槐 66.7 hm^2。森林覆被率达 42.17%。加上原有森林草地，林草覆被率总计达 63.2%。

（5）在沟头和沟边修沟头、沟边防护埂 30 km，支毛沟修筑土谷坊和柳谷坊 299座，骨干沟修防冲坝3座。

4．治理成效

累计综合治理和控制水土流失面积 1 661.2 hm^2，治理度达 83.7%，流域平均侵蚀模数由原来的 4 000 t/（km^2·a）降为 500 t/（km^2·a）以下。水土流失得到控制，生态环境向良性循环转变。

（三）北方土石山区

本区指东北漫岗丘陵以南，黄土高原以东，淮河以北，包括东北南部、河北、山西、内蒙古、河南、山东等省、自治区范围内有土壤侵蚀现象的山地、丘陵。现以永定河流域为例介绍综合防治措施的配置。

1．流域概况

永定河流域是海河水系中最大的流域，面积 8 998 km^2，干旱、半干旱寒冷多风气候和湿润寒冷气候，年降水量 400～450 mm，年内分配极不均匀，6～9 月降水量占全年的 77%，且多暴雨。流域地形多为丘陵山区，坡陡沟深，大部分地区是荒山秃岭，植被极差。土壤多属黄土类，质地疏松，抗蚀力弱。

2．土壤侵蚀特点

全流域分为 5 个土壤侵蚀类型区：① 石质山区。面积 2 300 km^2，半干旱寒冷多风气候，山地地形。土壤侵蚀以面蚀为主，坡耕地及牧荒地面蚀较重，耕地风蚀较重，并有石洪危害。② 土质丘陵区。面积 1 219 km^2，干旱寒冷多风气候，丘陵地形。面蚀、沟蚀均很严重，部分地区风蚀严重。③ 坡积洪积区。面积 2 890 km^2，半干燥多风气候，坡积地形。沟蚀严重，部分地区有面蚀发生，排地和牧荒地面蚀较重。④ 森林草地区。面积 670 km^2，寒冷湿润气候，山地地形。土壤侵蚀以面蚀为主，坡耕地及牧荒地面蚀较重。⑤ 干燥草原区。面积 3 019 km^2，干燥寒冷多风气候，丘陵或准平原地形，风蚀较重。耕地及牧荒地以面蚀为主，沟蚀轻微。

坡积洪积区和土质丘陵区土壤侵蚀最为严重，干燥草原区和森林草地区土壤侵蚀轻微。

3．综合治理与生态恢复技术的配置

20 世纪 50 年代，国家制定了流域治理规划，按照因地制宜的原则，各土壤侵蚀类型区综合治理与生态恢复技术的配置如下：

（1）石质山区以林牧业为主，进行综合治理，防治牧荒地和坡耕地面蚀，消灭石洪危害。采用水平阶和大穴整地，营造乔灌木、针阔叶混交林和经济林，主要树种有油松、落叶松、椿树、花椒、栓皮栎、槲树、紫穗槐、桑树、核桃、板栗、枣、苹果、梨、柿、桃、杏等。在缓坡地上修石坎水平梯田，挖水平截水沟排水，沟道内修石谷坊和土谷坊拦截泥沙。崇礼县东沟经过治理后，森林覆盖率达到 20%，与未治理的西沟比较，侵蚀模数减小 94.5%，洪峰模数减小 90%。

（2）土质丘陵区以发展农业为主，进行综合治理。在缓坡地上修水平梯田，沟头修水平封沟埂，沟道内修谷坊拦泥淤地，开展引洪淤灌，营造水源调节林及沟壑水土保持林。

（3）坡积洪积区林、粮并重，进行综合治理。在缓坡地上修水平梯田，沟头修水平封沟埂，在沟道内修谷坊拦泥淤地，开展引洪淤灌，营造水源调节林及沟壑水土保持林。山西省阳高县经过 20 多年的治理，已植树 86.7 hm^2，修梯田和地埂 60 多 hm^2，种草 13.3 hm^2，治理面积占总面积的 80%，减少径流及泥沙 70%～80%以上，基本上控制了水土流失。

（4）干燥草原区以发展农牧业为主，进行综合治理。包括：防治耕地的风蚀和面蚀；进行天然草场的牧草技术改良，划分牧区，分区轮牧；营造牧区防护林和薪炭林及水土保持林；在坡地上修水平梯田；挖水窖蓄水和打井灌溉。

（5）森林草地区以林业为主，进行综合治理。包括：防治坡耕地的面蚀保护现有残存林地，营造乔灌木混交山地水源涵养林；在缓坡上修水平梯田；划定牧区和开展小型灌溉；营造水土保持林，造林树种与石质山区相同。

（四）南方花岗岩地区综合治理模式

1．山顶、山脊

结合工程整地措施，采取林草高密度种植，乔灌草混交，形成防护林带。

2．水土流失山丘

按等高修筑水平壕沟，先种植先锋树种，后发展经济价值较高的乔灌树种。

3．陡坡地（＞25°）

通过等高线穴状整地，改善水分、养分条件后，种植乔灌草。

4．细沟、浅沟侵蚀山地

等高整地、修筑谷坊群与林草措施结合。

5．深沟

自上而下修筑谷坊群，固定沟底，营建水土保持林。

6．崩岗治理

上拦下堵：崩顶修筑水平沟、鱼鳞坑、“品”字沟，崩口修谷坊。中间削：崩壁削坡开级种树，乔灌草混合。

（五）风沙区

风沙地区气候干旱，雨量稀少，大部分地区降水量在 200 mm 以下，最少在 10 mm 以下。热量丰富，气温变化剧烈，蒸发量大，一般为 1 400～3 000 mm。风力强劲，风沙日一般每年有 20～100 d，最多可达 150 d，冬春风季风速经常达 5 级以上，造成强烈的风蚀和风沙迁移、堆积，形成多种风蚀地貌及广泛分布的沙丘。在这些沙丘中，固定沙丘植被覆盖度在 40%以上，沙丘表面风沙活动不显著。半固定沙丘植被覆盖度 15%～40%，沙丘表面流沙呈斑点状分布，有风沙活动；而流动丘植被覆盖度在 15%以下，风沙活动强烈，沙丘在主风方向下移动速度为 5 m/a，最快可达 10 m/a 以上。现以中卫沙坡头为例，阐述固沙措施的配置。

1．自然概况

沙坡头位于宁夏中卫县，地处腾格里沙漠东南缘，包兰铁路穿境而过，海拔 1 200～1 500 m，气候干燥，年降水量为 18 mm，且多集中在夏季。蒸发量 3 042 mm，年平均气温 8.4℃，最低气温−29.2℃，沙丘表面最高气温 74℃，无霜期 152 d。风力以西北风为主，3～5 月风力强劲，平均风速 2.9 m/s，最大风力达 11 级以上。

2．侵蚀特征

流动沙丘除黄土阶地分布之外，大部分分布在页岩的剥蚀平台上，以密集的格状沙丘及格状沙丘链为主。在西北风的作用下，沙丘前移 3～5 m/a。

3．固沙措施

（1）在铁路沿线设置防护带，其宽度在向风侧平均为 500 m，路南背风侧为 300 m。在防护带内的流动沙丘表面采用设置 1 m×1 m 的草方格（稻草或麦草）沙障，起降低近地面风速，减少气流中含沙量的作用；在削弱近地面风沙流强度的情况下，选择较适宜的固沙植物，如花棒、柠条、油高等，栽植在障内，起固定沙面的作用。

（2）为了防止外来沙源，在固沙带的外侧采用立式阻沙栅栏，拦积外来流沙，形成前移缓慢的高大沙丘带，以延缓沙丘前移，起阻沙的作用。而在铁路两侧设置砾石平台，可起到防止流沙掩埋线路的缓冲作用。这样就形成了固阻结合、以固为主的防护体系。

（3）在黄河一级阶地上的流动沙丘采用引洪淤灌、平整土地、改良土壤、栽植防护林等措施，使昔日以流动沙丘为主的景观有所改变。经 15 年引黄淤灌后的流沙地，在 0～20 cm 厚度内，小于 0.01 mm 的物理性黏粒从流沙时的 0.368%增加到 5.87%，有机质含量从原来流沙时的 0.076%增加到 1.314%，使流沙地成为绿洲及果园。上述固沙措施已在中卫县推广了 2 666.7 hm^2，同时对黄河中游两岸的沙漠化治理都有着推广的意义。

本章小结

小流域是水土流失治理工作的基本组织单位，又是一个社会-经济-自然复合生态系统，集水区域面积一般为 3～50 km^2。按照地理位置、地形地貌、水资源状况、土地资源结构、社会资源结构、气候资源结构、产业结构等对小流域进行了三级分类。

小流域水土流失的治理技术主要有工程技术、生物技术和综合技术。

小流域综合治理与生态恢复实例分别以黄土高原区和土石山区为例。

复习思考题

1．试述小流域的概念、分类及特点。
2．试述小流域水土流失的工程技术。
3．试述小流域水土流失的生物技术。
4．试述小流域综合治理的主要技术。

第九章 湿地生态恢复

【学习指南】本章内容包括湿地退化的原因，湿地恢复的理论及相关的工程技术。重点是湿地恢复的工程技术。通过本章的学习了解湿地退化的原因，掌握湿地生态恢复的相关理论与技术。

第一节 湿地退化的原因

一、湿地的定义和分类

（一）定义

目前对于湿地的定义，国际上并没有统一。主要可以分为两大类，一类是从科学研究的角度给的定义，认为湿地的明显标志是有水的存在，具有不同于其他地区独特土壤，生长着许多适应多水环境的水生植物；另一类是从管理者的角度，最权威、最具代表性的就是《湿地公约》对湿地的定义。1971 年在伊朗的拉姆萨会议上通过了《关于特别是作为水鸟栖息地的国际重要湿地公约》简称《湿地公约》或《拉姆萨公约》。《湿地公约》旨在通过保护和恢复湿地从而保护迁徙的珍稀鸟类。该公约是政府间协定，它为湿地保护及其国际合作确定了一个基本框架。《湿地公约》中认为湿地是：不论其为天然或人工、长久或暂时性的沼泽地，泥炭地或水域地带，静止或流动的淡水、半咸水、咸水水体，包括低潮时水深不超过 6 m 的水域。同时，还包括邻接湿地的河湖沿岸、沿海区域以及位于湿地范围内的岛屿或低潮时水深不超过 6 m 的海水水体。按此定义，湿地包括湖泊、河流、沼泽（森林沼泽和草本沼泽）、滩地（河滩、湖滩和沿海滩涂）、盐湖、盐沼以及海岸带区域的珊瑚滩、海草区、红树林和河口等。

（二）分类

湿地生态系统分布广泛，类别繁多，是地球上最复杂的生态系统之一。根据《湿地公约》，将湿地分为近海和海岸湿地、内陆湿地及人工湿地三大类共 35 种。湿地的分类，具体到某一个特定的国家，由于湿地生境状况的差异，可根据其本国的情况，依据《湿地公约》的分类方法作特定的修改。例如我国具有独特的青藏高原湿地，在对我国湿地进行分类时，就可以将湿地分为四大类即近海和海岸湿地、内陆湿地、青藏高原湿地和人工湿地。

二、湿地的功能与效益

功能是指生态系统具有的维持自然过程、直接或间接地为人类提供多种资源和能源、防止自然灾害等服务的能力。效益是指在生态系统服务功能中对人类和自然界有价值（经济、社会和生态价值）的方面。湿地具有多种功能与效益，如水资源功能，抵御自然灾害的功能，滞留与降解污染物功能，生物多样性保护功能以及新闻、娱乐、科研等社会功能。

（一）水资源功能

1．供水功能

湿地常常作为居民用水、工业用水和农业用水的水源。溪流、河流、池塘、湖泊中部可能有直接利用的水。

2．补充地下水

当水从湿地流入到地下蓄水系统时，蓄水层的水就得到了补充，湿地成为补充地下水的水源。

（二）抵御自然灾害

1．控制洪水

2．防止盐水入侵

在地势较低的沿海地区，下层基质是可渗透的。淡水层一般位于咸水层的上部，并由沿海的淡水湿地所维持，淡水层的减弱或消失，往往会导致深层咸水上移或内侵，改变当地生态环境，使土地盐碱化、淡水水井变为盐水水井等，尤其会导致农业灌溉用水和居民饮水供应的困难。我国沿海在 20 世纪 70 年代仅有少数地区出现海水内侵现象，而目前几乎在沿海的任何地方均有发生。

3．防风护堤

强壮的海岸湿地植被可以减轻或防止潮水和风暴对海岸的侵蚀。这主要依靠湿地植被。① 发达的根系及其堆积的植物体对土壤有稳定作用，如大米草根系的生物量是地上部分生物量的 30 倍，且通过分泌有机质将土壤颗粒联结起来，起到稳固作用。② 粗壮高大的植株可削弱海浪和水流的冲力，如 200 m 宽的互花米草可将水体总高度小于 9 m 的海浪削减 60%以上、小于 6 m 的海浪削减 98%以上，即使到达特大潮时仍然可削减海浪 39%的能量。③ 沉降沉积物，提高滩地高度。如大米草可使淤泥沉降的速率提高数倍。又如红树林对湖水流动的阻碍可使林内的流速减低到潮水沟流速的 1/10，红树林发达的根系使粒径＞0.01 mm 的悬浮物沉积量增大，地表淤积速度是附近裸地的 2～3 倍，350 m 宽的红树林带可使 1 m 高的海浪降到 0.3 m。厦门市青礁村的海岸在红树林被砍伐后 1 年内内侵 7 m。

（三）地球之肾

1．滞留与降解污染物

湿地具有很强的降解和转化污染物的能力。在美国佛罗里达，城镇废水经过柏树沼泽后 98%的氮和 97%的磷被吸收净化。湿地植物还能够富集许多重金属，有时富集浓度是水体浓度的 10 万倍以上。由于湿地具有如此强力的净化作用，加之其建造和运行费用低廉，因而成为许多地区建立污水处理厂的首选。

2．吸纳多余的营养物

湿地作为集水区的汇点可接受来自周围地区的过量营养物，并使湿地的植被及其生态系统从中受益，从而维持整个流域的生态平衡和水质的清洁。然而，湿地的吸纳能力是有限度的，超量的营养物输入会打破湿地生态系统的平衡机制，导致湿地富营养化。直至湿地生态系统的崩溃。如过量的氮、磷输入使太湖、滇池经常暴发“水华”。

（四）湿地的生物多样性保护功能

1．生物多样性保护

湿地是众多珍稀濒危物种栖息和繁衍的场所，因而在保护生物多样性方面有极其重要的价值。我国湿地面积仅占国土面积的 2.6%左右，但约有 1/2 的珍稀鸟类以湿地为支撑。

2．基因库保存

独特的湿地环境在物种基因库保护方面有着巨大的商业价值。袁隆平院士利用海南湿地的野生稻雄性不育系，培育成水稻三系（不育系、保持系和恢复系），开创大面积利用杂交水稻的新局面，位水稻产量成倍增加，同时大大降低了制种成本。

三、湿地退化的原因

湿地退化是自然生态系统退化的重要组成部分，表现为湿地生态系统的功能和结构以及与生态系统相联系的生境的丧失和破坏。湿地的退化主要是指由于自然环境的变化，或是人类对湿地自然资源过度地以及不合理地利用而造成的湿地生态系统结构破坏、功能衰退、生物多样性减少、生物生产力下降以及湿地生产潜力衰退、湿地资源逐渐丧失等一系列生态环境恶化的现象。由此还可能导致水资源短缺、气候变异、各种自然灾害频繁发生等。一旦形成退化湿地生态系统，要想恢复已遭破坏的生态环境和失调的生态平衡是非常艰难的。若能恢复，所需时间和资金投入也是相当可观的。况且，有些退化过程是不可逆转的，结果可能是毁灭性的。

随着社会经济的发展，人类每天都要产生大量废水、废气和其他废物，源源不断地排入湿地，湿地水质污染，湖泊富营养化加剧。环境质量普遍下降。目前，我国受污染的湖泊已达 75%，受富营养化危害的湖泊已达 72%。水体富营养化时，藻类大量繁殖，水色浓绿浑浊，水中严重缺氧，水质恶化，危及其他水生生物的生存。20 世纪 50 年代初，长江流域共有大小湖泊 4 033 个。目前因围垦、泥沙淤积而消亡的约 1 100 个。长江原有通江大湖 22 个，面积为 17 198 km^2。到 20 世纪 80 年代，湖泊面积仅存 6 605 km^2，湖面减少近 2/3。湖泊容积相应减少 600～700 亿 m^3。围垦湖泊湿地面积仅长江流域就高达 150 万 hm^2。

除了湖泊湿地，其他类型湿地的退化、污染情况也不容乐观。近 40 年，已有 50%的滨海滩涂湿地不复存在；黑龙江三江平原 78%的天然沼泽湿地丧失；七大水系 63.1%的河段水质污染失去了饮用水功能等。诸此恶果，不仅直接造成巨大的经济损失，并导致湿地生态功能、社会效益得不到正常发挥，抵御自然灾害能力大大降低。

究其原因主要有：

（1）盲目开垦湿地资源，迅速发展农业，同时，对地下水资源的开采量日益增加，造成地下水位下降，使湿地水大量补给地下水。

表 9-1　湿地退化等级

退化等级	特征描述
未退化	湿地系统处于健康状态，具有稳定的结构和功能，是鸟类等生物理想的栖息地和繁育地，能很好地为人们提供物质资料，具有良好的美学价值和社会功能，在合理的规划的前提下，适宜开发和利用
轻度退化	湿地水文和营养循环受到一定程度的破坏，淹水时间缩短、面积减小、水位下降、土壤干化、水域出现富营养化，生物栖息地环境退化、生物多样性降低、湿地功能衰退、价值下降。消除外界胁迫后，能够自然恢复，以保护促其恢复为主，有条件的适度开发利用
重度退化	湿地生态系统受到严重破坏，结构失调，功能严重衰退，水循环脆弱，土地干旱突出，污染严重，富营养化明显，鸟类等生物难以栖息和生存。湿地生态系统本身难以自我维持，无法通过自然方式恢复，必须加强保护，同时通过工程恢复
极度退化	湿地生态系统完全被破坏，水域消失，已可视为非湿地生态系统，或者环境严重恶化，生产力几乎丧失，不能恢复原有或近似原有的面积和功能，只能采取人工措施，在新的基础上重建新的系统

（2）由于持续高温、干旱，一些地区的地表水水面面积锐减，多数泡沼水量明显减少，甚至处于枯水状态，以致湿地矿物质富集，水的矿化度增高，形成很多盐碱化湿地，恶化河流、泡沼的水质。

（3）修建的一些控制性水利工程，如防洪大堤和水库等，人为地切断了下游泡沼湿地汛期洪水的补给，破坏了湿地水文过程，出现盐碱化甚至干涸的现象。

第二节　湿地恢复的理论

一、湿地恢复的基本理论

（一）次生演替理论

次生演替理论认为，只要将受损生态系统的生境条件（如湿地水位）恢复至受损前的状态，该系统的植被（乃至整个生物群落）便可以循序地按照一定演替轨迹自动向前发展，直至恢复至受损前水平。

（二）自设计理论

该理论认为只要有足够时间，无论目前生物的种类如何，随着时间的进程，湿地将根据环境条件合理组织自己并会最终改变其组分，环境将决定植物的存活及其分布位置。

（三）入侵理论

湿地恢复过程中生物入侵是明显的。该理论主要讨论外来种或非湿地种对湿地植被的影响，可用于解释和描述目标种、非目标种和外来种在受损湿地中的定居和扩散等。

（四）水文理论

该理论认为沿着河流不同宽度或长度其结构与功能会发生变化。通常认为在河中间或中游因生境异质性高生物多样性最高；源头或近岸边，生物多样性居中；在下游因缺少变化而生物多样性最低。为此，在进行湿地生态工程时，应考虑湿地所处的位置。

（五）边缘效应理论

该理论认为两种生境交汇的地方由于异质性高而导致生物多样性高。湿地位于陆地与水体之间，其潮湿、部分水淹或完全水淹的生境在生物地球化学循环过程中具有多重角色，是验证边缘效应的最佳场所（周进等，2001；彭少麟等，2003）。

二、湿地恢复的基本策略

湿地生态系统恢复工程与技术应该在充分考虑湿地恢复方案的实际可行性和充分发挥湿地功能优先性的基础上，结合湿地生态系统的类型和湿地生态工程的目标，确定其采取的基本策略。

不同的湿地类型，相应策略亦不同（见表 9-2）。对沼泽湿地而言，考虑到其提供工农业资源、调蓄洪水、滞纳沉积物、净化水质、美学景观等功能，进行生态工程时必须考虑调整和配置沼泽湿地的形态、规模和位置，根据不同沼泽湿地的生态、经济和社会价值，运用科学的策略和生态设计，合理地恢复和重建具有多重功能的沼泽湿地，而又不浪费资金和物力。对于泥炭沼泽不仅要注重恢复其生境、调节径流、涵养水源、控制污染等自然功能，还要考虑恢复泥炭沼泽的成炭机制，提高炭和营养物质的积累等经济功能。对湖泊而言，既要采取措施提高湖泊水体面积和容量，还要治理和控制水体污染，提高水质。然而，湖泊是静水水体，自净作用很弱，水质恢复困难，仅仅通过切断污染源是远远不够的，因为水体尤其是底泥中的毒物很难自行消除，不但要进行点源、非点源污染控制，还需要进行污水深度处理及其生物调控技术。就河流及河缘湿地来讲，比湖泊恢复要容易得多。一方面可以通过疏通河道、河漫滩湿地自然化来增强调节洪旱的能力；另一方面可以通过增强水流的持续性，控制侵蚀或沉积物进入河道，切断污染源以及加强非点源污染的净化使河流水质得以改善。对于红树林湿地而言，红树林生态系统是陆地过渡到海洋的界面生态系统，处于生态环境脆弱带。系统内部及毗邻区域不断承受着频繁的侵蚀与堆积，种群可被代替概率大，竞争程度高。

表 9-2　不同湿地恢复策略

湿地类型	恢复的表现指标	恢复策略
低位沼泽	水文（水源、水文、水周期） 营养物（N，P） 生物量 植被（盖度、优势种） 动物（珍稀及濒危动物）	减少营养物输入 恢复高地下水位 恢复对富含 Ca、Fe 的地下水的排泄 草被迁移 割草及清除灌丛
河流、河缘湿地	河水水质 鱼类毒性 浑浊度 沉积物 河漫滩及洪积平原	疏浚河道 增加非点源污染的净化带 切断污染源 河漫滩湿地的自然化 防止侵蚀沉积

湿地类型	恢复的表现指标	恢复策略
湖泊	溶解氧 水质 富营养化 沉积物毒性 鱼体化学含量 外来物种	减少点源、非点源污染 迁移富营养沉积物 增加湖泊的深度和广度 清除过多的草类 生物控制
红树林湿地	潮汐波 碎屑 生物量 溶解氧 营养物循环	严禁滥伐 减少废物堆积 控制不合理建设 禁止矿物开采

第三节　湿地生态系统恢复工程与技术

一、湿地生态系统恢复工程与技术的内涵

湿地生态系统恢复工程与技术是应用生态工程的原理和方法对湿地进行保护、构建、恢复和调整，以达到湿地正常功能的运行和生态系统服务功能的可持续性发挥的综合技术体系，一般可简称湿地生态工程（崔保山和刘兴土，2001）。

实际上，湿地生态系统恢复工程与技术主要包括自然湿地恢复和人工湿地构建。前者是指通过生态技术或生态工程对退化或消失的湿地（主要是沼泽、湖泊、河流）进行修复或重建，再现干扰前的结构和功能，以及相关的物理、化学和生物学特性，使其发挥应有的作用。主要包括提高地下水位来养护沼泽，改善水禽栖息地；增加湖泊的深度和广度以扩大湖容，增加鱼的产量，增强调蓄功能；迁移湖泊、河流中的富营养沉积物以及有毒物质以净化水质；恢复泛滥平原的结构和功能以利于蓄纳洪水，提供野生生物栖息地，同时也有助于水质恢复（崔保山和刘兴土，1999）。后者主要指由人工建造和监督控制，充分利用湿地系统净化污水的能力，利用生态系统中的物理、化学和生物的三重协同作用，通过过滤、吸附、沉淀、离子交换、植物吸收和微生物分解等来实现对污水的高效净化。

通常生态工程需要经过以下 7 个步骤：① 确定对象和系统边界；② 分析退化原因；③ 确定工程目标；④ 技术分析和选择；⑤ 方案评价及优化；⑥ 可行性分析；⑦ 试验、示范和推广等（张永泽和王炬，2001）。

二、湿地生态系统恢复工程与技术的基本原则

湿地生态系统恢复工程与技术应遵循的基本原则如下。

（一）适用性和复合性原则

湿地生态系统恢复工程与技术设计时，首先应该强调适用性，体现系统设计的主要目标，如洪水控制、废水处理、非点源污染控制、野生生物的改进、渔业提高、土壤替代、研究和教育等。其次要考虑复合性。湿地是一个具有多层次、多级别结构的立体生态系统。进行湿地的开发、利用和保护规划时要使尽量多的生物种群按自己的生态位、代谢类型去充分占领各种空间，以获得对湿地各类生态资源最有效的利用，环境功能有效发挥。

（二）整体性和综合性原则

湿地是一个完整的自然-生态-社会系统，各子系统之间是相互关联的。为了保证湿地开发和利用获得最大、最优的经济效益、生态效益和社会效益，就必须坚持总体规划和统一管理。湿地生态工程设计涉及生态学、地理学、经济学、环境学等多方面的知识，具有高度的综合性。

（三）地域性和可持续性原则

不同区域具有不同的环境背景，为此在湿地生态工程设计中，要因地制宜，具体问题具体分析，将湿地融入自然的景观中，而不是独立于景观之外。此外，要注重湿地功能的有限性，即一切都应该在环境安全承载力的范围内进行。同时，要把湿地的开发、利用与保护、建设统一起来，以保证湿地资源的可持续利用。

（四）生态美学原则

湿地生态工程设计一般具有多种功能和价值。在湿地构建中，除考虑主要目标外，特别注重对美学的追求，同时兼顾旅游和科研价值，体现出湿地的清洁性、独特性、愉悦性和可观赏性等（陆健健，1988；崔保山等，2001）。

三、湿地生态系统恢复工程与技术的基本目标

根据不同的地域条件，不同的社会、经济、文化背景要求，湿地生态系统恢复工程与技术的基本目标也会不同，有的目标是恢复到原来湿地的状态，有的目标是重新获得一个既包括原有特性，又包括对人类有益的新特性状态，还有的目标是完全改变湿地状态，重新构建一个新的湿地生态系统等。一般来说，湿地生态工程的基本目标主要取决于湿地的受损程度和对湿地先前特性的了解程度。此外，由于生

态工程实施过程中是受水文状况、地形地貌、生物特性、当地气候及环境背景变化等多种因素的制约，而且这些因素在不同历史时期内不尽相同，因而湿地恢复的过程及结果常常具有不确定性，可能会有多种选择的机会（Wheeler，1995；崔保山和刘兴土，1999）。

四、湿地生态系统恢复的典型案例

近 20 多年来，涌现了一大批湿地生态工程的成功范例，现根据相关的文献资料（朱彤等，1991；王克林，1998；刘静玲等，2002；卫学承，2002；刘萍萍等，2003；罗新正等，2003；陈芳清和 Hartman，2004；王继富等，2004；王学雷和吴宜进，2004），选择若干典型案例介绍如下。

（一）美国 Hackensack 湿地保护区的生态恢复与管理

Hackensack 湿地保护区位于美国新泽西州东北部，与纽约相接，主要由 Hackensack 河流低潮地区的河床组成。几个世纪前，保护区拥有 200 km^2 湿地，而现在只有 70 km^2，剩下的湿地仍面临着一系列主要由社会经济发展所带来的生态环境问题，生态系统还在不断地退化。为了保护该区的生态环境与自然资源，维持地区经济的增长，该区的管理人员制定出一系列的湿地恢复的系统规划，其设计管理过程如下。

1．可行性评价

根据数据资料的收集，评价现存的条件，决定所选地点是否适宜用于生态恢复，并选择适宜的恢复目标和路线，据此进行生态恢复设计。

2．工程规划设计

根据恢复地的地理与生态环境，结合生态恢复设计进行工程规划设计。① 规划可用于经济发展和交通改善的最大面积范围和退化的湿地面积；② 保留湿地永久保护区；③ 设立实施湿地环境清洁和退化湿地恢复与管理计划，改善湿地生态系统功能，增加保护区的蓄洪调洪能力；④ 设计休闲公园及步道；⑤ 调整保护区内的产业，减少环境污染。

3．关键技术

在 Hackensack，由于潮水难以波及大多数以芦苇为优势种的湿地，这些地方每年被芦苇的枯落物所填充，沼泽的地势不断升高，有些甚至成为高地。随着这些地区不断变干燥，鱼类及野生生物丧失了它们的生境，并很容易产生周期性火灾，对周围环境产生危害。因此，恢复退化湿地的水文条件是该地退化生态系统功能恢复的关键。通过创造曲折的河道、挖掘拓宽河道与内湖面积，可以恢复湿地的潮流和生境的复合性，并可借此来控制清除入侵物种芦苇。然后选择适宜的目标生态系统，按照生态演替趋势确定生态恢复途径，有选择地引入所希望的沼泽植物，逐步恢复退化的植被与湿地生态系统。具体的设计包括在现存的潮水河道沼泽地制造坡面，创造弯曲支流，挖深浅池塘以形成开放的水域生境，构建陆地水禽生境地的巢窝岛及其通往开放水域的走道，进行先锋群落植物种类的配置以及对外来物种群落的控制。

4. 管理与维护

及时监控生态恢复动态，科学调控生态恢复进程，保证实现恢复目标。Hackensack 湿地恢复的关键，也是恢复工程设计与实施的核心。退化湿地生态恢复的管理以植被的生长、芦苇的扩散方式及动态、鱼类和蟹类的种群动态、鸟类的种类及其对生境地的利用情况对生态系统功能恢复状况进行生物检验，有效监控退化湿地生态系统的恢复动态，研究其恢复规律，进而采取相应的管理措施，科学调控生态恢复进程。

（二）大庆油田开发区湿地恢复与保护示范工程

大庆油田开发区绝大部分湖沼湿地由于长期承泄工业废水、生活污水而受到不同程度的污染，而在石油开发和生产过程中排放的油污等石油物质对湖沼水体和湿地土壤的污染更为严重，导致湿地生态功能退化，生物多样性丧失。根据大庆油田开发区湿地资源的特点、湿地恢复的原则和大庆市发展规划，为适应社会发展现实的生态需求，确立了具有典型性的大庆市萨尔图区境内的东风泡湖泊湿地和龙凤区境内的龙凤湿地自然保护区为大庆油田开发湿地恢复与保护示范工程示范区。东风泡位于大庆市萨尔图区东风新村北，水体面积 200 hm^2，主要污染源有未经处理的污水排放每年约 72×10^4 t，啤酒厂年排放废水约 50×10^6 t，周围约 1 500 名居民年排放的生活污水约 55×10^4 t。而且东风泡内部及周围有油井近 30 口，井口附近均有油污土壤，常见有事故性泄漏原油排入湖中。针对东风泡的现状，主要采用了以下几种生态工程手段来恢复其生态系统的功能。

1. 芦苇等移植栽培净化水质工程

芦苇、香蒲等沼生和水生植物除自身对营养物质具有较强的吸收、代谢、分解、积累作用外，还可为微生物的吸附和代谢提供良好的生化环境，形成具有典型的活性生物自净功能的特殊的根际微生态环境，具备很强的净化废水的能力。因此，本工程在两个示范区移栽和补栽芦苇，栽植株数为 300 万株。栽植方式是在排水、清淤、覆盖等措施的基础上，根据不同水深，采取压青等方式进行。在东风泡自然保护区进行引种和筛选耐低温、耐碱性，并具有净化功能与观赏利用价值的适生水生植物，构建水生植物系统，既有净化功能，又有饲用价值，形成以沉水植物—漂浮植物—挺水植物层片构成群落的立体结构。

2. 泥炭及其制品净化油污湖水、土壤工程

大量试验和应用结果表明，泥炭具有很强的亲油性，可广泛用于净化水域、土

壤中的石油，特别是表面油层。目前，许多国家都在研究与应用提高泥炭对石油及其产品吸附性能的方法、技术。白俄罗斯研制与生产的“生白剂”，是一种用于净化水体和土壤中石油污染的微生物制剂。其作用原理在于通过以泥炭为载体的石油碳氢化合物的降解与微生物的固定作用，来实现油污水体或土壤高度净化。俄罗斯科学院西伯利亚分院研制与生产的一种吸附剂，可以多次利用，来吸收水体、土壤表面的弥漫性的石油或石油制品，净化水体中的乳化石油。本工程引进了白俄罗斯和俄罗斯的两种技术产品，直接或间接地利用泥炭及以其为载体的生物制剂净化油污的湖水、土壤。

3．具有湿地特色的沿岸景观与园林建设工程

在示范区的岸边、路旁、采油井周围及东风泡南部的林地，按发展生态旅游的要求，进行园林绿地建设，使采油景观、水生植物园和森林公园相互辉映，成为环境优美、景观和谐并具有湿地特色和科普价值的生态旅游景区，充分发挥湿地的生态旅游功能。园林植物选择适合于大庆生态环境的花草树木，包括行道树种类、园景树木类、花灌木类、绿篱树木类、藤本类、地被树木类等。

4．物理清污与油污底泥覆盖工程

在示范区，对受石油污染的底泥进行清淤，然后利用建设工程开发挖掘表土等加以覆盖，既减轻底泥或土壤的污染作用，又可使芦苇移植区水深控制在 50 cm 以内，创造芦苇生长的需求环境，保障芦苇移植工程的实施。与此同时，对油污土壤、底泥采用植物和微生物复合净化技术，通过投加多功能载体及营养物催效剂等方法改善污染土壤和底泥微生态环境，强化低温下石油降解过程。

（三）天津滨海地区湿地重建生态工程

天津经济技术开发区（简称泰达）位于渤海之滨，为海河洪积形成的滨海平原。地势平坦低洼，土壤为滨海盐渍土，土质黏重、通气透水性不良、含盐量高、有机质含量低。为了达到水源调节、城市美化、生态恢复等目的，从 2000 年开始城市湿地生态恢复和重建工作，在滨海盐渍土实施湿地生态工程。其关键技术主要包括以下几项。

1．消浪墙的构筑技术

人工湿地地处滨海区，大风浪可造成土壤流失，影响植物的生长。因此，设计水生植物栽培区与深水面之间建设消浪墙。在人工湿地内堤上建设了薄板消浪墙，高度约为 0.4 m，墙顶端约在正常水面下 0.2 m。根据现场观测，构筑消浪墙后，种植区土壤没有进入开阔水体，消浪墙发挥了较好的消浪和保持种植区土壤的作用。

2．水生植物区土壤底质改造技术

该地区土壤均为盐土，不适合淡水水生植物的生长，因此将北塘水库的 Cl^-含量约为 0.04%的底泥作为种植土置换原来种植区的盐土。同时，为防止盐分从底部

盐土进入种植区，将高密度聚乙烯防渗膜铺设于种植土之下，防渗膜之间不留缝隙，与土壤的接口用黏土夯实。同时，对不同植物种植区土壤 Cl^-含量进行采样分析以检验防渗措施的效果。试验证明种植区土壤中 Cl^-含量在 4 月、5 月、6 月分别为 0.04%、0.03%和 0.02%，呈减少趋势。

3．淡水浸泡脱盐技术

人工湿地仅在植物种植区换土，其余仍为原来的盐土，所以采用淡水浸泡的方法排盐。从引入淡水，通过初期大比例的排出盐水，后期不断、少量地排出盐水，将盐分不断地排出人工湿地。

4．水生植物种类选择、栽培技术

在人工湿地种植了芦苇、香蒲、荷花、睡莲、水葱等水生植物，底部沉水植物任其自然恢复，水生植物的成活率均达到 95%以上。次年又选择出穗花狐尾藻、篦齿眼子菜、角果藻、水花生、水蒙、双穗雀稗、长芒稗、水蒿等人工湿地植物种类。

（四）江汉平原湿地生态系统的退化与生态恢复重建

江汉平原位于长江中游流域，系长江和汉水泛滥、淤积形成的冲积平原，分布着由河流—湖泊—沼泽—沼泽型水稻田—潜育型水稻田组成的湿地系统，成为我国重要的农业基地，素有“鱼米之乡”的美誉。然而，也存在着土壤潜沼化加重、生物群落结构简化、生物多样性下降、洪涝渍害加重的现象。为此，及时进行生态系统恢复与重建工作势在必行。具体措施如下：

1．退田还湖，稳定湿地面积，保障湖泊调蓄功能

湖泊的萎缩削弱了江汉平原资源的整体优势，恶化了生态环境，容易引起洪涝灾害。特别是 1998 年长江大洪水之后，退田还湖被确定为治理长江水患的重大措施之一。退田还湖主要是为了分蓄洪水，其中调蓄任务大者以大水面放养为主，调蓄任务不大和分散的小片低湖田，则以开挖精养鱼池和种植水生经济作物为主。

2．恢复江湖复合生态系统的生态平衡

江汉平原江湖复合生态系统的特殊性及优点在于各具功能的江、湖生态环境紧密相连，互为补充。20 世纪 50～70 年代在江汉平原湖区盲目围湖造田的同时，长江中下游还进行了大规模的水利建设，大小湖泊几乎均建闸节制，统一的江湖复合生态系统被分割为受控湖泊和河流两个部分，并且各自呈现出生态平衡失调的现象，特别是湖泊湿地的生物资源。

江湖阻隔割裂了河流与湖泊的天然联系，引起它们各自的生态平衡失调。通过

① 灌江纳苗　灌江纳苗作为一种补救措施可以沟通江湖交流，对于恢复江湖复合生态系统的结构与功能以及恢复江湖洄游鱼类的种群资源，具有重要意义。通过灌江纳苗，可以立体地对受控湖泊的鱼类种类和种群资源进行补充，完善水体食物网的营养结构，尤其是草食性鱼类的天然平衡补充，可达到控制水生植物过度生长，

调节生态平衡的目的。对于江汉平原受控湖泊中的草型湖泊，所面临的主要问题是控制水草的盲目发展，同时又要防止因过度放养草食性鱼类而造成水生植物的破坏。② 建立人工增殖圈　生态治理和水生生物群落结构优化的手段除灌江纳苗外，还通过建立人工增殖圈恢复大型天然湖泊定居性鱼类资源，有控制地圈养草食性鱼类，合理利用水草资源等。由于大量水生植物资源未得到充分利用，植物体自生自灭，逐年堆积于浅水湖底，使湖泊变浅，湖底淤塞。可通过生物控制措施减缓这一过程，如在植物资源丰富的水域适量投放食草性鱼类，在沉水植物带利用网片圈养草鱼，精养鱼池就近利用水草；扩大莲、菱、芡和芦苇等经济植物，利用水生植物发展畜牧业；建立湿地生物自然保护区，增加生物种类的多样性，防止群落种类单一化倾向。

3．建立高效复合湿地农业体系，发展避洪、耐涝农业

针对江汉平原水稻生长期间洪涝灾害发生的特点、类型和规律，早稻、中稻产量受害的特点及当前水稻生产发展趋势，结合国内外水稻耐淹涝研究进展，开展水稻耐涝品种筛选，淹涝对早中稻生长发育和经济产量的危害、早稻耐涝高产栽培与减灾措施等研究，建立了一套水稻耐涝栽培减灾综合技术体系。通过从耐涝水稻品种筛选、耐涝高产栽培、减灾补救措施等技术应用，明显提高耐淹能力，使增产高达20%～30%，具有明显的减灾保产效果。

4．治理湖区湿地环境污染

湖泊生态的恢复与重建要与湖区环境综合整治紧密结合起来，加强对乡镇企业的环境管理，严格控制工业“三废”对湖泊的污染，提倡科学施肥，合理用药，推广复合肥和生物防治，防止水土与作物污染；建立湖泊生态自然保护区，运用生态经济学和系统工程的方法，制定一系列湖泊生态系统的有效保护模式，切实维护湖泊的良好生态环境，逐步实现社会经济和湖泊生态环境的可持续发展。随着湖区经济发展、湿地保护区建立、旅游资源开发、生态减灾工程实施，湿地的保护与开发出现了新的局面。

湿地生态恢复及关键技术如表9-3所示。

表9-3　湿地生态恢复类型及其关键技术

湿地生态恢复类型		关键技术	
自然湿地	湿地生境恢复	湿地基底恢复技术	湿地基底改造技术 水土流失控制技术 清淤技术 水利工程技术
		湿地水体恢复技术	污水处理技术 水体富营养化控制技术

湿地生态恢复类型		关键技术	
自然湿地	湿地生境恢复	湿地土壤恢复技术	土壤污染控制技术 土壤肥力恢复技术
	湿地生物恢复	物种选育和培植技术 物种引入技术 物种保护技术 种群动态调控技术 种群行为控制技术 群落结构优化配置与组建技术 群落演替控制与恢复技术	
	生态系统结构与功能恢复	生态系统总体设计技术 生态系统构建与集成技术	
人工湿地	污水处理	微生物修复技术 植物修复技术	

本章小结

湿地是一类重要的生态系统，有着众多的生态功能和效益，但目前已遭受严重的破坏。在遵循适用性和复合性原则、整体性和综合性原则、地域性和可持续性原则、生态美学原则条件下，可以应用生态工程的原理和方法对湿地进行保护、构建、恢复和调整，运用湿地基底改造技术、水土流失控制技术、清淤技术、水利工程技术污水处理技术、水体富营养化控制技术微生物修复技术、植物修复技术。

复习思考题

1．什么是湿地，有何生态功能？

2．湿地恢复有哪些主要的理论？

3．湿地生态系统恢复工程与技术的基本原则有哪些？

第十章 废弃地生态恢复

【学习指南】本章简要介绍了废弃地的概念、类型及特征；废弃地生态恢复的定义、目的及意义；废弃地生态恢复的原则、步骤和方法。重点阐述了矿区废弃地、城市工业废弃地和垃圾处置场地的生态恢复措施和技术。

第一节 概 论

长期以来，大规模的矿产资源开发和电力、石油、交通、水利、建筑等生产、建设活动，破坏了大量的土地资源，产生了为数众多的废弃地。特别是在城市地区，随着后工业时代的到来，世界各国的经济结构发生了巨大的变化。发达国家城市中，传统制造业衰落，发展中国家的传统产业，也正在从城市内向外迁移，于是在城市中留下了许多工业废弃地。在这些地方，由于人类的长期开发和利用，自然生态系统遭到巨大的破坏，资源枯竭和生态退化现象十分突出。生态系统的退化导致了生态系统的生物多样性下降，组成与结构趋于简单，生态功能衰退，进而影响到局部、城市乃至区域生态环境以及社会经济的可持续发展。因此，研究废弃地的生态恢复问题具有十分重要的现实意义。

一、废弃地的概念

废弃地指曾为工业生产用地和与工业生产相关的交通、运输、仓储用地，后来废置不用的地段。如废弃的矿山、采石场、工厂、铁路站场、码头、工业废料倾倒场等。在城市的发展中这些工业设施具有重要地位，它们往往见证着一个城市或地区的经济发展和历史进程。

据我国国土资源部门估算，全国 80%以上的历史遗留废弃土地没有得到恢复利用，大约为 1.3×10^{7} hm^2，其中仅采矿破坏的土地就达 6×10^{6} hm^2。而且，这个数字还在持续增加，每年约有 6 万 hm^2 新增废弃地没有得到及时复垦。即便是一些国家级的土地复垦示范区，土地复垦的速度仍然赶不上破坏的速度。以煤炭行业为例，因煤炭开采破坏的土地，每年正以 4.7×10^{4} hm^2 左右的速度递增，其中约 60%是好耕地。2005 年，全国在实现 20 亿 t 原煤产量的同时，就破坏了 $4\times10^4\sim6.7\times10^4$ hm^2 土地。

此外，交通、能源、水利等基础设施建设对土地的破坏也不容忽视，仅工程建设过程中因挖土、取土、压占等需要占用的临时用地就相当可观。

二、废弃地类型及特征

常见的废弃地主要有三种类型：矿区废弃地、城市工业废弃地和垃圾处置场地。每一种类型的废弃地各具有不同特点，生态恢复的方法也各异（表 10-1）。

表 10-1　不同类型废弃地的特征、恢复方法及目标

废弃地类型		特征	恢复方法	恢复目标
矿区废弃地	采场	原生生态系统被破坏，轻度污染	覆土、再植被、生态系统设计重建	原生生态系统
	排土场	原生生态系统严重破坏，轻度污染	土壤改良，再植被	
	尾矿区	有害元素大量富集，严重污染	有毒元素去除，再植被	
城市工业废弃地	厂区废弃地	土壤本底值轻度改变，重度、轻度、少量污染	生态系统设计重建	城市人工生态系统
	工业废弃地	原生生态系统完全破坏，严重污染，常常有大量有害元素富集	生态系统设计重建	人工/自然生态系统
垃圾处置场地		原生生态系统完全破坏，中度污染	覆土，再植被，生态系统设计重建	人工/自然生态系统

（一）矿区废弃地

18 世纪 60 年代，蒸汽机的发明和使用使生产力急剧发展，同时，人类对自然界的索取也日益加剧。人类对能源和资源的需要使矿业开采技术飞速提高，能源和资源的开采量飞速增长，开采种类与日俱增，开采技术和开采手段也越来越先进。人类对资源和能源的索取产生了矿区废弃地。

矿区废弃地按照采集类型的不同可分为露天采集区和非露天采集区，露天采集区对生态系统的破坏是根本性的，所有原生生态系统完全被破坏；非露天采集区对地面生态系统的破坏相对小一些，但是非露天采集区对当地土壤和地质结构具有很大的影响，会产生土地沉陷的危险。据初步统计，全国因采矿塌陷毁地面积达 2 000 km^2，现在每年仍以 250 km^2 的速度发展。发生采矿塌陷灾害的城市近 40 个，造成严重破坏的有 25 个。以山东省为例，矿区总面积达 205 km^2，矿山废渣、尾矿库占地面积 57 km^2。

按照采集业的进行过程，矿区废弃地主要包括采场、排土区和尾矿区三种。由于对土地的直接破坏，采场对于生态系统的破坏相当显著，不过采场的环境污染效应并不严重，采场的环境污染主要来源于采掘设备的启动和运输的需要。排土区需要占据大面积的土地堆放排出的废物，对于原生生态系统的破坏也是相当严重的；它会完全破坏原生生态系统，改变原地的土壤特性，而且矿区开发排出的矸石、废渣等对环境具有很大的毒害效应。尾矿区是矿区废弃地中对生态环境影响最大的一种废弃地，大多数尾矿区富集大量有毒有害元素，这些有害污染元素的扩散不仅仅对当地的生态系统具有极大的破坏作用，而且对矿区周围的生态环境也有相当大的威胁。

（二）城市工业废弃地

从 19 世纪中后期开始，城市开始迅速扩张，这种迅速扩张，使得城市内的自然环境系统遭受到根本性的破坏。19 世纪后期，发达的城市工业和繁荣的城市经济反映生产技术的进步和生产效率的提高，在这个时期城市的规模和数量进一步提高。在 20 世纪后期，随着新型城市规划理论的出现和人类环境意识的觉醒，许多大城市开始进行新的用地规划和土地功能重组，许多造成严重污染的城市工业陆续从城市中迁出或者改建。这些城市工业改建后留下的城市空白地就形成了城市废弃地。

城市工业废弃地类型很多，有一些工业对土壤的本底并不造成很大的污染，而一些工业（尤其是化工业）对土壤具有相当大的污染。因此对城市工业废弃地进行生态恢复需要根据不同的目标有针对性地进行。由于城市工业废弃地破坏景观，影响土地利用，极大地影响着城市土地的利用效率和市容市貌，所以它也是一种最迫切需要生态恢复的废弃地。目前，对城市工业废弃地进行生态恢复的途径大多数是将废弃地恢复为城市公园，还有一些废弃地则作为自然保留地。如英国的 Blaenavon 工业公园，它曾是 19 世纪世界主要的钢和煤的出产地，是当时英国工业革命的见证。这里还保留着几乎与工业有关的一切：煤矿和铁矿、采石场、原始的铁路系统、熔炉以及工人住宅和社区，该公园已被列入世界文化遗产名单。

（三）垃圾处理场地

伴随工业化和城市化进程的加快，工业产值不断增长，生产规模不断扩大，人们的物质生活水平和需求不断提高，人类的废弃地产生量也在不断增加，这些废弃物主要包括城市生活废弃物和工业产生的工业废弃物，仅就中国而言，在 1980 年城市生活废弃物就已经达到 3 100 万 t；到 1995 年，城市生活废弃物已经激增到 1.07 亿 t，增加了 243.2%。在这些废弃物中，大多数的城市废弃物均为固体，人们对这些城市固体废弃物的简单处置形成了垃圾处置场地废弃地。

在垃圾处置场地废弃地中，较难进行生态恢复的是城市垃圾填埋场地，由于对土地的占用和覆盖，城市垃圾填埋会完全破坏原生生态系统。垃圾填埋场的主要成分是生活垃圾，垃圾在降解的过程中，会产生垃圾渗滤液和主要成分为甲烷的逸出气体，这些物质可以改变土壤的理化性质，影响植物成活，并对周围的生态环境产生不良影响。在垃圾填埋场上进行生态恢复，首先要克服这些填埋产物的负面作用，这也在一定程度上给垃圾填埋场生态恢复造成了一定的难度。

三、废弃地生态恢复的定义、目的和意义

（一）废弃地生态恢复的定义

对矿区废弃地的生态恢复要求进行生态复原或者生态修复，即恢复到原始状态或可利用状态；对城市工业废弃地和垃圾填埋场的生态恢复要求进行生态改建，恢复到一种具有景观美学价值或者可利用的生态系统。因此，本章讨论的生态恢复是一种广义上的恢复，即相对于生态破坏而言，生态恢复是帮助整个生态系统恢复并对其进行管理的一种人类主动行为。在这里生态恢复并不要求有一个明确的目标和结果，所有对生态系统恢复的有益尝试都可以归纳到生态恢复的范畴。

自然可以对被破坏的环境进行恢复，但是这种恢复的速度相当缓慢，如一块中度污染的矿业废弃地可能需要 50～100 年的时间才能渐渐恢复，而土壤系统的恢复可能要持续 100～1 000 年。为了加速矿区的生态恢复，开展人工恢复，特别是根据废弃地的具体条件，利用一定的技术措施开展恢复工作是十分必要的。对废弃地进行生态恢复是可持续发展的实际需要，也是世界各国发展经济、改善环境必须要克服的难题，对废弃地进行生态恢复在生态上、社会上和经济上都具有很大的实际意义。

（二）废弃地生态恢复的目标

由于废弃地原有的生态功能已经完全被破坏掉，所以进行废弃地生态恢复的首要目的是恢复原有土壤环境的系统功能，以实现对土地的再利用。其次可以将废弃地恢复为自然生态系统、城市景观生态系统、农田生态系统等不同类型的生态系统。对某一个废弃地的生态恢复，其目标则应该具体到对当地的物种种群进行恢复，对当地的生态景观和生态系统进行恢复，以及对生态系统的结构和功能进行全面的恢复。

（三）废弃地生态恢复的意义

废弃地生态恢复的意义体现在生态效益、经济效益和社会效益三个方面。

对废弃地进行生态恢复，可以带来巨大的生态效益。废弃地的生态恢复可以使被破坏的土地生态系统得到改善，促进整个自然生态系统的融洽与协调，并保持系

统间的良性循环与平衡发展。废弃地的生态恢复可以削减污染，减轻污染带来的负面影响，改善当地的生态环境。废弃地的生态恢复可以恢复植被和土壤，保证一定的植被覆盖率和土壤肥力，增加种类组成和生物多样性，实现生物群落的恢复，提高生态系统的生产力和自我维持能力并增加视觉和美学享受。当生态系统被恢复之后，其带来的生态效益诸如扩大绿化面积、美化环境、调节气候、减少噪声、减少水土流失等是难以估量的。

废弃地的生态恢复顺应了发展循环经济的社会需求，可以促进工业产业链的重新组合，并为生态恢复单位带来可观的经济收益。一方面城市废弃地的生态恢复使土地生产力得以恢复、生态环境得以改善。如山东省北墅石墨矿区，至 1995 年恢复土地面积 351.7 hm^2，用于建造农田、桑田、林地、风景区、鱼塘等，平均每公顷投入恢复工程费用 15 477 元，而恢复后的土地种植农作物每公顷纯收入为 2 880～5 400 元/年，种植果树和药材每公顷纯收入达 24 000～30 000 元/年，在 2～3 年中就收回了投资费用，经济效益十分显著。另一方面，矿区废弃地的生态恢复也可以减少征用土地的费用，降低企业生产成本和经济负担。如辽宁抚顺矿务局在抚顺市近郊采煤，破坏的菜地征地费高达 142.5 万元/hm^2，而经中国土地学会复垦分析，每公顷废弃地只需投资 37.5 万元即可恢复为菜地，这样以地换地，不需要征地费用，大大减小了企业的经济负担。此外，对废弃地进行生态恢复还有助于区域旅游文化的开发和满足城市居民的游览需要。

废弃地的生态恢复具有很大的社会效益，一方面废弃地的生态恢复可以美化社会环境，避免居民远距离迁移带来的不便和种种隐患。另一方面，废弃地的生态恢复也可以节约土地资源，缓解目前发展中国家地少人多的现状。在中国，将废弃地，尤其是矿区废弃地进行生态恢复之后进行复垦已成为节约耕地的一种基本方法。废弃地的生态恢复减少了土地的破坏和不良利用，且可以减少因土地占用而产生的移民，而废弃地恢复后的管理还能够产生一定的劳动力需求，对社会的安定团结也起到了一定的作用。

四、废弃地生态恢复的原则、步骤和方法

废弃地的产生使大量土地闲置，在浪费土地资源的同时影响景观，有一些废弃地还对环境造成了相当大的负面影响。对废弃地进行生态恢复，不仅能恢复被破坏的土地资源，使其重新得到利用，也可以恢复已经日趋淡漠的人与自然的关系，使之更为和谐，为人类带来更好的发展环境。废弃地产生的途径多种多样，对废弃地进行生态恢复也要遵循一定的原则和方法，有组织有计划地进行。

（一）废弃地生态恢复的原则

进行废弃地的生态恢复要依照以下原则进行。

（1）自然规律。废弃地的生态恢复受到自然环境的巨大影响，对废弃地进行生态恢复必须要首先考虑当地的各种自然特征、环境因素、因地制宜地进行。

（2）系统原则。无论废弃地产生的途径如何，无论废弃地恢复后进行何种的利用，废弃地的生态恢复都是进行一个生态系统的恢复，必须遵循生态系统的规律，按照生态系统的原则和方法来建立。即建立合理的内容组成（种类丰富及多度）、结构（植被和土壤的垂直结构）、格局（生态系统成分的水平安排）、异质性（各组分由多个变量组成）、功能（诸如水、能量、物质流动等基本生态过程的表现）。另外，矿区废弃地的生态恢复的对象又是一个社会、经济、自然三个子系统的相互耦合、相互促进、相互制约的动态系统。三个系统之间的物质、能量、信息的传递是一个统一整体，每个子系统都要考虑其构成要素、结构特点及彼此之间的关系。

（3）无害化原则。对废弃地的生态恢复要首先考虑到生态的手段，尽量使用对其他生态系统无害的手段对废弃地进行生态恢复。以其他生态系统的损失作为本地生态恢复的代价，不符合生态恢复的内涵。

（4）经济原则。对废弃地的生态恢复要实事求是，从区域资源的适宜性出发，考察区域社会经济特征，确定生态恢复的内容和重点，设计生态恢复方案，规划生态恢复项目，从地力、人力、财力三方面量力而行。

（5）管理和监督原则。对废弃地进行生态恢复之前，应该制定废弃地生态恢复规划，在废弃地进行生态恢复之后，应该对已经恢复的废弃地进行有效的管理和监督，直到其生态系统功能和结构趋于完善为止。对于矿区废弃地来说，生态恢复应该建立风险评价模式，进行法律上的规定，即必须由国家立法部门以法律的形式确定治理工作必须达到的标准；在实施矿业开采活动之前，应该根据有关法律、资源的储存情况、开采活动可能造成的生态破坏类型和程度、开采者的技术能力和进行生态恢复的经济能力等进行风险评价。

（二）废弃地生态恢复的步骤

废弃地的生态恢复不能草率，需要经过一定的步骤有计划地进行。一般来讲，生态恢复可以依据如下步骤进行。

1．前期基础调查

在土地利用开始之前，开展本底调查，即对土壤、植被、动物、自然资源甚至人文遗产等进行详查记录，并拍下原貌照片，在条件允许的情况下保存原生的动植物资源。

2．现状调查和分析

对已有的废弃地进行现场调查与分析，包括地质及自然条件、社会经济现状及发展目标、自然资源状况和环境污染状况等。结合现有条件进行废弃地生态恢复的整体规划和生态恢复工程设计，确定恢复目标。

3．地形地貌和土壤系统恢复

对现有的废弃地进行地形修整，重建表土层，对土壤采取一定的改良措施，建设排灌系统并采取一定措施防止水土流失。

4．生态系统的恢复

按照生态恢复规划和设计进行生态系统的恢复或重建，并设定一定的指标在一定的时期后对生态系统的重建和恢复进行评价。

5．生态恢复的管理和监督

对生态系统的恢复过程进行管理，对出现的问题及时进行补救；对生态系统的恢复过程进行监测，以获取新的知识应用于以后的生态恢复研究。

（三）废弃地生态恢复的方法

废弃地生态恢复的方法有很多种，按照生态恢复利用技术，可以分为工程（物理）恢复方法、化学恢复方法和生物恢复方法。

1．工程恢复方法

工程恢复方法是生态恢复的基础方法，广泛应用于各类生态恢复工程中。它主要通过改变废弃地的地形、地貌和土壤本底进行恢复，建立利用植物生长的表层和生根层。在实践中，主要的方法有表土处理方法与堆置、平整等；矿坑恢复方法如矿坑充填、积水坑疏排、建造人工湖泊等；还包括一些如强夯、疏松、淋溶以及表土更换等土壤改良措施。一些物理恢复方法往往是生态恢复的开端，为生态恢复提供一个较好的土壤基质层，以利于植被的恢复。

2．化学恢复方法

化学恢复方法在生态恢复中的利用相对较少，一般只应用于小范围的生态恢复，它的主要目的有二：一是和工程恢复方法结合，改良土壤的本底，以适合植物生长；二是在生态恢复的过程中提高植物的成活率和生长的速度。目前使用的化学方法包括酸化（添加炼铁残渣或有机质）、碱化（添加碱石灰）、去除盐分（添加石膏）、去除毒物（EDTA 配合）、营养物添加（合适的化肥、有机质）等。

3．生物恢复方法

生物恢复方法是目前利用比较广泛的一种方法，在工程恢复进行之后，都要普遍地采用生物恢复方法对生态系统进行恢复。其目的是恢复土壤肥力和生物生产能力，建立稳定的植被层以构建生态系统。根据生态恢复的阶段，初期的生物恢复方法包括微生物土壤改良、特种植物栽种、植物引种等；生态恢复后期的生物恢复方法包括个体、种群、群落各个层次的生物恢复、控制技术。

第二节　矿区废弃地的生态恢复

矿产资源是经济、社会发展的重要物质基础，但在矿产资源的大量开发过程中，不可避免地要破坏自然环境，造成大气、水体、土壤污染。矿山开采带来的最直接的环境问题是矿区生态破坏。我国是一个矿产大国，矿山开采造成的生态破坏和环境污染点多、量大、面广。随着人口的增长和经济快速发展，人均资源占有量快速下降，资源短缺、生态环境恶化，资源保护和经济建设之间的矛盾日益突出，资源与环境问题也将更加显著，已经成为制约我国社会、经济可持续发展的重要因素。据统计，我国每年工业固体废物排放量的85%以上来自矿山开采，全国矿山开采累计占地约 $6\times10^6\,hm^2$，破坏土地近 $2\times10^6\,hm^2$，且仍以每年 $4\times10^4\,hm^2$ 的速度递增。矿山开采不仅造成山体崩塌、地面沉陷，地形、地貌发生巨大改变，同时大量的废石、尾矿等固体废弃物数量越积越多，不仅占用大量土地，还成为严重的污染源，严重的矿山生态环境危机已经展现在人们面前。加强恢复利用矿山开采破坏的土地，搞好矿山生态建设已成为矿业可持续发展的重要问题。

矿区废弃地是指在采矿过程中所破坏的、未经处理而无法使用的土地。它包括以下几种：

排土场：由剥离表土、开采岩石碎块和低品位矿区堆积而成的废石堆积地。

采场：矿体采完后留下的采空区和塌陷区形成的采矿废弃地。

尾矿区：开采出的矿石经过选出精矿后产生的尾矿堆积形成的尾矿废弃地。

其他：采矿作业面、机械设备、矿区辅助建筑物和道路交通等先占用后废弃地的土地。

一、矿区废弃地对生态环境的危害

大量的矿产资源开采对生态环境的影响是多方面的，从对土地资源的占用和破坏、地表景观的改变到对环境的污染和生物的影响等，尤其是重金属含量过高，而其在土壤系统中的污染过程又具有隐蔽性、长期性和不可逆性，因此常给周边地区的生态环境造成重大的影响。

（一）地表塌陷

采矿业对地质结构的强烈扰动，无论是正在开采或已废弃的矿山，都有产生地表塌陷和诱发地震的危险。广东凡口铅锌矿地表开裂影响区近 $5\,km^2$，建筑受损面积 $7\times10^4\,m^2$，农田受损面积 $0.7\,km^2$，河流中断，矿坑涌水加剧。大同煤矿因采空区顶部冒落产生地震几十次，最大震级为里氏3.4级。

（二）土地挖损

挖损是露天开采破坏土地最主要、最直接的形式，开采前的表土层剥离使原来生长的农作物、果园、森林等遭受破坏，土地的生产能力降低或丧失，引起水土流失和沙漠化，在环境脆弱的北方地区尤其严重。挖损地分布与采矿区一致，而且挖损范围要略大于开采范围。挖损一般形成地表大坑，有的造成常年或季节性积水。如在辽宁省抚顺的一个露天煤矿，开采后形成一个长 11 km、宽 2.5 km、深 288 m 的大坑，破坏土地近 27 km^2。

（三）占压土地

一般情况下，露天采矿所占用土地面积大约相当于采矿场面积的 5 倍以上。我国现有国营矿山企业 8 000 多个，个体矿山达到 23 万多个。这些矿山企业在开采矿区过程中对土地的破坏是惊人的。我国矿区破坏土地面积累计达 2.9×10^4 km^2，并且每年以大约 4.67×10^2 km^2 的速度增长，进一步加剧了我国人多地少的矛盾。

（四）对地表景观的破坏

对地表景观的改变露天开采必须砍伐植物和剥离表土，因而地表植被往往荡然无存，取而代之的是大片的裸地；地下开采常导致地表沉陷、裂缝，影响土地耕作和植被正常生长，从而引发地貌和景观生态的改变。尽管两种采矿方式对土地的破坏途径、程度和方式不同，但都不可避免地造成地表景观的改变，导致数倍于开采范围的区域生态和自然景观的破坏。据统计，我国因采矿直接破坏的森林面积累计达 1.06×10^6 hm^2，破坏草地面积达 2.63×10^4 hm^2。

（五）环境污染危害人体健康

矿业废弃物中含有大量的酸性、碱性、毒性或重金属成分，这些物质通过地表径流和大气扩散，污染水、大气、土壤及生态环境，其影响的区域远远超过了矿区的范围。重金属污染是矿业废弃地普遍存在且最为严重的问题。这些重金属在水蚀、风蚀作用下能迅速向四周扩散并在土壤中积累，当积累达到一定量后就会对土壤、植物系统产生毒害，不仅导致土壤退化，农作物产量和品质降低，而且还将通过径流和淋洗作用污染地表和地下水，使水文环境恶化，并可通过直接接触、食物链等途径危及人类的生命和健康。

（六）破坏生物群落的生态平衡和生物多样性

探矿、采矿引起的地表与地下的扰动可以对生物群落造成极大的危害，且许多是不可逆的。裸露的矿业废弃地继续加剧着这种破坏，造成废弃地周围甚至更大范围内生物多样性的减少和生态平衡的失调。如广西的刁江曾是河池市有名的鱼乡，有鱼类20多种，但由于上游的大厂、车河矿等选矿废水的污染，导致鱼虾几乎绝迹。

（七）诱发各种自然灾害

采矿业对地质结构的强烈扰动，有可能产生地面塌陷和诱发山体开裂、滑坡等多种自然灾害。1996年在英国南威尔士的阿邦番一座高达60 m的矸石山滑塌，11×10^4 m^3的矸石塌落下来，使100多人丧生。2000年10月在广西发生了一起尾矿坝溃决灾难，引发的强大的泥石流摧毁了附近的村庄。矿产资源开发还会带来水土流失、生物多样性减少、噪声污染等生态问题。

因此，矿区生态环境的修复治理是我国一项十分紧迫的任务，它是关系到矿区的生态安全和采矿业能否持续发展的关键。

二、矿区废弃地生态恢复概况

矿区废弃地生态恢复研究是恢复生态学研究的一个重要方面，在国内外都备受关注。

（一）国外矿区废弃地生态恢复现状

国外的矿区废弃地生态恢复技术研究和实施工程起步较早，特别是在欧、美等一些发达国家，其基础研究起点可追溯到19世纪末期，大规模的生态恢复工程在20世纪中期普遍展开，并在施工技术、土壤改造、政策法规、现场管理等领域取得了大量成果和成功的经验，且各有特色。

美国的矿业生态恢复起步于20世纪30年代，1977年颁布了《露天采矿管理与恢复（复垦）法》，除此之外，各州均出台了许多土地复垦相关法规，使土地复垦工作走上了正规的法制轨道。在完善管理制度的同时，又采用严格的执法手段，其主要措施是采矿许可证制和复垦保证金制，并采用各种政策募集复垦基金。

澳大利亚的矿区恢复已经取得长足进展和令人瞩目的成绩，被认为是世界上先进而成功地处理扰动土地的国家。澳大利亚的矿区废弃地生态恢复采用综合的模式进行，矿区的生态恢复工程经过周密的设计，不仅仅限于合理安排土地的恢复功能，而且注重防止矿区废弃地对地下、地表水系的影响和对大气环境的影响。更重要的是，澳大利亚的生态恢复设计包含了动植物的栖息地、生态系统的恢复，从而使矿区的生态恢复脱离了单单进行土壤恢复利用的简单范畴，更接近于生态恢复的本质内涵。

在1969年英国政府就颁布了《矿山采矿场法》，提出矿主开矿时必须同时提出生态恢复计划及管理计划，并制定了生态恢复的衡量标准。英国对于煤矸石的生态恢复利用和露天煤矿采空区的生态恢复也都积累了很多的经验。如在阿克顿煤矿，从井下运上来的煤矸石都是直接运送到附近的露天煤矿的采煤坑中进行填充，进行了分区开采，边开采边恢复。经过周密的设计，工作人员将露天采矿的生态恢复和非露天采矿的废弃物堆放有机结合起来，使该地区地形地貌形成了一个完美、和谐的整体。

德国是世界上重要的采煤国家，年产煤达 2×10^8 t，以露采为主。德国政府对煤矿废弃地的复垦、生态恢复十分重视，早在 20 世纪 20 年代就开始对露天煤矿矿区废弃地进行复垦。到 1996 年全国煤矿采矿破坏土地 1.5×10^3 km²，已经完成复垦、生态恢复的面积有 8.23×10^2 km²，恢复率达 53.5%。

煤炭工业为日本战后的复兴和发展作出了重大的贡献。为处理矿业开采遗留的种种问题，日本政府于 1952 年、1963 年分别制定了《临时煤炭矿害复垦法》（复垦法）和《煤炭矿害赔偿担保等临时措施法》（担保法），并于 1968 年将担保法修订为《煤炭矿害赔偿等临时措施法》（措施法），成立了煤炭矿害事业团。1996 年，日本对矿区废弃地的生态恢复进行了统一规划，计划到 2001 年将日本的全国范围内的矿区废弃地全部消除，并成立了新能源产业技术综合开发机构（NEDO）以负责处理矿区废弃地的生态恢复问题。

（二）国内矿区废弃地生态恢复现状

我国矿区废弃地的生态恢复工作始于 20 世纪 50 年代末，但是直到 80 年代这项工作基本上还是处于零星、分散、小规模和低水平的状况。1988 年我国颁布了《土地复垦规定》，使我国采矿废弃地的生态恢复工作步入了法制化轨道，其恢复的速度和质量均有较大的提高。《土地复垦规定》是我国比较全面的第一部土地复垦政策法规。它的实施标志着中国土地生态恢复从无法可依到有法可依的里程碑式进步。它明确了“谁破坏，谁恢复”的原则。据统计，1990—1995 年全国累计恢复各类废弃土地约 5.33×10^5 hm²，其中 1 526 家大、中型矿山恢复矿区废弃地约为 4.67×10^5 hm²，占全国累计矿区废弃地面积的 1.62%，但是对 389 座乡镇矿区的调查表明，乡镇小型矿区对土地破坏十分严重，生态恢复率几乎为零。从总体上看，我国各类矿山废弃地的生态恢复工作并不乐观。

三、矿区废弃地生态恢复规划

矿区废弃地的生态恢复不仅涉及自然科学（地质学、土力学、农学、林学、生态学、生物学、环境科学等）、技术科学（采矿、生态工程、水利、水土保持等）、社会科学（人口、经济学等）等学科，而且涉及国民经济的许多部门（采矿业、土地管理、农业、林业、水利等），具有明显的综合性和复杂性，是一项复杂的系统工程。对矿区废弃地进行生态恢复之前，必须对生态恢复工程进行规划和设计。

（一）矿区废弃地生态恢复规划的原则

资源开发对水体、大气、土壤、动植物、地下资源等均产生不同程度的影响。矿区土地的复垦是恢复或弥补这些影响的重要措施之一，根据我国土地供需形势，借鉴国外的成功经验，提出如下规划原则：

1．因地制宜原则

根据矿区所在地的自然、气候条件，按照土地适宜性评价的结果，宜农则农、宜林则林，合理安排各类用地，使遭破坏的土地发挥最大效益，将有潜在可能性的生产力变为现实生产力。如将深积水区改造成鱼塘，将无积水区改造成耕地、林地或园地。因地制宜不仅体现在空间差异上，而且体现在实践更替上。比如采煤塌陷前的水田，因地下水系遭到破坏，塌陷后部分地段则由于地表地下水的疏干而只能发展旱作农业。

2．持续性原则

可持续发展思想对于矿区土地恢复规划显得特别重要，因为矿区废弃地、塌陷地的产生正是源于资源开发利用的不可持续性。只有土地恢复规划以可持续发展为基础，立足于土地资源的持续利用和生态环境的改善，才有利于保证社会经济的可持续发展，变“废弃”为可利用，达到永续利用。

3．综合效益原则

矿区土地恢复追求的目标是融社会、经济和生态效益为一体的综合效益最优，即使土地恢复寓于社会经济发展和维持生态系统平衡之中，谋求社会、经济、生态三效益的统一。

4．统一的原则

坚持开采工艺设计与恢复设计相统一是国外矿山通行的做法，也是采矿法规明确要求的。把恢复内容纳入采矿计划之中，统一规划、统一管理，使开采程序和排土程序及排土工艺根据土地恢复的要求做出相应的调整，既可节省恢复费用，更能使遭破坏的地表尽快恢复其功能。这也是我国矿山规划必须重视的一点。

（二）矿区废弃地生态恢复的内容与步骤

矿区土地恢复规划的内容与步骤如表 10-2 所示。

1．矿区废弃地现状调查与分析

明确矿区废弃地生态恢复的重点。获取必需的基础资料。

2．总体规划

确定规划范围和规划时间，编写恢复目标和任务，然后将恢复对象分类、分区并做分区实施计划，对总体规划方案进行投资效益预算，并形成一个可行的规划方法。

3．恢复工程设计

在总体规划的基础上，对近期要实施的恢复项目进行详细设计。

4．审批实施、工程验收与评估

在恢复工程进行后，土地管理部门应该对恢复工程进行验收，土地的使用者应该对恢复后的土地进行动态的监测管理。

表 10-2 矿区废弃地生态恢复规划阶段的目标和内容

阶段	内容	目标
勘测与调查分析	地质采矿条件调查与评价	明确土地恢复的问题性质，为总体规划提供详细的基础条件
	社会经济现状调查与评价	
	社会经济发展计划	
	自然资源调查与评价	
	环境污染现状调查与评价	
	地形勘测	
总体规划	结合开采范围和地质条件，确定规划区范围	为区域土地利用的合理性质提供保证，为生态恢复工程设计提供依据
	确定规划时间	
	选择土地利用方向与恢复工程措施	
	制订分类、分期恢复方案	
	恢复规划方案的优化论证	
	投资效益预测	
	对相关问题的说明	
生态恢复工程设计	明确工程对象（位置、范围、面积、特征）	供施工单位施工
	设计工艺流程、措施、机械设备选择、材料消耗和劳动用工等	
	实施计划安排（物料来源、资金来源等）	
	施工起止日期安排，工程投入与收益的详细预算	

四、矿区废弃地生态恢复技术

矿山开采过程中对当地的生态环境造成毁灭性的灾害，使原先的正常健康的生态系统变成了一个组成成分发生改变、结构不完整、功能不健全，较脆弱的一个生态系统，所以矿区废弃地的生态恢复就是使这些废弃地重新变成功能正常的、健康的生态系统。

一般来说，矿区废弃地的生态恢复技术包括以下几方面：微地形改造技术、受损土壤基质改良技术、植被恢复技术。

（一）矿区废弃地微地形改造技术

矿区废弃地微地形改造技术包括充填技术和非充填技术两大类，其中充填技术有煤矸石充填和粉煤灰充填等；而非充填技术有挖深垫浅法、疏排法、梯田式复垦法、泥浆泵复垦法等。

1．充填技术

所谓充填恢复技术就是使用一些固体废弃物质，对采矿留下的矿坑或塌陷区进行充填，对于一些留有积水的区域或者地势不平整的区域也可以利用充填恢复技术进行地形地貌的平整和恢复。

（1）煤矸石充填恢复技术。煤矸石是煤炭开采、洗选加工过程中产生的废弃岩石，约占煤炭产量的 15%。中国是世界上最大的煤炭生产国和消费国，2000 年全国煤矸石排放总量达 1 亿多 t，约占全国工业废渣排放量的 1/4。目前全国煤矸石的总积存量已达 30 亿 t 以上，形成矸石山 1 000 多座，占地 112 万 hm^2，而且排放量仍在逐年增长。煤矸石一般都是露天堆放，长年风吹日晒，雨水冲刷，风化分解，从而产生大量粉尘、酸性水、携带有重金属的离子水，污染大气、地面水源或下渗损害地下水质。煤矸石虽然对环境造成危害，但如果加以适当的处理和利用，仍是一种有用的资源。利用煤矸石作为复垦采煤塌陷区的充填材料，既可使采煤破坏的土地得到恢复，又可减少煤矸石的占地及对环境的污染。如在中国山东新汶矿区，利用煤矸石填充柴汶河两岸的采沙坑、协庄井田的部分塌陷区，累计利用煤矸石 104 万 t，成功开发出土地约 31 hm^2，取得了显著的社会效益和经济效益。

按照充填方式，矸石充填可以分为分层充填和全厚充填。分层充填是将矸石充填第一层，压实一层；全厚充填是一次充填至设计高度后再采取压实措施。在煤矸石充填的时候应该注意将下层的矸石压紧或者加入一定的辅助材料（如黏土）进行压实，以形成一定的隔水层。这样做有两个目的：一是尽量减少地面水下渗，减缓煤矸石的淋溶速度，保证土壤中水分、养分的同时防止煤矸石中的有毒元素进入；二是可以防止地下水面上升造成的土地盐碱化。在煤矸石底质之上要覆盖一定厚度的表土，根据地区的不同和开采矿业的不同，表土的厚度各不相同，中国的充填表土一般在 1 m 以上，有的甚至在 2 m 以上。

（2）粉煤灰充填恢复技术。粉煤灰是燃煤电厂排放的一种废料，一般 1 万 kW 装机容量的燃煤电厂，每年就要排放粉煤灰 1 万 t，因此需要占地面积巨大的储灰场。粉煤灰占用土地，影响景观的同时也会随着风力扩散，造成环境污染。而沉陷区形成的巨大容积正好是矿区废弃地附近燃煤电厂排灰的理想场所。中国内蒙古自治区乌海市应用粉煤灰充填的复垦土地植树造林，共计复垦土地 107 hm^2，成功引入刺槐、臭椿、杨树、柳树 4 个品种。

使用粉煤灰充填恢复之前应该在计划恢复的区域内修筑储灰场，将恢复区的表土预先取出筑成储灰场围堰，然后利用管道将电厂的粉煤灰水利输送到沉陷区，排入储灰场。灰场内粉煤灰不断沉积积累，而水则由储灰场排水口流出，循环使用。当粉煤灰的积累达到预计高度的时候，停止充灰，在粉煤灰的表面覆盖表土，形成新的土地。

2．挖深垫浅法

在各治理单元内，根据地表塌陷量大小分布情况，在积水较深的区域继续深挖建设深水养殖塘，水深较浅的主要用于种植水产经济作物，浅水域周边地区可治理为蔬菜基地。这种方法利用开采沉陷形成积水的有利条件，把沉陷前单纯种植型农业，变成了种植、养殖相结合的生态农业。挖深垫浅的复垦方式在沉陷区复垦中，特别是华东、华北各矿区土地复垦中广泛应用，同时也适合用于废石场的复垦。

3．梯田式复垦法

在采矿形成的塌陷区，如土地的坡度在2°以内，通过土地平整或不平整就能耕种；塌陷后地表坡度在 2°～6° 时，可沿等高线修整成梯田，并略向内倾以拦水保墒，土地利用时可布局成农林相间，耕作时可采用等高耕作，以利水土保持。这种土地复垦形式为梯田式复垦。在丘陵山区或中低潜水位采层厚度较大的矿区，耕地受损形成台阶状地貌、塌陷盆地，或中低潜水位矿区开采沉陷后地表坡度较大时，梯田式复垦较为适用。

4．疏排法

疏排法是建立合理的排水系统，选择排除塌陷区积水和降低地下潜水位，以达到防洪、除涝、降渍的目的。疏排法通常采取整修堤坝和分洪的方法，是解决高潜水位矿区塌陷地大面积积水问题的有效办法，而且复垦费用低，复垦后土地利用方式改变不大。

（二）矿区废弃地土壤改良技术

矿业废弃地中一般缺乏氮、磷、钾等营养元素，但这些营养元素难以由自然过程所恢复，或者需要很长时间，必须通过人为方式恢复。土壤作为植物生长的介质，其理化性质和营养状况是生态恢复与重建成功与否的关键。

矿业废弃地土壤条件的改良可分为两种情况，一是废弃地上根本没有土壤层，必须先覆土，再改良；二是废弃地上有土壤层，可进行直接改良。第一种情况称为客土法，将第二种情况称为直接改良法。

客土法的关键是寻找土源和确定覆盖的厚度与方式。为解决土源问题，有些国家或企业要求，在采矿工程动工之前，先把表层（30 cm）及亚表层（30～60 cm）土壤取走，并认真加以保存，待工程结束后再把它们放回原处。

直接改良法就是要因地制宜地改变不利于植物生长的三种土壤因素，分别是物理条件差、某些营养物质的缺乏和毒性。因此，土壤改良的目的有三个：一是改善土壤的结构等物理条件；二是改善土壤的营养状况；三是去除土壤中的有毒物质。

1．物理性改良

（1）表土转换。在工程动工之前，应该先取 30～60 cm 土壤，并且把其保存封藏，尽量减少其结构的破坏和养分流失，在矿山开采完毕后，把表土重新迁回原处，使其还原。这一方法在西欧大多数国家已要求在露天矿山中采用此技术，我国仅有少数矿山采用此技术；另外也可以从别处取来表土覆盖于破坏的区域，但是代价昂贵，且获得适宜的表土较困难，这种方法只适用于小面积的严重污染土壤的治理。

（2）客土法。城市污泥在矿区废弃地基质改良中作用巨大。城市污泥是城市污水处理厂在污水处理过程中产生的固体废物。城市污泥目前的主要处理方法是填埋、焚烧、倒海和土壤改良利用等。由于城市污泥除了含有丰富的氮、磷、钾和有机质外，还有较强的黏性、持水性和保水性等物理性质。

城市污泥对矿区废弃地基质改良主要作用有以下几个方面：① 改良废弃地的理化性质、增加土壤肥力。由于城市污泥的物理、化学和生物特性，施用城市污泥能够迅速有效地提高矿区废弃地的有机质含量并改变其结构性能。城市污泥中的氮、磷、钾和有机质经矿化，很易被植物吸收。因而，通过城市污泥来改良矿区废弃地，能够迅速而持久地为恢复的植物供肥。据 Sort.X.和 Alcaniz.J.M.的研究，施用污泥后，0～30 cm 和 30～60 cm 土层的全氮量显著增加，水溶性的有机氮会在 60～90 cm 的土层富集，尤其在干旱季节，有利于植物从深层吸收氮。同时，还能改良土壤的理化性质，从而保证植物的生长，达到防止水土流失和改良土壤的目的。②有利于提高矿区废弃地微生物的活性。土壤微生物的活动参与和促进土壤中物质循环，是构成土壤肥力的重要因素。通过施用城市污泥，改善土壤环境为土壤微生物的活动提供了条件。土壤微生物又反过来进一步促进土壤肥力的提高。城市污泥一方面含有大量的有机质和矿物养分，有利于促进土壤原有微生物的活动和繁殖；另一方面又因为其本身主要是由微生物群体组成的活性污泥（1 g 污泥含细菌高达数万亿个），从而直接地大大提高了土壤中微生物的数量。微生物促进有机物的分解和氮素的矿化作用和硝化作用，提高养分的有效性。

2．化学改良

化学改良技术的基本原理是向土壤中加入各种化学物质，以改造土壤系统的化学特征。化学修复技术包括多种，如施肥（有机肥、化学肥）、酸化、碱化及重金属去除等。化学改良技术是一种见效快，容易实行的土壤生态恢复技术，但是这种技术劳动力的消耗和资金的投入都比较高，而且技术使用不当容易产生不良的后果，对土壤系统产生更严重的影响。故此化学改良技术应当在充分调查废弃地土壤性质的前提下使用。

（1）施肥。对许多矿山的研究表明，多数矿区废弃地土壤缺乏植被生长所必需的有机质如氮、磷、钾等及一些微量营养元素。为恢复土壤的肥力及提高土壤生产力，可以向土壤中添加一些有机添加剂，最好是选择一些有机废弃物如污水污泥、垃圾或熟堆肥等；还可以向土壤中添加一些无机添加剂如采石场废弃物、粉碎的垃圾、煤灰、石灰、石膏肥料、氯化钙和硫酸等，改善土壤特性。在施肥的时候应该先注重有机肥的使用，据报道，有机肥对多种污染物在土壤中的固定有明显作用。如红壤施用紫云英后，镉在土壤溶液中的含量明显减少。研究表明，适量使用有机肥可以防止作物的汞污染，这可能是汞与腐殖酸的螯合作用降低了汞的迁移能力。但值得注意的是，有机肥对各种污染物的作用在不同的土壤中的表现不一，因而在施加有机肥时应根据不同的土壤慎重实施，根据科学研究并结合实践，施加适当和适量的有机肥。

除了向土壤中添加之外，还可以在土壤表层覆盖一层物质，如在有毒的尾矿废弃物上覆盖一层如煤渣、钢渣等惰性材料，可防止有毒金属向表土层迁移，起到化学稳定修复作用。植物残余物（如稻草或大麦草）也可作为覆盖物将土壤表层与极端温度变化隔开，增加土壤的持水量并减少地表径流对土壤造成的侵蚀。

另外，还可以向土壤中添加一些吸附剂，如可以利用黄铁矿吸附土壤中的铜、铅、锌等重金属以修复污染，也可以利用褐煤作为土壤重金属污染的吸附剂。

（2）酸化和碱化。矿区废弃地的土壤系统常常具有不正常的酸碱度，尤其以尾矿区最为严重。而土壤营养物质可利用性随 pH 值和氧化还原潜力的变化而变化。除了植物生长需要合适的土壤酸碱度之外，控制土地系统的酸碱度也可以加快很多营养元素的利用效率。

如果矿区废弃地土壤系统已经不适合植物的生长，可以通过添加一些物质对土壤系统进行恢复。

大多数矿区废弃地的问题是酸化。在硫铁矿、铜矿、铅锌矿和煤矿等矿区过度酸化的废弃地，向土地中添加碱石灰是一种常用的技术。当废弃物的酸性较高或产酸较持久时，则应少量多次地使用碳酸氢盐或碱石灰。

对于碱化的土壤，可以向其中添加一些含硫的物质（比如炼铁的矿渣）或者有机质，降低土壤的 pH 值；硫黄和石膏也常常用于改善碱性矿区废弃地。国外学者曾经利用硫化铁矿的自然沉降来修复碱化土地，试图建立一处低洼地，取得了比较好的效果。对富含较高碳酸钙及 pH 值的矿山废弃物，也可利用适当的煤炭腐殖酸物质进行改良。

（3）重金属去除。尾矿废弃地的土壤系统中常常含有大量的重金属元素，对这些重金属元素可以采用化学固定法，即通过加入化学物质降低重金属的可溶度，从而降低植物对重金属的可利用性，使重金属元素对植物的影响消失。如 EDTA 可以和重金属离子形成稳定的配合物，降低了重金属离子的毒性，减少植物对重金属离子的吸收。

3．生物改良

生物改良是利用生物技术治理矿区污染土壤的一种新方法，主要包括绿肥法，植物修复法和微生物法三大类，是利用生物削减、净化土壤中的重金属或污染物或降低其毒性。生物改良法操作简单，改良效果好，日益受到人们的重视。

（1）绿肥法。绿肥法是改良复垦土壤、增加有机质和氮、磷、钾等多种营养成分的最有效方法。绿肥一般含有 15%～25%的有机质和 0.3%～0.6%的氮元素，在自然条件差、较贫瘠的土地上能很好地生长，而且根系发达，能吸收深层土壤的养分，腐烂后有胶结和团聚土粒的作用，从而改善土壤的理化性质。

绿肥一般可分为豆科、非豆科绿肥两类。传统的绿肥多以豆科绿肥为主。豆科绿肥由于具有固氮作用，一直是主要的绿肥种类，如紫云英、苜蓿、田菁、鸡眼草、草木樨、苕子、豌豆、豇豆等。非豆科绿肥主要包括解磷作用强的十字花科绿肥，如油菜、肥田萝卜等，富钾作用强的菊科、苋科以及一些水生绿肥，常用来与豆科绿肥混播的禾本科作物等。

（2）植物修复。植物修复是利用植物的独特功能，可和根际微生物协同作用，从而可以发挥比生物修复更大的效能。植物修复是利用植被原位处理污染土壤和沉积物的方法。它是一种有效和廉价处理某些有害废物的新方法，在西方发达国家已经开展大规模的试验，并被证明是有效的。我国也曾在植物修复方面作过研究，如杨树对镉和汞污染有很好的削减和净化功能；水稻田改种苎麻后，极大地缩短了受汞污染的土壤恢复到背景值的水平的时间。植物修复的成本较低，是物理、化学修复系统的替代方法。目前主要有植物固定、植物挥发和植物稳定三种类型。

植物固定：利用植物及一些添加物质使金属矿区土壤中的金属流动性降低，生物可利用性下降，使金属对生物的毒性降低。Cunningham 等研究了植物对环境中土壤铅的固定，发现一些植物可降低铅的生物可利用性，缓解铅对环境中生物的毒害作用。然而植物固定并没有将土壤中的重金属离子去除，只是暂时将其固定，使其对环境中的生物不产生毒害作用，没有彻底解决土壤中的重金属污染问题。如果土壤条件发生变化，金属的生物可利用性可能又会发生改变。因此植物固定不是一个很理想的去除环境中重金属的方法。

植物挥发：利用植物去除矿区土壤中的一些挥发性污染物，即植物将污染物吸收到体内后又将其转化为气态物质，释放到大气中，以降低土壤污染。如湿地上的某些植物可清除土壤中的硒，挥发态占 20%～25%，挥发态的硒主要是通过植物体内的 ATP 硫化酶的作用，还原为可挥发的物质。

植物吸收：目前研究最多并且最有发展前景的一种利用植物去除土壤中重金属的方法，它是利用能耐受并能积累金属的植物吸收土壤中的金属离子，将它们输送并贮存在植物体的地上部分。植物吸收需要能耐受且能积累重金属的植物，因此研究不同植物对金属离子的吸收特性，筛选出超量积累植物是研究的关键。根据美国能源部规定，能用于植物修复的最好的植物应具有以下几个特性：① 即使在污染物浓度较低时也有较高的积累速率；② 能在体内积累高浓度的污染物；③ 能同时积累几种金属；④ 生长快，生物量大；⑤ 具有抗虫抗病能力。经过不断的实验室研究及野外试验，人们已经找到了一些能吸收不同金属的植物种类及改进植物吸收性能的方法，并逐步向商业化发展。

（3）微生物法。对于矿区废弃地的土壤系统修复，还可以采用微生物修复技术，即在土壤中接种其他微生物以除去或减少污染物达到修复土壤系统的目的。微生物在修复污染土壤方面具有独特的作用。其主要作用原理是微生物可以降低土壤中重金属的毒性、吸附积累重金属、改变根际微环境，从而提高植物对重金属的吸收、挥发或固定能力。如动胶菌、蓝细菌、硫酸还原菌及某些藻类，能够产生胞外聚合物与重金属离子形成络合物，形成沉淀或进行原位生物修复。其中豆科植物的应用最受人关注，因为重金属污染土壤中的氮循环是受损生态系统恢复并保持长期稳定的根本所在，豆科植物能够与根瘤菌形成固氮根瘤，并将氮气转化为氨，促进氮的循环和积累。

运用微生物进行土壤系统的修复是目前研究的一个热点，至于如何针对某一类特殊矿区废弃地，选择哪一种修复方法或选择哪一种微生物，均有待进一步研究和完善。

（三）矿区废弃地植被恢复技术

植被恢复是矿区废弃地生态恢复的一个重要环节。主要包括立地评价、植物选择、整地措施、种植、施肥管理等方面。

1．植被恢复的立地评价

植被恢复前，应首先进行立地分类，按矿区地表将立地质量划分为不同立地类型，比如塌陷区、废渣区、开采区等，然后对每种矿区立地类型的土地土壤进行评价。土壤条件是植被恢复的前提，根据矿区废弃地的立地土壤和气候条件及人力资源情况制订土壤改良计划，正确选择适宜不同立地类型植物，才能使废弃生态恢复工作取得成功。一般对矿区废弃地土壤分析和评价应考虑土粒组成、土壤有机质、土壤盐碱度、土壤结构、土壤养分、土壤有毒物质等方面。

2．植物选择

树种选择是矿区废弃地生态恢复研究的重要内容。植物种类选择的适当与否是矿区废弃地植被恢复成败的关键，树种的组成以及植被群落的组成和密度是创造良好生态环境的基础。因此矿区废弃地的树种选择主要包括树种选择和树种配置两个方面。

（1）树种选择。矿山废弃地植物种类的选择要坚持“适地适树”的原则，以乡土树种为主，适当选用经过多年引种和驯化的外来植物品种，以增加生物多样性和景观的多样性；选择树种要有利于矿区的水土保持和土壤的改良，优先选择抗干旱和耐贫瘠的肥料树种，如一些豆科植物；要考虑乔灌草植物品种的合理选择，尤其要考虑优良的灌木树种在植被的防护和土壤改良功能方面的特点，它们是植被群落结构中不可缺少的一个层次，可以使矿区废弃地提早郁闭，加快绿化和生态恢复的速度，并具有保持水土的作用。

（2）树种配置。树种配置就是运用恢复生态学、景观生态学和植被群落理论等原理，对矿区废弃植被群落的组成、结构和密度等进行设计，创造适宜的植物生存空间，避免种间竞争。植被的群落组成根据多样性促进稳定性的原理，矿区废弃造林应尽量配置成混交林，以增加植物生态系统的物种多样性和层次结构，增强改善生态环境的功能；植被的群落结构应该模拟天然植被结构，实行乔灌草复层混交；植被的群落密度要坚持效益最优的原则，在树种的规划和配置时要充分重视种间关系，重视树种选择文化背景的影响，重视树种选择的景观效果，配置以合理的密度，使之发挥最大的效益。

（3）植被恢复过程中的整地措施。整地措施包括场地平整、覆盖表土等，一般的，根据土壤风化程度和种植植物品种的不同，选择无覆盖、薄覆盖和厚覆盖三种表面覆盖方式，主要取决于技术和经济两个重要因素。除平整、覆土措施外，整地措施还包括对酸碱土壤的中和、树木种植时提前挖穴等。

（4）植物栽植技术。对于草本植物，一般采用播种方式。为了保证草种的发芽率，目前大多采用喷播技术。

对于木本植物，大多采用栽植技术，常用的栽植技术有以下几种：覆土栽植技术、无覆土栽植技术、抗旱栽植技术（保水剂技术、覆盖保水技术）、容器苗造林技术、ABT 生根粉技术等。

（5）植被的施肥管理技术。抚育管理是植物栽培工作中非常重要的技术环节，俗语有“三分栽植、七分管理”之说。在矿区废弃地造林抚育管理的目的是通过对林地、植被的管理与保护，为植物的成活、生长繁殖、更新创造良好的环境条件，使之迅速成林。种植后的管理一般在第一年度，需要较高强度的管理如灌溉、追肥、植被的抚育等。以后管理强度可以逐年降低，第三、第四年度则应该让其自然生长，以促进其建立稳定的自维持的生态系统。

依据矿区废弃地立地条件、植被恢复与生态重建的目标，矿区废弃地植被科学的抚育管理技术主要应做好土壤管理（灌溉、施肥等）、植被管理（平茬、修枝等）、植被保护（防止病虫害、火灾和防止人畜对植被的破坏）等工作。

（6）植被恢复的监测与评价。矿区植被恢复是困难立地条件下比较艰巨的工程，因此对恢复植被的监测比较重要。在植被恢复的初期，由于管理强度较大，植物的生长发育状况会及时地得到反馈和处理。但是在管理强度逐年降低直至停止后，矿区的植被开始进入自维持状态，由于管理强度的降低和矿区立地限制因子的叠加性，重建的植物群落的发展可能出现两种情况，一是逐渐退化，植物的生长量减少，种类减少等，最后可能导致整个恢复植被的完全消失。另一种是植物生长良好，生产力逐步提高，乡土树种不断侵入，甚至替代植被重建阶段的先锋树种。对于第一种情况应该通过监测和评价，尽快地发现植被退化的决定性因素，对恢复的植被进行维护。第二种情况表明重建的植被正朝着自我演替的方向发展，最终会建立一个稳定的、自维持的生态系统。对于取得初步成功的矿区恢复植被，通过监测和评价，适时地引进期待的树种，使之能够按照人为设计的方向创建希望恢复的生态系统。另外监测和评价植被重建的环境和生态效益，深入研究生态恢复的过程与机制，可以推广和发展植被恢复技术理论，为矿区的生态重建提供理论和技术的支持。

第三节　城市工业废弃地的生态恢复

一、城市工业废弃地的提出

20 世纪 70 年代以来，伴随着后工业时代的来临，世界经济格局、城市产业结构发生了巨大转变，第三产业逐渐代替了第二产业在产业结构中的主导地位，导致许多传统工业基地的结构性衰退；新的生产、通信、运输技术和方式的出现，使得原有工业、交通、仓储用地的功能布局、基础设施不能满足新的要求，导致功能性衰退，甚至沦为废弃地，有的已经被严重污染，对人体健康和周围环境安全造成极大的威胁，同时也损害着城市景观，阻碍了城市健康发展。科学合理的工业废弃地开发整治将对城市经济、社会、生态环境产生积极影响，如增加就业机会，改善城市环境质量，扩大税收来源，减轻对人体健康和环境安全的损害等。工业废弃地开发整治业已成为城市实现可持续发展战略的必然选择。

工业废弃地是工业化进程的产物，通常位于城市中区位较好、商业价值较高的黄金地段，在许多发达国家与发展中国家都普遍存在。良好的区位条件使得工业废弃地的开发蕴涵着巨大的经济利益。但工业废弃地中常常包含许多有害物质［如多氯联苯（PCBs）、苯、铅等重金属］，对人体健康与生态环境都存在现实或潜在的危害。自 20 世纪 70 年代末以来，欧美许多国家发生了工业废弃地对人体健康和生态环境造成严重危害的事件，如美国腊夫运河（Love Canal）事件等，这些事件引起各国政府的高度重视。欧美国家纷纷通过立法、行政、经济、技术等手段对工业废弃地进行开发整治。我国正处在大规模城市更新、旧城改造阶段，对工业废弃地进行开发整治，对于节约土地资源、实现我国城市经济振兴具有十分重要的意义，而欧美国家工业废弃地开发整治的实践经验与教训对我国具有很好的借鉴作用。

二、城市工业废弃地的概念及对城市环境的影响

（一）城市工业废弃地的概念

在欧美国家城市工业废弃地被称为“棕地”，美国国家环保局（1997）对“棕地”的定义是：“棕地是指废弃的、闲置或没有得到充分利用的工业或商业用地及设施，在这类土地的再开发和利用过程中，往往因存在着客观上的或意想中的环境污染而比其他用地开发过程更为复杂。”

而我国学者认为城市工业废弃地是指曾经用于工业生产或与工业生产相关，由于资源枯竭、产业结构调整和经济的衰退等原因不再利用而弃置的用地，涉及的用地主要包括：废弃的工厂、矿区（含露天开采挖损的地坑、井下开采造成的采空塌陷区）、工业废料堆积区（例如煤矸石山）用地、工业交通用地、工业排土场用地、工业仓储用地等。在城市的发展当中，这些工业设施具有功不可没的历史地位，它们往往见证了一个城市和地区的经济发展和历史进程。

（二）城市工业废弃地对城市环境的影响

城市工业废弃地是在资源开采过程中所产生的伴生物，它对城市环境造成了巨大危害，表现为多方面：

1．造成土地资源的破坏和浪费

城市工业废弃地是由资源的粗放型开采方式引发的，造成了大量的耕地被侵占和破坏，使地区的农业经济支撑面临丧失的威胁。根据国土资源部于 2003 年 3 月颁布的《全国土地开发整理规划》，全国因工矿生产建设挖损、塌陷和压占废弃的土地约 $4\times10^6\,km^2$。

2．引起生态退化

由于过度利用资源和环境污染等原因，造成草地、森林等生态系统退化，使土壤微环境恶化、生物多样性减少、生物生产力降低，并加速了土地的荒漠化、盐碱化。

3．形成破残衰败的环境景观，严重影响了城市形象

城市工业废弃地大都处于城市的中心地带或城郊接合部位，由于工业废弃地环境比较恶化，水土流失较为严重等生态退化现象，与城市的繁华景象形成了鲜明的对比。

4．破坏城市设施

工业废弃地对城市的河流水系、地面的建（构）筑物以及公路、铁路、管线等城市交通和市政设施造成破坏。

5．城市工业废弃地影响着城市的经济发展

废弃地一般会占据很大的城市土地面积，对于寸土寸金的城市土地利用来说往往相当不利，长期影响着城市土地利用带来的收益。

三、城市工业废弃地的特点

城市工业废弃地大多数处于城市的中心地带，因此对它进行生态恢复对城市具有十分重要的意义。由于城市的巨大影响，城市工业废弃地的生态恢复也具有一些独有的特点。

1．城市工业废弃地的生态恢复具有很大的便利性

一方面，城市工业废弃地往往具有相对小的污染效应，这就避免了对土壤系统进行修复的复杂性。另一方面，城市工业废弃地处于城市中央，废弃地进行生态恢复后具有很大的经济利用价值和多种用途，资金比较容易筹集，运输等工程也比较便利。

2．城市工业废弃地的生态恢复具有一定的局限性

一方面，生态恢复应该和城市的景观风格相适应，生态恢复的主要目标应该是人工生态系统，在利于进行管理的同时应对城市的生态、社会、经济发展都有很大的益处；另一方面，在城市中进行生态恢复工程也需要注意对城市居民生活的影响。

目前，在城市中进行的废弃地生态恢复大多数都是将城市工业废弃地改造为城市公园。故此，城市工业废弃地的生态恢复的主要特点是生态和景观的设计，而不是先进工程技术方法的应用。

四、城市工业废弃地的生态恢复

将城市废弃地恢复为园林景观早已有人尝试。绍兴的东湖就是将采石基址改建为山水园林的范例。这种生态恢复在西方较早的实例有 1863 年巴黎由垃圾填埋场恢复建成的比特绍蒙公园。

20 世纪 70 年代后，随着传统工业的衰退、环境意识的加强和环保运动的高涨，城市工业废弃地的更新与改造项目逐渐增多；而科学技术的不断发展、生态和生物技术的成果也为城市工业废弃地的改造提供了技术保证。如 1972 年美国西雅图煤气厂公园是应用景观设计的方法对工业废弃地进行再利用的先例。它在公园的形式、景观的美学、文化价值等方面对景观设计都产生了广泛的影响。

1977 年，英国一个志愿者团体（Ecological Park Trust）在伦敦塔桥附近建了具有典范意义的 William Curtis 生态公园，该公园建于以前用于停放货车的场地上，面积为 1 hm^2。它成为城市居民接触自然、学习生态知识的场所。随后伦敦先后利用废弃煤场、废弃码头等地建造了 10 余个生态公园。其中 1985 年建成的 Calmey Street 生态公园，是伦敦最著名的生态公园，它是由城市垃圾场生态恢复后建成的，

占地仅 0.9 hm^2，不仅创造了水池—沼泽—林地等复合的生境，还建有自然中心作为教育和自然活动基地。

到了 20 世纪 90 年代，人们开始尝试用景观设计的手法来处理城市工业废弃地这种具有历史意义但又被破坏弃置土地，其间工业景观的设计作品更是大量涌现。设计师运用科学与艺术的综合手段以达到废弃地环境的更新、生态的恢复和文化的重建，同时这也促进了经济的发展。这时候城市工业废弃地改建的生态公园纷纷涌现，如德国萨尔布吕肯市港口的生态恢复公园、德国海尔布隆市砖瓦厂的生态恢复公园、美国波士顿海岸水泥总厂的生态恢复公园、美国丹佛市污水厂的生态恢复公园、韩国金鱼渡的生态恢复公园。

目前，基于城市工业废弃地的特点，对它进行生态恢复的主要方向是将城市工业废弃地建设成城市休憩、娱乐场所。也有一些学者提出将城市工业废弃地作为自然保留地予以保留的观点。

（一）城市工业废弃地生态恢复的模式

根据城市工业废弃地的生态系统受损程度，生态恢复也有两种不同的模式。一种是生态系统的损害没有超负荷，并且在一定的条件下可逆。对于这种生态系统，只要消除外界的压力和干扰，自然就可以利用本身的恢复能力达到对废弃地的生态恢复，可以采取保留自然地的方法使其进行自然恢复。

另一种是生态系统受到的损伤已经超过了系统的负荷，或者有害的生态系统损害是不可逆的。对于这种生态系统，需要人工加以干预才可能使受损的生态系统恢复。不过根据生态系统恢复目的的不同，也可以有所选择地使用恢复方法。比如对于不需要大面积栽种植物的区域，就不需要对该地的土壤生态系统进行全面修复。

一般来说，对城市工业废弃地进行生态恢复往往需要深入理解生态学的思想。要在消除废弃地环境有害因素的前提下，对建设废弃地进行最小的干预。在废弃地的生态恢复中要尽量尊重场地的景观特征和城市中生态发展的过程，尤其是该场地对于城市的历史意义，尽可能地循环利用场地上的物质和能量。

（二）城市工业废弃地生态恢复的方法

由于城市工业废弃地生态恢复的便利性和局限性，对其进行生态恢复在一定的程度上不需要利用先进的技术方法，用简单的工程方法和一些植物恢复技术就可以达到恢复的目的。对于废弃地生态恢复的物理、化学和生物恢复技术，由于在矿区废弃地的生态恢复一节已经做了详细的介绍，此处不再赘述。在这里从城市工业废弃地的景观再利用、废弃物的再利用、生态技术利用和自然地保留几个方面介绍城市工业废弃地的生态恢复方法。

1．景观再利用方法

城市工业废弃地往往具有独特的景观，近年来，在中国城市建设的脚步中，出于住区改造的需要，一些具有传统特色的民居往往被无情地拆除，一些建筑学家、历史学者曾经从文化产物遗留的方面阐述过保留这些民居的重要意义。同时，一些古老的厂址、码头等，也都隐含着历史的底蕴，从而具有景观再利用的价值。

对于城市工业废弃地上的原有景观，可以将整体保留，也可部分保留。整体保留是将以前景观的原状，包括所有的地面、地下构筑物、设备设施、道路网络、功能分区等全部承袭下来，仅仅对景观中带来负面环境影响的部分进行生态恢复。这种生态恢复手法可以利用在城市居住区改造中，利用原有的民居建成一些博物场馆，既保留了原有景观的历史气氛，还可以在生态恢复后的景观中，感知到浓厚的生活气息。部分保留是在生态恢复规划中保留原有景观的片段，成为生态恢复后的标志性建筑。这种生态恢复方法可以利用在城市工业厂址的生态恢复中，保留下来废弃工业景观具有典型意义的片段，使其成为生态恢复后景观的标志，这些片段可以是代表工厂性格特征的独特设施，也可以是有历史价值的工业建筑。

另外，对于建设废弃地上独特的地表痕迹，如工业生产形成的渣山、居住区开挖的人工池塘等，也可以保留下来，使其成为代表其历史文化的景观。还可以基于地表痕迹进行艺术加工，如厂址废弃地就是一些艺术家偏爱艺术创作的地方，通过艺术创作，提升这些地方的景观价值。

2．废弃物再利用方法

在城市工业废弃地的生态恢复中，如何处理原有废弃地的废弃物品如建筑残渣、工业构建等是一个比较棘手的问题。但是只要对这些废弃物品，尤其是工业厂址中的废弃构建进行一些简单的生态设计，就可以将这些废弃物改造成生态恢复中的亮点。

（1）一些建设废弃物和工业建筑物可以处理成恢复的雕塑，强调视觉上的标志性建筑效果，但并不赋予其使用功能。在这些构建中，可以看到从前该景观的蛛丝马迹，从而引发人们的联想和记忆。

（2）大多数情况下废弃的工厂经过维修改造后可以重新使用。如运输的铁路是联系着工厂各个生产节点的线形系统，很容易保留并改造成贯穿全园的步行道体系；四面围合的储料仓可以布置成微型的小花园；建筑性的柱框架可以成为攀缘植物的支架等。

城市工业废弃地上的废弃物还包括废置不用的工业材料、残砖瓦砾和产生的废渣等，对于环境没有污染的废弃物，可以就地使用或加工；对于具有环境污染效应的废弃物要经过技术处理后再利用。

总之，废弃物的处置原则是就地取材和就地消化，不过在污染非常严重时要对污染源进行清理。如建筑废料可以作为混凝土骨料，瓦砾残渣可以作为景观场地的填充材料等。

3. 生态技术方法

城市工业废弃地的生态技术利用有相对广泛的含义，包括利用植物、动物或微生物的活动来进行废弃地的土壤系统、水系统甚至大气微环境的改造，还包括利用地面生态景观如河道、池塘、小面积湿地等对生态环境进行的恢复，还有一些景观设计可以对雨水进行处理并循环再利用，从而体现对景观生态恢复的一个方面。

在这里所表述的生态技术都是在废弃地的污染得到初步控制的前提下进行的，如果城市建设废弃地的污染相当严重以至于自然及人工植被无法存活，则需要使用第二节矿区废弃地的生态恢复中介绍的生态修复技术对废弃地进行彻底改造，然后再进行生态系统的恢复。

在城市工业废弃地上，生态技术集中体现在两个方面，一个方面是用适应特殊生态因子的植物对城市工业废弃地进行生态恢复，如在德国环状公园中用红苜蓿来增加土壤肥力，并种植芥菜来吸收土壤中的污染物；另一方面是运用以生态学原理为运行机制的污染处理系统，如将工业水渠改造成自然河道，进行河流的自然再生等。这种方法既可以提高抗洪能力和补充地下水源，也能够为野生生物创造栖息地和活动廊道。

4. 作为城市自然保留地

从一定的角度来说，并不是一定要对城市工业废弃地进行生态恢复，如果废弃地不存在环境负面影响因素或者这种影响很小，或者在废弃地上已经开始了自然生态系统的自我恢复，这种废弃地可以在城市中心继续弃置。

这种城市工业废弃地不会对生态环境造成不利影响，而且自然生态系统可以吸引大量的植物和动物，形成城市动物的避难所和栖息地，成为城市生态系统的一个独特风景。除此之外，城市工业废弃地的保留还给城市留下了发展潜力，可以形成城市土地的潜在升值。

但是，把城市工业废弃地作为城市自然保留地需要具有一定的条件。首先，城市工业废弃地的自然保留不能过大地影响城市的经济发展。对于城市来说，经济发展具有很重要的地位，自然地保留在城市系统中的重要性远远小于城市的经济发展。其次，城市工业废弃地的生态保留必须和城市景观相适应，一个城市的景观是一个整体，无原则地进行自然地的生态保留只会破坏城市的整体协调性，反而影响了城市的建设。另外，城市工业废弃地必须不产生对环境的负面影响才能够长期保存下去。因此，城市工业废弃地的面积、位置、生态系统发育程度等都影响着该地自然保留的可能性大小。

（三）城市工业废弃地生态恢复的意义

城市工业废弃地的生态恢复不仅仅是改变一块废弃地的面貌，保留城市建设的遗迹，也不仅仅是艺术、生态等处理手法的运用，它在社会、经济、自然三个方面都具有重要的意义。

城市工业废弃地的生态恢复为城市发展带来的社会与环境问题寻找到了一个新的出路。对一些工业旧址进行生态恢复带来了洁净的水、新鲜的空气和良好的户外空间，为城市的居民提供了良好的休憩、娱乐场所；对一些建筑旧址的生态恢复一方面承袭了历史上辉煌的工业文明，另一方面又将工业遗迹的履行融入现代生活之中，揭露了城市发展过程中深刻的历史内涵，为城市居民提供了了解城市的窗口。

城市工业废弃地的生态恢复也提高了城市的景观水平，一方面对城市开展旅游等第三产业有所帮助，另一方面良好的城市环境也为城市招商引资提供了很好的环境背景。

城市工业废弃地的生态恢复还改变了原有废弃地的污染状况，将它们变成绿地。一方面改善了地区的生态环境，另一方面将原本隔离的城市区域联系起来，满足人们对绿色的需求，完善了城市生态系统的系统功能。

实际上，对城市工业废弃地进行生态恢复在生态的意义上尤为显著，具体来说，恢复后的城市绿地系统可以有以下几个重要的功能：

改善空气质量　植物可以吸收大气污染物，制造氢气。有许多植物种类对空气中最主要的污染物如二氧化硫、氯气、氟化氢以及汞、铅蒸气等具有吸收和净化作用，研究表明当植物处于含二氧化硫的空气中时，其含硫被阻留，松林每天可从 1 m^3 空气中吸收 20 mg 二氧化硫。另外女贞、泡桐等有较强的吸氟能力，紫荆、木槿等有较强的吸氟能力，夹竹桃、桑树等能在汞蒸气中生长良好。

吸滞烟灰和粉尘　植物尤其是树木，对烟灰和粉尘有明显的阻挡、过滤和吸附作用，一方面茂密的枝冠能够降低风速，导致较大的尘粒下降；另一方面有一些枝叶的叶面不平，有茸毛或分泌黏性的油脂或汁浆，因此可以吸附烟尘。如女贞、雪松等都具有较强的滞尘能力。研究发现绿化树木可使降尘量减少 23%～52%，飘尘量减少 37%～60%。

杀菌防病　绿地上空灰尘减少，减少了黏附到树木上的细菌。另外，一些植物可以分泌如酒精、有机酸等具有强大杀菌能力的挥发性物质，如百里香油、丁香酚、柠檬油、天竺葵油等，大大减少了空气中的含菌量。

降低噪声　植物尤其是林带对防治噪声有一定的作用。据测定，柔软疏松的草坪能使噪声减弱 5～10 dB，40 m 宽的林带可以减低噪声 10～15 dB，在公路两旁设置乔、灌木搭配的 15 m 宽的林带可以降低一半的噪声。

改善局部气候　生态系统恢复后，增加的水面和植物，在蒸腾作用过程中释放出大量的水分，能够增加空气湿度，缓解热岛效应，降低城市气温。如在高温季节里，绿地内的气温较非绿地低 3～5℃，而较建筑物地区甚至可以降低 10℃左右。

改善生物栖息生境　生态系统恢复后，茂盛的植被能给鸟类、昆虫以及其他动植物营造出良好的生存环境。

五、城市工业废弃地生态恢复实践

城市工业废弃地的生态恢复在国外和国内都有一些成功的例子。在美国，早在1971年，景观设计师理查德·海格就提出利用西雅图的煤气工厂遗址建成市民休闲公园。该公园于1975年开放。20世纪90年代，人们在德国最重要的工业基地鲁尔区，建成了对世界产生重大影响的国际建筑展埃姆舍公园，它巧妙地将过去的工业区改建成公众休闲、娱乐的场所，并且尽可能地保留了原有的工业设施，创造了独特的工业景观。针对始建于20世纪50～60年代的中国广东省中山市粤东造船厂，人们在充分利用现有榕树、厂房和机器的基础上，设计成一个开放的休闲场所。目前，由于城市工业废弃地的增多，生态恢复正渐渐受到人们越来越多的关注。本书选择德国鲁尔工业基地 A.G.Tyssen 钢铁厂的生态恢复（改造为埃姆舍公园项目之中的杜伊斯堡风景公园）、中国广东省中山市区粤中造船厂旧址的生态恢复（改造为歧江公园）和中国上海市江湾机场旧址的自然保留地分析作为案例，介绍城市工业废弃地的生态恢复。

第四节　垃圾处置场地的生态恢复

伴随工业化和城市化进程的加快，工业产值不断增长，生产规模不断扩大，人的物质生活水平和需求不断提高，人类的废弃物产生量也在不断增加，这些废弃物要包括城市生活废弃物和工业产生的工业废弃物。人们对这些城市固体废弃物的简单处置形成了垃圾处置场地废弃地。

一、垃圾处置场地的危害

垃圾处理场废弃地，是指废弃物大量堆积，造成生态环境破坏，土地使用功能丧失的地块。本书中针对的垃圾填埋场地废弃地包括生活垃圾堆积形成的垃圾填埋场和工业废渣堆积形成的渣山、渣场废弃地。这两种废弃地都会对生态环境产生很大的影响。

垃圾处理场地的危害主要有以下几个方面。

首先，废弃物的堆积占用了大量的土地资源，不仅影响着土地的充分利用，也对自然景观造成了影响。据“中国法院网”2002年的一项报道，近年来，我国城市生活垃圾年增长速度达到5%至8%，约有一半的垃圾未经无害化处理，裸露堆放，这些垃圾不仅占用大量土地，而且污染环境，传播疾病。已建的垃圾处理设施相当一部分是简易填埋，不能做到及时覆盖，不具备完善的渗透液收集和有效处理的设施，填埋气体的收集和利用仍处于较低水平，二次污染现象严重。

其次，如果废弃物露天存放，极容易在风和水的搬运作用下迁移、流失，从而影响当地环境，这一点尤其多见于工业废弃物的堆放场地。如中国元宝山火力发电厂，储灰厂附近出现了严重的扬尘污染，每年造成近 333 hm^2 农田、菜田严重减产，造成了很大的经济损失。

更重要的是，废弃物长期堆放，由于自然的风化和微生物的作用发生降解，从而产生有害的气体，物质等，会很快地污染周围的大气环境、水环境，对环境产生极大的毒害作用。

在城市生活垃圾填埋场地中，垃圾在漫长的稳定化过程中会产生大量的填埋气体和垃圾渗滤液，能够在几十年甚至上百年内持续地对附近的公众健康及环境构成威胁。垃圾填埋场内部微生物的厌氧降解使大部分有机垃圾转化为气态的最终产物，即以甲烷和二氧化碳为主的填埋气体，它们可以加剧城市的热岛效应，污染大气，并对生态恢复中的植被恢复产生致命的影响，另外，在一部分垃圾填埋场区内还会产生 TSP 和 H_2S 超标的情况，而垃圾降解产生大量的垃圾渗滤水成分复杂，不仅极其难闻，而且极易污染地下水，有极大的危害，垃圾渗滤液中常常含有锌、铜、铅、镉、镍等多种重金属，对地表水和地下水构成威胁。填埋场造成的恶臭污染范围一般在 2 km，在不利的逆温条件下恶臭范围可达 6 km 以上。另外，蚊蝇的孳生在垃圾填埋场区也特别严重，污染范围可随进出场区的车辆、人员等带向较远的地方。

在工业废渣堆积地内，由于风力、水力的搬运作用，废渣中的有害成分被扩散到大气环境中和四周的水体中，可以造成严重的毒害作用。如在天津塘沽的碱渣山，大面积碱渣经水淋沥形成表面径流，随明沟排入海河水体，大风天气扬起的白色粉尘也大量进入海河水体，从而使海河水盐度及悬浮物含量增高，严重影响着海河的水质。

另外，垃圾处置场地还可能产生填埋面沉降或者火灾等事故。随着近年来垃圾场的数量和规模的不断扩大，这一情况更是不断出现。2000 年 7 月 10 日，菲律宾首都马尼拉附近的一座大型垃圾堆填场发生堆体倒塌，至少 218 人被活埋，100 余人失踪，这是目前为止世界上最为惨痛的“垃圾”灾难。

二、垃圾处置场地生态恢复的意义

在国外，对城市生活垃圾进行回收处理的方法和管理手段已经比较成熟，但是中国大部分城市生活垃圾目前仍以简易的填埋方式进行处置，这种处置方式并没有达到垃圾安全卫生填埋的技术要求，对环境污染十分严重。中国简易填埋场中历年垃圾堆存量达数十亿吨，其释放的污染物，将对环境产生长期而巨大的影响。随着城市规模的迅速发展，一些原来位于城郊的简易填埋场，已逐渐位于或靠近城市的人口密集区，成为城市中重要的污染源。因此应对这些简易填埋场，已逐渐位于或靠近城市的人口密集区，成为城市中重要的污染源。因此，应对这些简易填埋场的生态恢复给予高度重视。关闭或改造达不到环境保护标准要求的简易填埋场，对其进行污染治理及生态恢复，是城市发展过程中必须解决的紧迫问题，也是值得人们深入研讨的重要课题。

对垃圾处理场地废弃地进行生态恢复是废弃物安全处理方法的一部分，是生态城市物质循环的一个组成部分，也是生态工业的一个组成分子，对其进行生态恢复是可持续发展原理的应用。垃圾填埋场废弃地进行生态恢复之后，一方面削减了原有对生态环境的压力，另一方面使土地的利用价值得到恢复，在恢复过后的土地上进行生态系统的恢复可以改善当地的自然环境，为自然生态系统恢复活力创造良好的基础条件。中国的垃圾处理问题已经面临着极为严峻的形势，卫生填埋仍是中国将长期采用的主要处理方式。垃圾填埋场废弃地的生态恢复符合生态资源循环再利用的原则，具有很大的社会、经济、生态效益。

在很早之前，有些人建议将关闭落后的垃圾处置场地开发成公园、高尔夫球场或其他露天娱乐场所。某些国家在这方面的发展较早，如德国 20 世纪 70 年代就开始在关闭的垃圾场上规划修建高层建筑和公共设施；日本利用沉井技术在海上建造垃圾填埋场，等填埋场封场后建造高速公路机场、居民住宅或其他设施，巧妙地实现了围海造陆的计划；菲律宾在近 $3\times10^7\,m^2$ 的垃圾堆上建造近 5 万人口的居民住宅区等。垃圾处置场地进行生态恢复后可以用于各种不同的开发用地，如农业、林业、公共娱乐设施等，各种开发用地的主要优缺点见表 10-3。

表 10-3　垃圾处理场地各种不同开发用途的优缺点

开发用途	优　点	缺　点
农业	较理想的景观恢复	需要较高质量的覆盖土壤层，提高了生态恢复的成本
	容易被当地居民接受	管理费用较高
	可以带来经济效益	需要严格的污染防治和控制系统
林业	不要求质量很好的土壤层	垃圾处置场地可能对树木的生长造成影响，不能在短期内获得经济利益
	迎合城市规划建设的目标	需要严格的污染防治和控制系统
	具有潜在的旅游开发和商业收入价值	有可以种植的树木在生态恢复几年后才能够开展
公共娱乐设施	不要求土壤层的质量	不能带来经济上的收益
	可以提供大面积的公共活动空间	公众可能对潜在的污染威胁怀有戒心
	可以与自然保护、林业等用途结合	垃圾处置场地可能发生的沉降不适于建设运动设施和运动场地

三、垃圾处置场地废弃地生态恢复方法

目前，国内外对垃圾处置场地的生态恢复研究主要集中于垃圾处置场地植物建群的研究。但是对垃圾处置场地废弃地进行生态恢复还有几个方面需要注意，尤其是废弃物在生态恢复过程中可能产生种种变化，这些对生态恢复都可能产生致命的负面影响。对已经关闭的城市生活垃圾填埋场，要注意填埋气体对植物生长的影响，生活垃圾渗滤液含有较多的有机成分，反而利于植物生长。对于工业废渣场，采用较多的方法是在上面覆盖不同厚度的土层，将其恢复为公园等公共场所或直接恢复为建设用地。但是，无论工业还是生活垃圾处置场地，都要注意由于废弃物降解而引起的地面沉降。

目前在垃圾处置场地废弃地的生态恢复实践中，基本上都是先对原有的废弃地进行表土的更换和覆盖，然后采用植物恢复技术对原有的废弃地进行生态恢复。国内的一项研究比较了八种覆盖材料在垃圾填埋场中的应用情况（见表 10-4），证明这种恢复手段完全可以应用于垃圾处置场地废弃地的恢复。

由于生长在垃圾填埋场上的植物要面临填埋气体、垃圾渗滤液和最终覆土层的高温、干旱和贫瘠等诸多严峻的环境压力，很多研究者都强调了筛选耐性物种的重要性。选择植物的基本原则是其他能够忍受耐填埋气体和垃圾渗滤液的影响，并对干旱具有比较强的耐性。开展野外生态调查是获取耐性树种的重要途径。

表 10-4　各种垃圾填埋场地表面覆盖材料的特点和适用范围

材料	特点	适用范围
壤土	分布广泛，可在填埋场就地取材，方便易得，不需运输	坑式、逐级分层填埋方案，普通恢复设计方案
沙土	透气透水性强，便于沼气外逸，对植物危害小，降水易下渗，易增加渗滤液量，易滑动，不适于坡面使用	以获经济效益为目的且产品为非直接食用的设计方案
黏土	透气透水性差，沼气在土壤中积累，对植物根系危害大，可阻碍降水下渗，减少渗滤液量，适于坡面使用	普通恢复设计方案
底土	植物产出效益较低，可在填埋场就地取材，数量多于壤土	坑式，逐级分层填埋方案，普通恢复设计方案
活性污泥	植物产出效益较好，营养元素含量高，但数量少，难以满足大规模处理的需要，使用前需测定重金属含量	小批量处理，且土壤肥力要求高的设计方案，如苗圃
垃圾土	植物产出效益较好，营养元素含量高，可在填埋场就地取材，方便易得，不需运输，使用前需发酵分解，过筛，并测定重金属含量	普通恢复设计方案
粉煤灰	通气透水性似沙土，颗粒轻，易形成扬尘，重金属含量较高，来源广泛，易滑动，不适于坡面使用，运输费较低	以大面积增加绿地为目的的设计方案，如近郊绿化带
炉渣	通气透水性强，颗粒大，需适当粉碎，重金属含量较高，来源广泛，易滑动，不适于坡面使用，运输费较低	以大面积增加绿地为目的的设计方案，如近郊绿化带

对垃圾处置场地进行生态恢复，主要的技术方法可以参考前面讨论过的生态恢复方法，采用物理、化学和生物等多种方法进行生态恢复，但是除了上述的方法外，垃圾处置场地的生态恢复还是要注意以下几个特殊方面。

1．垃圾处置场地中的填埋气体

有许多调查发现，定居在城市生活垃圾填埋场上的植物，特别是具有较深根系木本植物，往往面临着相当大的生存压力。一般认为，土壤中填埋气体的存在是影响植物在垃圾填埋场上生长的重要因素，另外，垃圾渗滤液以及土壤层的物理化学性质也会严重地制约着植物的定居和生长。

土壤中填埋气体（CO_2和CH_4）的存在，可导致植物产生生长不良、高死亡率、植株矮化、生理失调等种种问题，是填埋场植物生长的最主要限制因子。可以在封场时建立填埋场导排气系统，减少最终覆土层中填埋气体的量以利于生态恢复。另外，选择耐性植物也是一种实际可行的方法，实践证明浅根系的草本植物更能在填埋气体较多的地方生长。可以在种植草本植物 1～2 年以后再开始种植乔灌木，因为如果草本植物因填埋气体的大量释放而无法生长时，其他深根系的植物类群更加难以幸免。

2．垃圾处置场地中的垃圾渗滤液

垃圾渗滤液是垃圾经过长期的微生物降解而产生的一种高浓度难降解的有机污水，它通常含有大量的胺，从而对许多生物体具有畸形的毒性反应，除此之外，渗滤液中还含有许多重金属、酚类、单宁、可溶性脂肪酸等有机污染物，所有这些物质均对植物生长具有潜在的危害作用，而且，由于渗滤液来自垃圾层，故此渗滤液本身也充满了填埋气体。

目前对垃圾渗滤液的处理方法主要有两大类，一类是包括好氧和厌氧过程的生物学处理方法，另一类是物理和化学处理方法。但是迄今为止，虽然已经研究过很多包括物理的、化学的甚至微生物的垃圾渗滤液处理方法，但具有一定规模的渗滤液污水处理厂仍然很少，即使在欧洲，截至 1995 年底，也仅有不到 10%的城市生活垃圾填埋场建有配套的渗滤液处理厂。

研究表明，由于含有多种有毒物质如胺、挥发性酸和重金属等，高浓度的垃圾渗滤液会对周围的植物产生伤害作用。美国的一项研究中发现，利用垃圾渗滤液对六种木本植物的灌溉最终导致了极高的死亡率。不过另外一些研究发现，由于垃圾渗滤液本身就携带着大量的营养物质，而土壤-植物系统又可以净化渗滤液去除其毒害作用，在旱季可以将垃圾渗滤液作为灌溉用水。在野外考察中，人们发现，定居在城市生活垃圾填埋场地下坡地带的植物由于接受了较多的渗滤液而比上坡区的植物长势更好。

实际上，垃圾渗滤液的具体组成和基本特征变动很大，它和填埋的垃圾种类、当地的气候条件、垃圾填埋方式方法和时间都有很大的关系，故此垃圾渗滤液对生态恢复的植物群落的毒害作用主要取决于使用垃圾渗滤液的方式和浓度。如果通过稀释或降低施用的频率，将垃圾渗滤液中的有害成分控制在很低的水平，则其完全可以作为灌溉用水来减少水分胁迫对植物生长的影响。

本章小结

废弃地指曾为工业生产用地和与工业生产相关的交通、运输、仓储用地，后来废置不用的地段。常见的废弃地有矿区废弃地、城市工业废弃地和垃圾处置场地。每一种类型的废弃地各具有不同特点，对生态环境影响的严重程度也不同，生态恢复的原则和方法也各异。

矿区废弃地的生态恢复技术主要包括微地形改造技术、受损土壤基质改良技术、植被恢复技术。城市工业废弃地生态恢复的方法主要有景观再利用方法、废弃物再利用方法、生态技术方法和作为城市自然保留地。目前在垃圾处置场地废弃地的生态恢复方法基本上都是先对原有的废弃地进行表土的更换和覆盖，然后采用植物恢复技术对原有的废弃地进行生态恢复。由于生长在垃圾填埋场上的植物要面临填埋气体、垃圾渗滤液和最终覆土层的高温、干旱和贫瘠等诸多严峻的环境压力，选择植物的基本原则是其能够忍受耐填埋气体和垃圾渗滤液的影响，并对干旱具有比较强的耐性。

复习思考题

1. 简述废弃地的概念、类型及特征。
2. 矿区废弃地对生态环境的危害有哪些？
3. 阐述废弃地生态恢复的措施和技术。
4. 简述城市工业废弃地对城市环境的影响及生态恢复的措施和技术。
5. 简述垃圾处置场地的危害及生态恢复的意义。

第十一章　道路交通工程生态恢复

【学习指南】通过本章的学习，要了解道路交通环境问题的产生的背景及道路交通环境保护的原则，要掌握道路交通工程对路域环境的影响及相应的环保措施，道路交通工程生态恢复技术是本章的重点也是难点，其中土地复垦的概念、土地复垦的设计及施工和各种边坡生态恢复技术的适用条件及施工方法等是本章要重点掌握的内容。

第一节　道路交通工程的环境影响

一、道路交通环境问题的产生

1769 年，法国军事工程师兼陆军大尉古诺（N. J. CUCNOT）制造出世界上第一辆蒸汽机汽车，此车以每小时 3.5 km 的速度行驶，冒着浓浓的黑烟，发出隆隆的噪声，由此，便产生了道路交通环境问题。20 世纪 50 年代以后，随着世界范围内的工农业生产和科学技术的迅速发展，铁路、城市道路和公路的里程、车辆的保有量也得到了迅速增长，于是道路交通环境问题便成为当今主要的环境问题之一。

改革开放以来，我国公路交通事业发展很快。公路运输总量在各种运输方式中稳列首位，交通运输“瓶颈”制约得到初步缓解，有力地支撑了国民经济的快速发展和各项社会事业的繁荣进步。到 2007 年年底，我国公路通车总里程已经达到 357.3 万 km。

高速公路是 20 世纪 30 年代在西方发达国家开始出现的专门为汽车交通服务的基础设施。高速公路在运输能力、速度和安全性方面具有突出优势，对实现国土均衡开发、缩小地区差别、建立统一的市场经济体系、提高现代物流效率具有重要作用，目前全世界已有 80 多个国家和地区拥有高速公路，通车里程超过了 23 万 km。我国高速公路从无到有，飞速发展。“十五”期间建成高速公路 2.47 万 km，是“七五”“八五”和“九五”建成高速公路总和的 1.5 倍。到 2007 年年底，通车里程达到 5.36 万 km。我国交通部国家高速公路网规划确定的国家高速公路网近期建设目标是：

——到“十五”末，国家高速公路网建成3.5万km，占总里程的40%以上。

——到2007年底，建成4.2万km，占总里程的近一半；全面建成“五纵七横”国道主干线系统。

——到2010年，建成5万～5.5万km，占总里程的60%左右。其中，东部地区1.8万～2.0万km，中部地区1.6万～1.7万km，西部地区1.6万～1.8万km。

到2010年，从国家高速公路网实现的效果上看，可以基本贯通“7918”当中的“五射两纵七横”14条路：

五射：北京－上海、北京－福州、北京－港澳、北京－昆明、北京－哈尔滨；

两纵：沈阳－海口、包头－茂名；

七横：青岛－银川、南京－洛阳、上海－西安、上海－重庆、上海－昆明、福州－银川、广州－昆明。

到2010年，国家高速公路网总体上将实现“东网、中联、西通”的目标。东部地区基本形成高速公路网，长江三角洲、珠江三角洲、环渤海地区形成较完善的城际高速公路网络；中部地区实现承东启西、连南接北，东北与华北、东北地区内部的连接更加便捷；西部地区实现内引外联、通江达海，建成西部开发八条省际公路通道。

另外，近年来我国铁路发展迅速。2006年7月1日青藏铁路全线通车，至此全国铁路总营业里程已近8万km，覆盖了全国所有的地区，所有的省份，标志着中国的铁路交通已经为所有的中国人服务，具有里程碑般的意义和作用。“十一五”期间，我国将建设铁路新线19 800 km，其中客运专线9 800 km。2010年全国铁路营业里程达到9.5万km。

由上可以看出，我国道路交通事业发展很快，但其在给人们带来便利条件的同时，不可避免地对生态环境造成了破坏，开挖路堑、填筑路堤，都导致原生植被的破坏、土壤侵蚀等一系列生态环境问题，因此，保护和恢复道路边坡、沿线路侧的生态环境势在必行，道路沿线生态环境的保护和恢复，已成为当前道路建设的研发热点和施工重点。

二、道路交通工程对路域环境的影响

道路的修建会破坏原有的大地景观和生态平衡，减少大地的绿化面积，增加硬质面积，高速行驶的汽车、火车还会产生噪声、振动和大量的废气，这些都会对其周围的自然环境产生影响。随着道路建设向山区及沿海的发展，同样暴露了植被破坏、环境污染、水土流失等一系列问题，出现了较多的环境地质灾害，加剧了道路交通工程建设与环境保护之间的矛盾。道路交通工程对路域环境的影响主要有以下几方面。

（一）对动植物的影响

1．对地表植物的直接破坏作用

道路工程永久性征用土地，使其沿线的地表植被遭受损失或损坏。如在泰肥一级公路建设项目的环境影响评估报告中预测，泰肥一级公路的修建，其永久性占地为 304.6 hm^2，其中农业占地为 274.1 hm^2 的农业植物将受到永久性破坏。

道路建设过程中，施工期的临时用地，包括施工便道、拌和场、施工营地和预制场等，因施工作业的影响，这些土地的地表植被遭受损失。其次，取、弃土石方作业，使原有地表植被遭到破坏。再有，施工期由于筑路材料运输、机械碾压及施工人员践踏，在施工作业区周围土地的部分植被遭到破坏。

2．降低动植物的生存环境质量

在道路施工过程中，产生大量的固废对生长在道路两侧的动植物的活动产生一定的影响；在道路建设过程中产生大量的水土流失，这些流失的土壤将在下游的地表水体（如河流、湖泊）中沉积，沉积物将覆盖水生生物的产卵和繁殖场所；再有，道路的建设而使河流改道或水文条件发生变化，会使生物的生存环境也发生变化，还有可能导致一些生物的消失。

在营运期，道路交通排放的废气、噪声和路面污染物等对动植物生存环境的污染，也会降低动植物的生存环境质量。例如，噪声会影响到鸟类的正常栖息等。

3．由于接近效应和交通事故对野生动植物构成巨大威胁

道路交通使许多原先人类难以到达或难以进入的地区变得可达或易于进入，这对野生动植物构成巨大威胁。在人们交通便利的同时，偷猎和盗伐林木也较通车之前更加容易。

4．对生物多样性的影响

道路建设和营运对地区局部生态环境的影响往往是永久性的。路基、路面、采石取土区、工程施工区以及永久性建筑等，可能在不同路段对森林、草地、湿地、荒漠等生态系统产生一定程度的破坏，对某些珍稀濒危动植物产生一定的影响。道路建设和营运还会干扰沿线野生动物的正常活动，如会使其活动范围受到限制，使其生态环境岛屿化，对干扰的抗性低，生存在其中的生物将变得脆弱，如果隔离延续若干世代以后，则有可能发生种内分化，不利于生物多样性保护。另外，不合理的道路布局，有可能对自然保护区、风景名胜区、森林公园等产生不利影响。

车辆运输过程中携带的一些外来物种无意中引入群落中，如果外来物种适应能力强，在这些群落中定居后，与原物种争夺有限的资源，加入外来物种与原物种处于相同的生态位，原物种可能由于竞争力弱，从此在群落中消失，道路的建成增加外来物种引入的概率。

因此，道路建设和营运与生物多样性关系密切，所以应重视保护生物多样性，

采取积极措施，尽可能消除和减少对生物多样性的不利影响。

（二）对自然资源的影响

道路交通建设会对土地资源、水资源、生物资源产生严重的影响。

1．对土地资源的影响

土地资源是农业的基本生产资料，是人类生产和生活活动的场所。道路建设会占有大量的土地资源，再有道路又多修建在平坦的土地上，因为平坦的土地有利于建设，但这些平坦的土地大部分又是优质的农业用地。在黑河至二井子路段生态环境影响评价中分析该项目对土地资源的影响为：项目永久性占地 822.84 hm^2，占用可耕地 353.55 hm^2，具体占用土地情况见表 11-1。

表 11-1　黑河至二井子段拟建公路永久及临时占用土地情况

	总占地		耕地		林地		荒地	
	永久	临时	永久	临时	永久	临时	永久	临时
面积/hm^2	822.84	74.25	353.55	41.95	306.35	17.0	162.94	15.3

道路建设对土地资源的影响主要有以下几个方面：

（1）永久性占地数量大，占地会加速本已不多的耕地资源的减少，加剧对剩余耕地的压力。

（2）施工期临时用地，包括施工便道、拌和场、施工占地、预制场等因施工作业会使土地的农业功能受到限制。

（3）公路的开通所具有的城镇化效应，常使公路两边的大片优质农田改作他用，这是公路建设对土地资源的间接影响。

（4）公路交通环境污染效应可使公路两侧的农田土壤受到污染，可能使农作物污染物含量超标，从而间接地减少土地资源。

2．对水资源的影响

对水资源的影响包括对地表水的影响和地下水的影响。

（1）对地表水的影响。道路工程会改变地表径流的自然状态。道路的阻隔作用使地表径流汇水流域发生改变，加快水流速度，导致土壤侵蚀加剧以及下游河段淤塞，甚至会导致洪水的发生。此外，路面会降低土壤的可渗透性，从而增加该地区地表径流量，产生上述类似的环境影响。

道路工程建设对地表水体的水文条件产生影响。弃渣侵占河道、沿河而建的道路或跨越河流湖泊的公路、铁路桥梁都会影响河流的过水断面、流量和流速等。冲刷动能增大，是造成河岸侵蚀和发生洪水的因素之一。有些建设项目还可能使河流改道，池塘、湖泊、水库被毁，对地表水资源、水环境产生危害。

（2）对地下水的影响。道路工程会对地下水产生一定的影响，如在填方路段，路基会使地下水上游水位抬高，下游水位降低等问题。

（三）引发水土流失

道路建设已经成为引发区域水土流失的突出问题。据调查，广东省道路建设水土流失量每年高达462.03万m^3，造成的经济损失达78.95万元。

水土流失是我国对土壤侵蚀笼统的习惯叫法。一般认为，土壤侵蚀是地球陆面上的土壤、成土母质和岩屑，受水力、风力、冻融、重力等营力作用，发生磨损、结构破坏、分散、移动和沉积等的过程与后果。目前，世界上多采用土壤侵蚀这一术语。

根据侵蚀营力，可将土壤侵蚀分为水力侵蚀（如在公路施工过程中新筑的路基或产生的渣土，因其结构疏松、孔隙度大，在雨滴的打击和水流的冲刷下产生的水土流失）、风力侵蚀（施工过程中及施工完成后几年内，地表植被尚未完全恢复，使得施工区内地表裸露，在风力作用下，产生剥蚀等表土流失风蚀）、重力侵蚀（在公路建设过程中，由于线路开挖及土石方的开采，改变了原有的地形、地貌，使地表原有的土石结构平衡遭到破坏，在重力作用下，有可能产生坍落、滑坡等破坏，产生的水土流失）和泥石流等类型。

按照侵蚀方式，水力侵蚀又可分为：面蚀，包括溅蚀、片蚀、细沟状面蚀等；沟蚀，是最重要的侵蚀方式，可形成浅沟、切沟、冲沟及河沟等（它们是沟谷发育的不同阶段）；潜蚀等。

此外，考虑到人类的影响，还可将土壤侵蚀分为自然侵蚀与加速侵蚀。自然侵蚀，是由自然因素引起的不断进行的土壤更新作用，即因侵蚀而消失的表土层同时由风化产生的新土层所补偿，消失和补偿基本维持平衡，因而土壤侵蚀速度缓慢，一般危害不大，故又将此称为正常侵蚀。加速侵蚀，是由人类活动引起的，可使正常侵蚀条件下需千百年才能损失的表土，在极短时间内流失殆尽，其危害严重。在我国，现代侵蚀就是加速侵蚀。

道路施工过程中的路基施工区，采石、取土及弃土堆放区是最易产生土壤侵蚀的地段。道路施工，主要从四个方面影响土壤侵蚀。

（1）改造局部地貌，为土壤侵蚀提供了有利的地貌条件。特别是边坡改造，会加剧水土流失。如挖损边坡陡峭，有的近于直立状态，边坡质地有土质、石质和土石混合质。有的边坡坡度大，在雨点打击和冲刷以及风蚀作用下产生水土流失，暴雨时极易产生剧烈水力侵蚀，且在降雨作用下很容易诱发小型崩塌、滑坡等，造成严重的土壤侵蚀，侵蚀强度为极强烈火剧烈侵蚀。

（2）废碴、弃土处理不当会加剧水土流失，有时还会为泥石流的产生提供固体碎屑。孙虎对黄土性弃土的降雨侵蚀过程进行研究后指出：人为弃土斜坡（32°～35°）侵蚀模数为32 142.7 t/km^2。一般弃土堆侵蚀量是裸地的11～13倍。可见弃土场是公路建设中重要的水土流失区。

（3）破坏植被，加剧土壤侵蚀。由于地表的植被破坏，使表土与植被的平衡关系失调，土壤表层裸露，抗蚀能力减弱，加剧水土流失。

（4）路面排水处理不当，也将影响土壤侵蚀。

（四）对景观的影响

道路是景观中的廊道，具有通道、屏障或过滤、生境、源和汇 5 大基本功能。作为典型的人工廊道还有其特殊性，即完全连通。道路廊道本身对景观有一定的生态影响，同时，道路作为深入景观的途径，利用人类的土地开发和利用，更强烈地改变景观格局和过程，但明确区分道路直接的生态影响和人类活动带来的生态影响较为困难。

当道路纵穿生境会造成原始自然景观的破坏，使原本生动的自然风光黯然失色，产生生境破碎和生境消失从而影响到生态系统的稳定和健康。此时，道路将生态区域碎化为更弱的次级单位，进而会使整个生态区域易受侵蚀，容易退化。道路贯穿整个景观，道路建设的生态影响是大范围、跨区域的，而且随着人类开发程度的增大而越来越大。部分影响在道路建设后一定时间可以恢复到原来的水平，如土壤密度和土壤 pH 值在 3～5 年后得到恢复，但是整体环境的恢复很缓慢，例如两侧植被回复到原始林需要 200～300 年的时间。

20 世纪 90 年代，道路生态研究逐渐扩展到从景观的尺度研究道路及道路网的生态影响，即道路与景观格局和过程的关系，尤其是道路与森林景观格局和过程之间的相互关系。

道路建设中的生态环境和景观环境随着道路建设的延伸而不断扩展，对道路交通安全也构成威胁，与周边环境形成极大的反差和不协调，这就是视觉污染。

（五）带来一些污染问题

道路交通工程带来一些污染问题，如空气污染、水污染、噪声污染、土壤污染等。在黑河至二井子公路路段生态环境影响评价中，对土壤污染影响具体如表 11-2 所示。

表 11-2　公路路段不同时期土壤中铅、油含量　　单位：mg/kg

污染物	土壤类	污染起始值 C_0	土壤环境标准数值 C	现状		2002 年		2010 年		2020 年	
				C	C/C_0	C	C/C_0	C	C/C_0	C	C/C_0
铅	暗棕壤	22.98	13.05	12.73	0.55	16.17	0.70	40.49	1.76	72.03	3.13
	黑土	24.91	12.03	10.68	0.43	14.83	0.59	39.91	1.60	71.83	2.88
	草甸土	29.52	10.16	13.47	0.46	16.66	0.56	40.69	1.38	72.10	2.44
油	暗棕壤	—	—	79.72	0.26	79.80	0.26	80.00	0.26	80.21	0.26
	黑土	—	—	127.20	0.42	127.28	0.42	127.48	0.42	127.69	0.42
	草甸土	302	—	144.06	0.48	144.14	0.48	144.34	0.48	144.55	0.48

（六）还会引发地质灾害

道路交通工程建设过程中，路基开挖或堆填，会改变局部地貌。在地质构造脆弱地带易引起崩塌、滑坡等地质灾害，在石灰岩地区易引起岩溶塌陷，在高寒山区易引起雪崩等灾害。另外，开挖路基有时会影响河流的稳定性。例如大量弃土倾入河谷、河道，使河床变窄，易引发山洪、泥石流等灾害。

道路施工期的环境问题主要表现为非污染型生态环境影响。如前所述对动植物影响、土壤侵蚀、自然资源（土地、水、草场、森林、野生生物等）影响、景观影响等。每条道路涉及的具体生态问题各不相同，主要取决于所经地域的自然环境、生态环境及地貌状况等。对环境的影响程度取决于道路的等级，如在公路中，因高速公路及一级公路的工程技术标准较高，他们对生态环境的影响最大，普通道路的影响较小。

道路营运期的环境问题，主要是污染问题，如噪声扰民，排放废气污染空气，车站、服务区污水及路面径流对水环境的污染等，其中噪声影响最为突出。

第二节　道路交通建设中的保护措施

一、道路交通环境保护原则

道路交通环境保护应执行国家环境保护法规及有关规范。为使环境保护工作取得成效，应遵循下列原则：

（一）以防为主、防治结合

道路交通环境保护最有效的措施是路网规划和路线布设时考虑环境因素，通过全面规划和合理布局，将环境影响降至最低限度。在此基础上，采取必要的环境治理措施，实现环境保护目标。

（二）执行环境影响评价制度

编制环境影响报告书或环境影响报告表是国家对建设项目（包括新、改扩建）实行强制性环境保护管理的制度，是对建设项目从环境方面做可行性研究报告，对建设项目具有一票否决权的作用。环境影响报告书或报告表是建设项目工程设计中的环保工程设计、环境保护设计、施工期和营运期的污染防治措施及环境管理的依据。为更好地执行环境影响评价制度，国家相关部门相继颁布了《铁路建设项目环境影响评价管理办法》、《公路建设项目环境影响评价规范》等文件。

（三）综合治理

环境综合治理有两层含义：一是必须采取法律的、行政的、技术的、经济的综合措施来实现环境保护；二是为防治环境污染，改善环境质量应考虑多种技术措施综合治理，以达到环境保护最佳效果。

（四）技术、经济合理

实施环境保护措施时，应做多方案分析论证，以达到技术可靠、经济合理，使环境效益和社会效益最佳。此外，还应使环保措施可能产生的负面影响最小，或为防止负面影响的投资最小。

（五）实行“三同时”原则

根据国家《建设项目环境保护管理办法》的规定，经环境影响评价及有关部门审批确定的环境保护措施，如车站、管理处、生活服务区、收费站等的污水处理设施及其他环保设施，应与主体工程同时设计、同时施工、同时投入营运。由于道路交通噪声对环境的影响与交通量有关，环境影响预测评价，噪声防治设施可采取分期实施方案。

（六）加强环境管理

管理工作是环境保护的关键。在我国，由于道路交通环境保护工作开展较晚，环境管理亟待加强。首先应建立和健全各级环境保护机构，明确职责；其次是制定相关环境管理法规，明确道路交通建设各环节的环境管理要求与目标，使环境保护工作切实有效。

二、道路交通建设中的环境保护措施

（一）动植物的保护

1. 防止地表植被破坏的措施

防止地表植被破坏的措施可分为两方面：

（1）在道路设计和施工计划中科学设计、合理规划、尽可能地减少对地表植被的破坏。如在青藏铁路建设中，从工程设计到施工全过程中始终坚持“预防为主、保护优先”的方针以保护沿线地表植被。施工过程中严格控制临时工程的设置数量和破土面积，推行工程分段集中取土的原则，禁止在路基两侧滥挖乱采；合理规划、设计施工便道及其宽度，要求施工车辆固定行车路线，保证周围地表和植被不受破坏，线路纵向便道充分利用既有路基和既有青藏公路；对高寒草甸区域内工程占地范围内的草甸采取分割划块铲起，移植到适宜地方进行培植；对于高寒草原区域内工程占地范围内地表表层熟土进行集中收集堆放。

（2）对施工过程中破坏的植被采取工程措施，尽可能早地予以恢复或补偿。一般而言，工程措施就是对道路开挖后裸露的边坡、路基边坡和取、弃土场，临时用地，公路服务区，收费站生活区，养护管理工区，立交环形匝道的空地及公路路界内的一切可以利用的空地植草植树，实施绿化工程。道路绿化一般要根据不同的道路结构或场所采取不同的种植方式。

2．保护动物的措施

道路建设中应采用一些动植物保护措施。以下为适用于低等级公路的动物防护措施。

（1）设置动物标志，减速行驶　在野生动物频繁出没的路段设置动物标志，提醒驾驶人员减速行驶，避免动物与车辆相撞引起的伤亡。

（2）设置灯光反射装置　在路旁设置一些灯光反射装置，如反光灯等，以便夜间车辆行驶时吓退公路两侧的动物，使其不敢穿越公路。

（3）设置保护栅　对于低等级公路，动物穿越公路时与行使车辆相撞是造成动物伤害的主要原因。在公路两侧修建栅栏或植物屏障，以减少动物与车辆碰撞。这些屏障可改变动物的迁徙路线，通过改变迁徙路线避免相撞事件发生。

在野生动物保护区、自然保护区等，有野生动物特别是濒临灭绝的珍稀野生动物活动的地区，可考虑修建动物通道来保护动物的栖息环境。此外，可用隧道取代大开挖或用桥梁取代高路基的做法，避免破坏野生动物的栖息地或迁徙路径。如在我国青藏铁路建设中，根据青藏铁路沿线野生动物的种类、数量、分布规律等，在铁路沿线野生动物主要分布和迁徙地段，设置了动物通道共计 33 处，沿线路方向累计宽度达 58.45 km。通道形式有桥梁下方、隧道上方和路基缓坡三种，对于高山山地动物群，主要采取隧道上方通道形式；对于高寒草原草甸动物群，主要采取桥梁下方和路基缓坡通道形式。

在道路穿过森林时，尤其是热带地区，减小要清除的植被的宽度可以使路两侧的树木在道路上空相接触，为生活在树冠上的动物提供一种过路的途径。在山区路段采用隧道、桥梁，不仅可以避免大挖方量、大弃土量、大填方量、大面积边坡的稳定处理以及无法补救的景观影响等问题，而且也有利于野生动物的保护。

另外，道路建设同时也存在着对水生生物的影响，其减缓措施有：在跨越河流或湖泊水体时，尽量采用桥涵跨过，减少使用堆填路基结构；尽可能减少现有河流水体的改道；加强水域路段的路堤防护，防止土壤侵蚀引起水质污染及河塞，影响水生生物的生存环境；涵洞设计中应考虑水生生物迁徙回游的需要，在必要的场所，设置消力墩来降低水流流速，以便鱼类能逆流回游。

3．合理选线

道路交通环境保护最有效的措施是路网规划和路线布置时考虑环境因素，通过全面规划和合理布局，将环境影响降到最低限度，所以说道路选线非常重要。如在青藏铁路建设中，为保护野生动物的觅食、栖息环境，选线时尽量靠近青藏公路，避免对野生动物息觅食场所造成新的分割；尽量避开野生动物栖息、活动的重点区域，西藏段工程绕避了林周、彭波黑颈鹤保护区；对于必须经过野生动物活动区域的地段，设计中进行了多方案比较，尽量减少对自然保护区的干扰。

总的来说，道路选线通常应避开珍稀濒危野生动植物及古树名木集中分布区、重要自然遗迹分布区、具有旅游价值的自然景观区、自然保护区、风景名胜区和森林公园等地区。如果必须通过上述特殊区域时，应建有效的保护设施，如保护网栏、兽类通道及桥涵等。

（二）道路建设的水土保持方案

道路建设必须依法防治水土流失，搞好道路沿线的水土保持工作。

1．法律依据

《中华人民共和国水土保持法》规定："在山区、丘陵区、风沙区修建铁路、公路、水工程……在建设项目环境影响报告书中，必须有水行政主管部门同意的水土保持方案"。"建设项目中的水土保持设施，必须与主体工程同时设计、同时施工、同时投产使用。建设工程竣工验收时，应当同时验收水土保持设施，并有水行政主管部门参加"。

国务院和有关部委还发布了一些文件，进一步对水土保持方案的编制内容、审批、管理等作了具体规定。

2．水土保持方案防治范围

合理划定道路建设项目水土保持方案的防治范围，对保证道路建设的安全施工，道路的安全营运和保护沿线生态环境均具有重要意义。方案的防治范围可划分为施工区、影响区和预防保护区。

（1）道路施工区。指道路主体工程及配套设施工程占地涉及的范围。包括工程基建开挖区、采石取土开挖区、工程扰动的地表及堆积弃土石碴的场地等。该区是引起人为水土流失及风蚀沙质荒漠化的主要物质源地。

（2）影响区。指道路施工直接影响和可能造成损坏或灾害的地区。包括地表松散物、沟坡及弃土石碴在暴雨径流、洪水、风力作用下可能危及的范围，可能导致崩塌、滑坡、泥石流等灾害的地段。

（3）预防保护区。指道路影响区以外，可能对施工或道路营运构成严重威胁的主要分布区。如威胁道路的流动沙丘、危险河段等的所在地。

3．水土保持方案的主要内容

（1）水土保持方案防治目标。人为新增水土流失得到基本控制。除工程占地、生活区占地外，土地复垦及恢复植被面积必须占破坏地表面积的 90%以上。采用各类设施阻拦的弃土石碴量要占弃土石碴总量的 80%以上。原有地面水土流失应得到有效治理。使防治范围的植被覆盖率达 40%以上，治理程度达 50%以上，原有水土流失量减少 60%以上。道路施工和营运安全应得到保证。方案实施为沿线地区实现可持续发展创造有利条件。

（2）水土保持方案的防治重点及对策。防治人为新增水土流失及土地沙质荒漠化为方案的防治重点。总的防治对策为：控制影响道路施工与营运的洪水、风口动力源；固定施工区的物质源，实现新增水土流失和自然水土流失二者兼治。

道路施工区为重点设防、重点监督区。工程基建开挖和采石取土场开挖，应尽量减少破坏植被。废弃土石碴不许向河道、水库、行洪滩地或农田倾倒，应选择适宜地方作为固定弃渣场，并布设拦渣、护渣及导流设施。对崩塌、滑坡多发区的高陡边坡，要采取削坡开级、砌护、导流等措施进行边坡治理。施工中被破坏、扰动的地面，应逐步恢复植被或复垦。在道路沿线还应布设必要的绿化，起到美化和生物防护功能。

直接影响区为重点治理区。在道路沿线，根据需要布设护路、护河（湖）、护田、护村（镇）等工程措施，还应造林种草，修建梯地、坝地。达到保护土地资源，减少水土流失，提高防洪、防风沙能力，减少向大江大河输送泥沙。

预防保护区以控制原来地面水土流失及风蚀沙化为主，开展综合治理。

（三）地质灾害的防治

崩塌、滑坡、泥石流等是山区道路建设与营运中易发生的地质灾害，往往会造成严重的生态破坏与居民生命财产的巨大损失。这些地质灾害的产生，不仅与自然条件有关，而且与人为因素有关。因而，在丘陵山区、黄土高原、岩溶高原等地表起伏较大地区修建道路时，应采取多种措施，避免或减少地质灾害对道路交通的影响以及对沿线生态环境的破坏。

1．崩塌的防治

在山区修建道路，对崩塌易发地段，应定期监测，判断崩塌发生的可能性、强度、规模，并采取适当的防治措施，如清除危石、改造坡面等。对规模大、破坏力强、仍在发展中的大型崩塌，一般应以改线避绕为主。对规模不大的崩塌，可根据不同情况，采取建拦石坝、防护河堤、支撑体、砌石护坡、绿化坡面或清除岩屑堆等措施。道路施工，应尽可能避免因人工开挖或爆破引起崩塌。

2．滑坡的防治

山区道路在选线时，应尽可能避开大型滑坡易发地带。在道路建设与营运中，应对滑坡易发地段进行监测。对开始蠕动变形地段要及时采取防治措施，同时要尽量减少人为因素的影响。滑坡的防治主要有排、挡、减、固等措施。

3. 泥石流的防治

构造变动复杂或新构造运动强烈，而且岩性脆弱的地区，一般是泥石流的易发区。形成泥石流的水源主要来自暴雨或冰雪融水。暴雨中心往往是泥石流的分布区，暴雨量越大，泥石流规模也越大。另外，人为因素对泥石流的影响不可低估，如采矿废渣和修路废弃土石方的大量堆积、森林植被严重破坏、工程建筑物不合理布局等，都有可能为泥石流的发生提供条件。

山区道路选线应尽量避开大型泥石流多发区。施工时，应尽量减少对森林植被的破坏，同时要注意对废弃土石方的处理，不能为泥石流的产生提供物质条件。

（四）道路交通污染的控制

1. 交通噪声控制措施

（1）控制路线距环境敏感点的距离。噪声随传播距离的衰减和在传播途中的吸收衰减是声波的基本性质，利用该基本性质控制路线距敏感点的距离，是交通噪声防治的根本途径。由线声源模型，当距行车线的距离 r 为 r_0（7.5 m）的 2 倍时，噪声级降低 3 dB；当 r 为 r_0 的 4 倍时，噪声级降低 6 dB……此外，如接受点距地面高度小于 3 m 时，因地面吸收的衰减也是十分显著的。

道路选线除应保证行车安全、舒适、快捷、建设工程量小等原则外，还应根据环境噪声允许标准控制路线距环境敏感点的距离，最大限度地避免道路交通噪声扰民。

（2）合理利用障碍物对噪声传播的附加衰减。噪声传播途中遇到声障，会对声波反射、吸收和绕射而产生附加衰减。

可利用土丘、山冈降低噪声。路线布设时，尽可能利用地貌地物作声障。也可利用路堑边坡降低噪声。图 11-1 为路堑边坡对噪声传播的声障作用。对于环境敏感路段，采用路堑形式能起到噪声防治效果。还利用构筑物或建筑物降低噪声，利用林带降低噪声。道路路线布设应尽量利用原有林带的环保作用，还应加强道路周围绿化，改善环境质量。

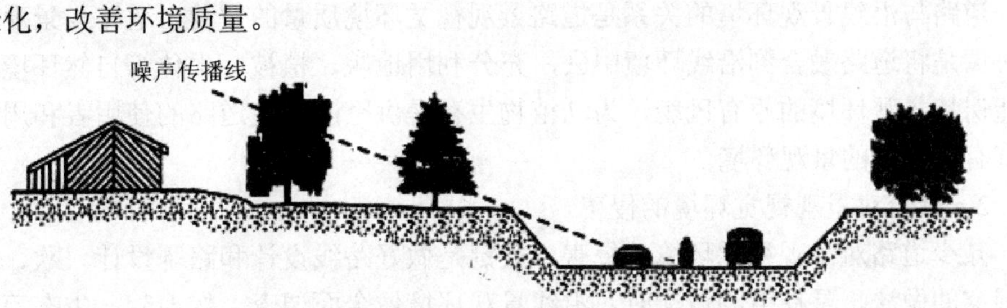

图 11-1 利用路堑作声障示意图

2. 道路交通空气污染

道路交通空气污染主要由机动车辆行驶中排放有毒有害物质及在道路上产生的扬尘所致。道路交通空气污染防治主要有七种途径：采用新的汽车能源；采用新燃料；对现有燃料改进及前处理；改进发动机结构及有关系统；在发动机外安装废气净化装置；控制油料蒸发排放；加强和改进道路交通管理。

3. 道路交通水环境污染防治

（1）道路服务设施污水处理。道路建成投入营运后，其服务设施将排放一定数量的污水，如服务区的生活污水、洗车台（场）的污水、加油站的地面冲洗水、路段管理处及收费站的生活污水等。若这些设施的所在地远离城镇不能直接排入污水系统时，排放的污水须经处理达标后排放。

（2）道路路面径流水环境污染防治。道路路面径流水环境污染，是指道路营运期，货物运输过程中在路面上的抛撒，汽车尾气中微粒在路面上的降落，汽车燃油在路面上的滴漏及轮胎与路面的磨损物等，当降水形成路面径流就夹带这些有害物质排入水体或农田。对于这种污染及其污染程度，至今研究甚少，一般说来，不会对水体和土壤造成大面积的污染。但当道路距水源保护地、生活饮用水源和水产养殖水体较近时，应考虑路面径流对水环境的污染，路面排水不能排入这些水体，必要时可设置生物塘（好氧塘），将路面径流引入塘内得到隔油沉淀和净化处理。

（3）施工期的水环境污染防治。道路施工期间无论是施工废水，还是施工营地的生活污水，都是暂时性的，随着工程的建成其污染源也将消失。通常道路施工期的污水对水环境不会有大的影响，可采用简单的、经济的处理方法。如施工营地的生活污水采用化粪池处理，施工废水设小型蒸发池收集，施工结束将这些池清理掩埋。大桥、特大桥施工期对水环境的污染主要是向水体弃渣，向水体抛、冒、滴、漏有毒化学物品等。防止此类污染的有效措施是加强监督管理与采用先进的施工工艺。

（五）景观环境保护对策

1. 道路与景观环境的协调

道路与沿线景观环境的关系是道路景观视觉环境质量的关键。道路与景观环境的协调是将道路融合到沿线环境中去，充分利用地貌、植被、水体等自然环境，尽可能保持景观环境的原有风貌，为动植物生存提供空间，使道路的使用者和周围公众享有高质量的景观环境。

2. 减少对景观视觉环境的侵害

减少道路对景观视觉环境的侵害，关键是做好路线设计和路基设计。欧、美一些国家的做法，是在道路设计时对沿线景观环境做全面调查，按地貌、生态等特征划分成若干单元，对每个单元进行打分并分级，一般分级：极好、有价值、好、一般和较差。然后按道路在原景观环境中的位置（或地位），对道路在给环境视觉的影响进行分析，其影响程度分三档：非常侵害，在视觉中拟建道路处于统治地位；一般侵害，在视觉中拟建道路处于重要地位；微弱侵害，在视觉中拟建道路处于不明显地位。

由上述可见，道路设计时不应孤立地强调线形，更不应突出道路在自然环境中的地位。道路路线、路基、桥梁、色彩等应与周围景色取得和谐。

3．保护景观资源

景观资源是国家的重要资源，其中相当部分属于不能再生资源（如奇特地貌、名木古树、珍稀生物、历史文物、峡谷、溪流等）。对于有重要价值的景观资源要采取避让或采用工程技术措施加以保护。即使价值一般的景观资源也应尽可能的保护，因为资源本身的价值将随年代的变迁而变化，再则我国有价值的景观资源也有限。

第三节　道路交通工程生态恢复技术

目前，国内外已形成的有关道路交通生态恢复的技术有土地复垦、生物环境工程技术（或综合生物工程技术）和路域景观恢复工程技术等。

一、土地复垦

（一）土地复垦

土地复垦系指将修路中被破坏的土地因地制宜，采取综合整治措施，使其按预定的目标恢复到可供利用的状态。无论公路还是铁路都是一种带状的、具有一定宽度的长距离或超长距离的人工建筑物，在道路两侧还有一些交通附属设施，这就决定了修建每一条道路都要压占、征用、破坏大面积的土地，这些土地有的被永久占用，有的可在后期复垦，有的则遭到了永久性的破坏。道路建设对土地的破坏主要有三种形式：一是公路主体及附属设施压占土地；二是取、弃土场和料场对土地的破坏；临时设施及施工场地（如临时性居住点，搭建各种工棚、设置机械设备停放处、建筑材料堆放点等设施）。

在未来较长时间内，随着道路交通建设大规模进行，大片土地和自然植被不可避免地要遭到压占和破坏。面对此种现状，我们必须贯彻执行珍惜和合理利用土地的方针，本着“谁破坏、谁复垦”的原则，最大限度地对因道路交通建设而遭到破坏的土地进行合理的复垦。

土地复垦技术包括工程复垦和生态复垦。对遭到严重破坏的土地，一般先采用覆盖表土、平整压实等工程措施进行恢复改造。国外有人利用由木屑、聚丙烯纤维等原料与尼龙、稻草等编织的“侵蚀被”或用由聚丙烯带制成的三维栅格、金属编成的“石筐”等侵蚀控制构筑物来控制复垦土壤的侵蚀，将“侵蚀被”或侵蚀控制构筑物铺在表层或边坡，既可防止土壤侵蚀，植物又可在其中生长。这项技术不仅先进，而且其产品已实现了产业化。对已严重丧失生产力的土地，利用豆科植物、微生物或有机肥等进行改良，加速土壤熟化，恢复生产力。对已具备恢复植被的土地，因地制宜确定复垦目标，宜林则林，宜草则草，或发展生态农业，建立多层次、多结构、多功能的复合农业系统，达到既恢复生态，又获得经济效益和社会效益的目的。

（二）土地复垦的设计及施工

以拉林河至长春高速公路土地复垦来说明具体土地复垦的设计及施工概况。

1．制定土地复垦计划

在公路项目施工图设计阶段，复垦计划和项目设计同步进行。在实施复垦计划时，首先根据区域地质、土壤、气候等条件及地区的国民经济发展计划、城市发展规划、土地的长久利用计划等多方面因素来总体考虑复垦的计划，从而制订出符合公路走廊带内及其周边地区经济和社会发展的土地复垦计划、实施措施及土地复垦后的利用方向。这样可以做到土地复垦工作和公路工程建设同步进行，缩短复垦周期、改善环境状况，使复垦的土地在工程结束后能尽早地恢复土地的预期使用功能。对临时设施占地、取土场及弃土场占地的复垦，通常的做法是尽可能恢复原有的生态植被，满足当地农、林、牧业生产的需要，即毁林还林（环保复垦）、毁田还田（农业复垦）。但有时复垦后的土地达不到期望值，这时就要考虑种草，利用取土场修建养鱼池、建大棚蔬菜生产基地或者进行建筑开发等。总之，不论怎么做，在设计中所制订的土地复垦计划都必须符合区域实际、保护环境和植被、防止水土流失、保持生态平衡，并最大限度地保持土地的原有功能。

2．实施土地复垦计划

在公路施工阶段，要根据所制订的土地复垦计划有步骤地实施，并要充分利用以往的成功经验，协调好公路施工和土地复垦间的作业关系，结合工程实施的实际情况，适时监督，尽量少压占和破坏土地及植被，尽早对压占和破坏的土地进行复垦，在公路用地范围内复垦的土地全部绿化。对线外取土场在具体实施土地复垦时通常采用以下两种形式。

（1）工程复垦。设计阶段考虑在取土前，对取土场的土壤类别、矿物成分及肥力特性进行检验和分析，确定表层种植土的分布情况及厚度，在取土前将表层种植土有计划地采集、堆存及标识，工程上不得使用，以便复垦时用该土来恢复被破坏的可耕作层，使其具有或接近取土前的土壤肥力。

拉林河至长春高速公路路基填土主要采用线外集中取土方式，全线设集中取土场 35 处，共取土 13 503 841 m^3。本着合理使用土地，切实保护耕地的原则，对取土场占用土地采取了复垦措施，确定合理的取土方案，进行土地复垦和环境绿化，设计及施工阶段取土场土地复垦的作业过程如下。

第一，取土场尽量选择在地势较高、含水量较低、单位面积可取土数量大的位置，以节约用地。根据地形、地质条件、取土量大小、取土后场地排水条件确定取土深度，进行场地规划。

第二，取土前将表层 50 cm 厚的种植土移走，单独堆放、标识，工程上不得使用。取土后再将种植土推回，以保持表层土壤肥力，最大限度地恢复耕种条件。种植土堆放的位置以不影响施工为原则，对于土质为风化岩石，恢复表土后仍达不到土壤肥力、无法耕种的取土场按永久占地处理，恢复表土后用于绿化。

第三，取土场施工时要按设计的形状开挖，坑底应设纵、横向坡度和完整的排水系统。取土坑内侧边坡坡度宜为 1∶1.5，坑底纵横坡度不宜小于 0.3%，对取土后坑内积水不能排出影响耕种的取土场，在坑内适当位置设置蒸发池，用以汇集坑内积水，保证耕种条件。

第四，因修建公路破坏的土地，复垦前应按设计文件要求规划和整平，压实的土地要翻松，临时设施要拆除，清除建筑垃圾，对取、弃土场进行必要的回填、压实、加固、整平并做好排水设施，之后把原采集、堆存的种植土均匀地铺设在平整好的场地上，以尽早发挥土地功能。

第五，取土场坡面采用绿化防护。

第六，永久占地和临时占地的设计原则：取土场坡面、蒸发池及难以恢复耕种的土地为永久占地；复垦后可恢复耕种条件的为临时占地。

第七，按照土地管理部门的要求，恢复种植土的厚度不得小于 30 cm，竣工时应通过土地管理部门的验收，所发生的工程费用计入工程预算当中。

全线取土场总占地为 300 余 hm^2。其中：永久占地 60 余 hm^2；复垦面积 200 余 hm^2，占取土场总面积的 79.2%。其中用于绿化的占地已计入永久占地中。

（2）生态复垦。生态复垦在工程复垦之后进行，主要是根据复垦后的土壤状况及肥力情况，采取不同的方式对复垦后的土地进行土地熟化和植被恢复，根据复垦后土壤的熟化程度采取不同的种植类别，宜耕则耕、宜林则林，并对取土场的边坡、排水沟等采取植树、植草等措施恢复植被，避免水土流失，保护生态环境。

刚复垦后的土地由于肥力、土壤构成等原因，它所形成的生态植被系统还十分脆弱，在各种自然因素的综合作用下，很容易产生水土流失，对植物的生长起到严重的破坏作用，影响复垦效果。所以在公路运营的一定时间内，应加强对复垦土地的后期管理工作，待复垦土地新建立的生态植被系统达到基本稳定，植物自身表现出较强的生命力并能茁壮生长后，这时的复垦工作方可视为结束。

在拉林河至长春高速公路土地复垦设计及施工中采用了工程和生态复垦并用的方式，并取得了很好的效果。复垦后的土地农作物长势良好，短期内即恢复到取土前的土壤肥力，给沿线的农民留下了赖以生存的宝贵的土地资源，沿线地方政府满意，农民满意，维护了沿线的社会稳定，对农业经济发展十分有利。

上面所述的是拉林河至长春高速公路土地复垦的设计及施工概况。而在高寒地区、生态脆弱地区道路交通的土地复垦则有着更为重要的意义。青藏铁路格尔木至拉萨段是世界上海拔最高，跨越高原多年冻土地段里程最长的铁路，其经过地区的自然生态环境原始、独特，生物多样性丰富，生态系统极其脆弱、敏感，高寒草甸、高寒草原、多年冻土等被破坏扰动后很难恢复，高原植被恢复、冻土环境保护等都是铁路建设面临的环保难题。下面介绍一下青藏铁路建设生态恢复的一些措施。

（三）青藏铁路山丘坡地取土场生态恢复的一些措施

青藏铁路格拉段全长 1 142 km，全线土石方总量达 $8\,500\times10^4\ m^3$，其中填方约 $7\,000\times10^4\ m^3$，土方基本取自铁路沿线两侧附近的荒山、荒地、草原、草甸，涉及荒漠、融区、河滩、少冰及多冰冻土多种地带，全线取土场总数量达到 320 余个，占地约 $3\,000\ hm^2$。由于青藏铁路经过地形属于高平原地区，沿线多数取土场位于缓坡和平地，而设置于山丘坡地的取土场施工后恢复难度较大。由于在山丘坡地取土破坏了原有的地表植被和土壤结构，取土场形成了裸露坡面，使小区域面临水土流失的威胁。并且，由于取土使原来的山坡变陡，增加了滑坡、冻融坍塌等大量水土流失的可能。因此，在取土完成后，必须对其进行综合治理，完成取土区域的生态功能恢复。

1．拟恢复取土场的环境特征

根据青藏铁路沿线的环境特点，拟恢复的取土场选择在青藏铁路格拉段工程 15 标段 DK 1 323+700～DK 1 324+200 的取土场，该取土场东西长 200 m，南北长 500 m，北高南低，距离铁路线右侧 950 m 处，基本与铁路线平行，设计开挖面积 $10\ hm^2$，实际开挖面积 $1\ hm^2$。取土区域植被稀疏，植被盖度仅为 10%左右，植被类型为高寒草原与高寒草甸交错地带，为典型环境脆弱区。取土完毕后，应采取相应措施进行生态恢复，这样不仅可以遏止脆弱环境的潜在恶化趋势，同时可以有效地防止水土流失，促进生物群落的正向演替。

2．取土场生态恢复措施

（1）堑顶截流引排。为了减少雨水对坡面造成面蚀和沟蚀，同时减少坡面集水对取土场的冲刷，在距离开采边界线 5.0 m 处，设截流排水沟，将坡顶以上来水引至两侧，再顺坡排至自然河道中。截流沟底宽 0.5 m，深 0.6 m，采用半填半挖断面水沟截面用开挖出的草皮回铺护壁，见图 11-2。

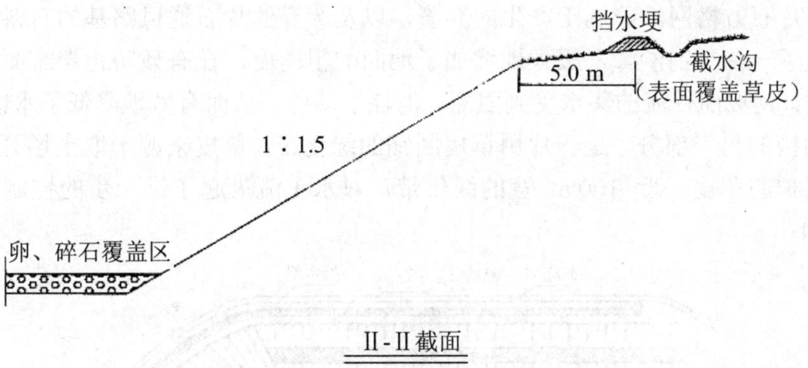

图 11-2　堑顶的截流引排

（2）坡面削坡开级。在开挖的取土场的正面，由于山体比较稳定，坡面按 1∶1.5 的坡度进行刷坡整修。而在两侧面，由于山坡不太稳定，在开挖取土过程中曾出现自动坍塌现象，所以恢复中采取了削坡开级的治理方法。根据开挖高度，采用二级边坡的办法，一级边坡（从下往上）坡比 1∶2，高 8 m；二级边坡 1∶1，高 6 m，两级之间设 4 m 宽平台，以满足抗滑稳定要求。

为减轻坡面集水对取土场裸露面的冲刷，平台处理为向内侧即靠二级边坡一侧倾斜的反坡，为将来覆土和排水创造条件。覆土利用取土时推在一边的表层土即可。同时，在中间平台和二级坡面的坡脚设排水沟，以引排坡面径流，中间平台排水沟内的水顺坡而下，最后排入河道，见图 11-3。

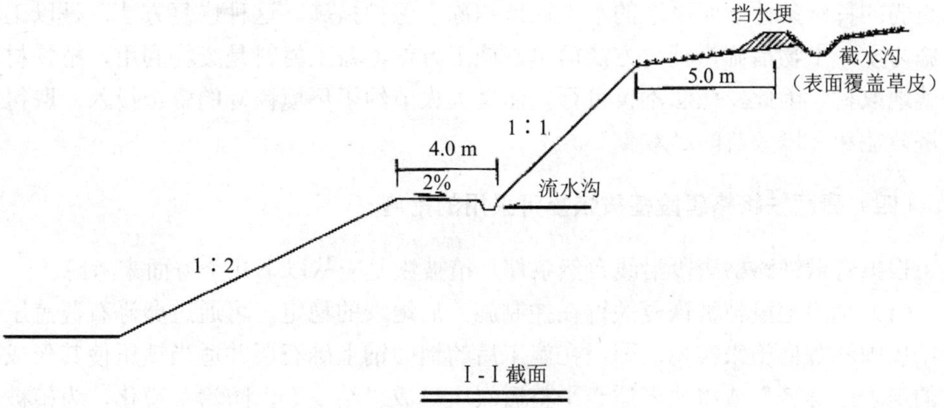

图 11-3　坡面的削坡开级

（3）取土场底面的滞流消能。考虑水土保持的需要，在取土场底面，先是将整个底面平整，并形成 3%的坡，保证表面水的畅流，防止地表积水引发热融湖塘；其次，将整个底面分成两部分，靠近正面坡面的一方，表面覆盖卵碎石，石料来源于路基片石方格网沙障施工产生的弃渣，以及废弃的片石通风路基的石料。如此，则形成了一片平铺沙障，极大地增加了地面的粗糙度，在有效防止裸露面产生风蚀的同时，使坡面径流的集水受到阻滞，消耗了动能，从而有效地降低了水蚀。此外，与之相接的另一部分，是一片用草皮回铺的绿化带，草皮来源于取土场开挖时“假植”保护的草皮，近 100 m 宽的绿化带，对水土流失起了进一步的控制作用，见图 11-4。

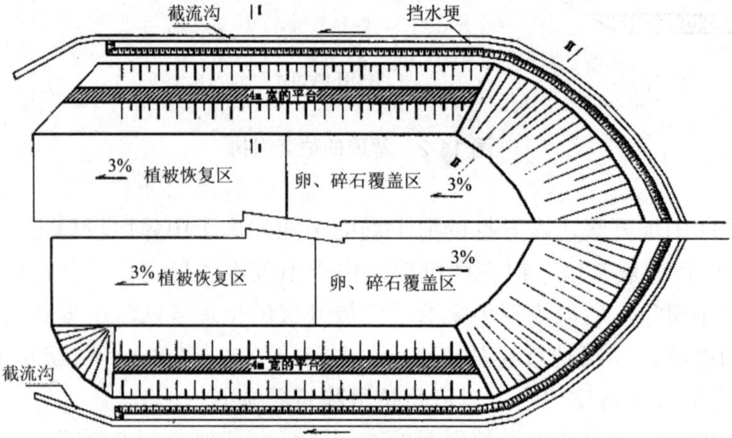

图 11-4　取土场底面的滞流消能

山丘坡地取土场的这种恢复方法，主要是针对青藏高原冻土地区植被稀疏、生态脆弱的特殊条件下而采取的水土保持和冻土保护措施。这种恢复方法，是以工程措施为主，生物措施为辅，方法简单，施工方便，盖土材料是废物利用，植物材料是就地取材。因此，此法不仅可行，而且大大节约了环境恢复的资金投入，取得了经济效益和环境效益的“双赢”。

（四）青藏铁路格唐段植被恢复可采用的措施

根据青藏铁路格唐段沿线自然条件，植被恢复应从以下几个方面来考虑。

（1）荒漠地段植被恢复关键在控制施工后地表的稳定，可通过卵砾石覆盖压砂或结皮固沙等措施来实现，即：在施工后的地面铺上砾石层并适当镇压使其形成稳定的地表“砾幂”或将地表适当平整后碾压形成“结皮”，防治荒漠化，为植被恢复创造条件。

（2）高寒草原植被恢复关键在于保存好占地范围内表层腐殖土，因此施工前应将占地范围内表层土有序剥离，集中堆放在固定位置保存好，待工程结束后“就地回填”，以提高植被恢复的成功率。

（3）高寒草甸地带由于土壤中有机质含量较高，原生植被普遍较好，虽然生物体矮小，但根系强大密集，呈毡状，施工时一定要对其分割划块铲起，移植到适宜地方保存，待工程结束后回铺到路基边坡，或取弃土场表面，或桥台坡面，或隧道进出口上方，或构筑草皮水沟，以削减铁路建设造成的生物总量损失。

（4）部分地段可以选择适宜草种进行植被再造，以尽快恢复其生产力，目前已在沱沱河、北麓河地区进行了试验，植被生长发育和群落特征良好，在海拔 4 650 m 的高度可以正常生长并安全越冬，取得了初步成果。但人工建立的植物群落的稳定性、这些人工群落是否会对当地的原生植物群落产生不良影响有待进一步研究。

二、生物环境工程技术（或综合生物工程技术）

所谓生物环境工程技术（或综合生物工程技术），是将生物措施与传统的工程措施有机地结合起来。其技术体系包括三部分，一是环境基础工程，利用工程措施或土壤侵蚀控制技术等为植物恢复创造生长的环境条件；二是植被营建工程，根据立地条件，正确选择植物品种，这是整个技术体系中的关键，应选择多年生、根部发达、茎叶低矮、水源涵养能力强、抗旱、耐瘠和可粗放管理的植物品种，尽可能选取当地品种栽植或直接播种，以便达到快速恢复植被的目的：三是植被养护工程，对营造的植被实行相应的后续管理，确保植物的正常生长。植物能有效防止水土流失、保护道路边坡，还可调节气温，提高湿度，净化空气，减少空气污染与噪声等作用，所以在清理后的区域和边坡尽快恢复植被是减少土壤侵蚀和边坡不稳定问题的重要措施。

国外发达国家对道路建设中受损的坡面，多采用以柔性护坡为主体的生物环境工程技术，我国道路建设中路基坡面的生态恢复与防护也常采用这一技术。先用工程措施如水泥网格、浆砌石网格或由空心砖建成的多孔挡护结构等防护技术稳定边坡，并为下一步种植植物创造条件，然后在坡面铺草皮、植树种草等。将传统的边坡工程措施与生物措施有机地结合起来，形成具有一定的力学、水文学、环境学和美学功能的防护结构，既加强了边坡的稳定性，又恢复和改善了道路沿线的生态环境和景观环境。

下面介绍几种常见边坡生态恢复技术。

（一）土工格室植草

土工格室（Geoell）是 20 世纪 80 年代国外开发的一种新型特种土工合成材料，具有强度高、抗腐蚀、抗老化性能好等特点，其用在坡面防护方面具有独特的优势。将其张拉开固定在坡面上，在其格室内填入腐殖土，种上草，不但可起到坡面防护的作用，还可起到恢复生态环境的作用。

土工格室植草护坡适用条件及施工方法。

1．适用条件

根据土工格室植草护坡在国内的应用经验，初步确定其适用约束条件包括以下几个方面：

（1）应用地区。各地区均可应用，但在干旱、半干旱地区应保证养护用水的持续供给，在多年冻土区还须有其他控热结构措施的配合。

（2）边坡状况。适用于泥岩、灰岩、砂岩等岩质路堑稳定的边坡。坡率不陡于1∶1.0，坡率超过1∶1.0时慎用。坡高每级高度不超过10 m。

（3）施工季节。一般施工应在春季和秋季进行，应尽量避免在暴雨季节施工。

2．土工格室植草护坡施工方法

土工格室植草护坡施工工序为：平整坡面—排水设施施工—土工格室施工—回填客土—三维植被网施工—喷播施工—盖无纺布—前期养护。

（1）平整坡面。坡面平整关系到土工格室植草护坡工程的成败，坡面凹凸不平时铺设土工格室易产生应力集中，使得格室焊点开裂，造成格室垮塌等。因此，须整平坡面至设计要求，并采用人工修坡，消除坡面浮石、危石等。

（2）排水设施施工。边坡排水系统的设置是否合理和完善直接影响到边坡植草的生长环境，对于长大边坡，坡顶、坡脚及平台均需设置排水沟。

（3）土工格室施工。采用插件式连接法连接土工格室单元。连接时将未展开的土工格室组件并齐，对准相应的连接塑件，插入特制圆销，然后展开。连接时，根据不同坡率的边坡采用不同单元组合形式。

在坡面上按设计的锚杆位置放样，采用38—42钻杆进行钻孔，孔径基本可达50 mm，按要求进行冲孔，在钻孔内灌注30号砂浆。

按设计要求弯制锚杆，并除锈、涂防锈油漆，悬在坡面外的锚杆应套内径为25 mm的聚乙烯或聚丙烯软塑料管，管内所有空间应用油脂充填，端部应密封。

铺设时，在坡顶先用固定钉或锚杆进行固定，按设计图纸要求开展，在坡脚用固定钉或锚杆固定，其间按图纸要求用锚杆固定。土工格室应预系土工绳，以备与三维网连接绑扎。

施工边坡平台及第一级平台填土，以固定土工格室于坡面上。

土工格室固定好后，即可向格室内填充改良客土，充填时要使用振动板使之密实，靠近表面时用潮湿的黏土回填，并高出格室面1～2 cm，并保持预系的土工绳露出坡面。第一段铺设完毕后，即可进行第二段的铺设直至最终完成。土工格室内填土要从最上层开始分段进行，初期铺设时，上端一定要锚固好。可新增附加锚钉，一般的，上部至少每隔一个格室间距布置一个锚杆或锚钉，等全部铺设完成并填充压实后，附加锚钉可去掉。

三维植被网施工。施工方法参见三维植被网施工方法。

喷播施工。按设计比例配合草种、木纤维、保水剂、黏合剂、肥料、染色剂及水的混合物料，并通过喷播机均匀喷射于坡面。

盖无纺布。雨季施工，为使草种免受雨水冲失，并实现保温保湿，应加盖无纺布，促进草种的发芽生长。也可采用稻草、秸秆编织席覆盖。

洒水养护。用高压喷雾器使养护水成雾状均匀地湿润坡面，注意控制好喷头与坡面的距离和移动速度，保证无高压射流水冲击坡面形成径流。养护期视坡面植物生长状况而定，一般不少于45天。

（二）湿法喷播

湿式喷播技术是从国外引进的一种先进的植被建植技术。该项技术20世纪60年代在美、德、法等发达国家的高速公路边坡植被恢复中开始应用，在稳定边坡、防止水土流失和恢复植被方面起了重要作用。20世纪七八十年代，逐步推广使用。我国于1995年由交通部科学研究院从瑞士引进该项技术，并迅速在全国公路绿化行业推广使用，现已成为高速公路边坡植被恢复，河堤生物防护以及大规模绿地建植的一种行之有效的植被建植方法。

湿式喷播技术是以水为载体，把事先经过合理配比和适当预处理的各种花、草、灌木、乔木种子与适量配方的肥料、覆盖料、黏合剂、保水剂等混合在一起，通过可调压的喷头均匀地喷播在基质的表面而达到快速建立植被群落的一种先进的植被建植和恢复技术。

湿式喷播技术有下述一些优点。

由于有了水作为载体和溶剂，播种、施肥、覆盖可以在一次操作中完成，达到了传统干式播种方法中三次才能完成的效果，大大缩短了植被建植的工艺流程，节约了大量的人力和财力，这一点对于大规模的施工来说，意义更为巨大。

采用高压设备，可以把配好的喷播材料喷到几十米甚至上百米高的高速公路边坡上，解决了高边坡上，尤其是陡峭高边坡上植被建植的难题。这一点是人工播种或常规播种机播种都无法比拟的，在工程上具有重要的意义。

喷播材料中配有一定比例和数量的黏合剂和稳定剂，可以使喷播的种子稳固在边坡的表面，不至于被雨水冲掉。这就解决了常规手工播种和一般播种机在坡面上难以有效播种的困难。

喷播材料中配有适量的保水剂和经过合理配比的肥料，可以保证植物在坡面上前期生长和发育的需要。

覆盖材料中的纤维、麦秸、纸浆等可以为植物的前期生长提供良好的覆盖条件，大大提高种子的出苗率和成活率。

与常规播种方法相比，喷播后形成的草皮质地更加均匀致密，能够更有效地保护边披的稳定性，防止水土流失。

与常规播种方法相比，喷播的工作效率更高，在天气和其他条件允许的情况下，可日喷播 10 000 m^2，大大减少了人力的使用，增加了施工安全系数，降低了成本。

操作简单，稍懂机械常识的人经过短时间的训练就可以操作。

目前，我国绝大多数的南部、东部及东北部高速公路边坡植被恢复多是通过湿法喷播来实现的。例如海南环岛高速、广东惠河高速、云南楚大、大保玉元、昆石高速等，都取得了许多施工经验。但是在西北地区高速公路建设中还从来没有使用过湿法喷播技术进行大面积的植被恢复。因此，为了使湿法喷播技术能成功地用到黄土地区，草种的选择、配比和用量、肥料的配比和用量、覆盖材料和黏合剂以及保水剂的用量都要根据立地条件和生态条件进行研究，才能达到预期效果。

1．播种季节

由于植物的生长受降雨和温度的影响很大，而且坡地养护管理困难，一般要求在雨季完成施工，但最好是在雨季结束前 1 个月完成。这既满足了暖季型草本和灌木萌发对高温和高湿的要求，又能使植物在进入冬季前达到一定生长量，以抵御冬春季节的干旱，保证第二年有较高的成活率。否则，在非正常季节施工时，需要增加保水措施，如浇水、增加种子用量、覆盖草帘等。

2．地面处理

播种苗床的准备是提高植物成苗率的因素之一。为植物的生根定植、生长和发育提供条件，对于坡地，特别是公路的上边坡，土壤硬度较大（非坚硬岩石）或坡面太光滑时，必须进行挖水平沟处理，一般水平沟间距 20 cm，沟深 5～10 cm；对于局部硬度较大地区，需要进行局部挖水平沟处理。而对坡面极为不平整或有废渣的区域，则进行表面清理、平整。

3．喷播材料要求

（1）植物种子材料。植物种子材料包括两部分，首先是种子的质量鉴定，在喷播前一定要对批量种子发芽率进行测定，并根据实际测定的面积量；再就是灌木种子处理，由于灌木种皮较厚，需要温水浸泡处理和催芽处理，具体措施依据种子的特性，以保证灌木的正常出苗。但注意嫩芽不宜过长，否则在喷播搅拌时，出现幼芽受伤，影响灌木成苗率。

（2）专用复合肥。针对边坡肥力差的具体情况，应根据播种的植物种类，配制专用复合肥，以促进植物生长。

（3）覆盖料。为了防止施工后种子裸露和流失，选用吸水性强、保水性好的植物纤维作为覆盖料，用量为 120～180 g/m^2。

（4）侵蚀防止剂。为了防止坡面侵蚀和种子流失，可选用侵蚀防止剂. 用量为 20～25 g/m^2。

（5）根瘤菌剂。可以采用根瘤菌剂对豆科植物种子进行接种处理，以提高发芽率和存活率。用量为豆科种子用量的 10%。

（6）着色剂。为了指示喷播均匀程度，喷播时可适当添加绿色着色剂。

4．施工基本要求

（1）为加快种子发芽，需要在喷播机内搅拌 5～20 min。

（2）避免暴雨时喷播施工，在种子损失严重情况下，实施补播。

（3）喷播施工后及时覆盖无纺布，以免雨水冲刷，造成喷播材料流失。

5．养护管理

由于边坡土质条件太差，后期植被的养护管理是建植优良植被的重要条件，也是维持植物群落持久性的基本保证。

在喷播实施 2 个月左右，最好进行一次施肥，但要求营养全面。参考施肥量，尿素为 5～10 g/m^2，复合肥（10∶10∶10）约 20 g/m^2。

对于成坪坡面植被的养护，要求每年在春季 4—5 月和秋季 9—10 月实施两次施肥。参考施肥量，春季尿素 15 g/m^2，复合肥（10∶10∶5）35 g/m^2；秋季施肥可适当加大磷钾肥用量，建议复合肥施肥量（10∶10∶10）40 g/m^2。但实际施肥量，需要根据植被生长情况和生长季节灵活掌握。

（三）三维植被网植草

1．三维网垫适用范围

本产品适用于各种土质和各类地区的边坡防护，但应结合植草、施工时每段高度不得超过 10 m，10 m 以上应在分段中夹台阶，台阶宽度不小于 0.5 m。

2．不适用范围

（1）碎石地表。

（2）迎海面护坡。

（3）不能作深层加筋材料。

（4）在无水地区和无供水设备条件地区用于植草的。

3．运输注意事项

（1）不能与尖锐物品混装。

（2）不能与高温材料混装。

（3）运输中必须避免与车外易钩物接触。

（4）车厢内不准使用明火。

4．仓储注意事项

（1）本产品周围 2 m 内不能有明火。

（2）避免强光长期直射。

（3）不能与尖锐物混堆。

（4）轴向堆垛、堆栈不能超过 3 卷。

（5）本品可耐−35℃低温，但在此温度下不能拉扯、折叠。

5．三维网垫部分技术参数

相关技术参数见表 11-3。

表 11-3　三维网规格及相关参数要求

型号	EM5（GTWD-01A）	EM4（GTWD-01）	EM3（GTWD-02）	EM2（GTWD-03）
材料	PE 加 0.5%（质量比）炭黑/绿			
层数	5	4	3	2
重量/（g/m^2）	≥430	≥350	≥260	≥220
宽度/m	≥1.5	≥1.5	≥1.5	≥1.5
厚度/mm	≥16	≥16	≥15	≥15
坎高/mm	9	9	9	9
卷长/m	≥40	≥40	≥40	≥40
网丝直径/mm	0.5	0.5	0.5	0.5
纵向拉伸强度/（N/m）	≥3 200	≥2 800	≥2 200	≥1 400
横向拉伸强度/（N/m）	≥3 200	≥2 800	≥2 200	≥1 400
纵向延伸度/%	≤30	≤30	≤30	≤30
横向延伸度/%	≤30	≤30	≤30	≤30
30 分钟回弹率/%	≥80	≥80	≥80	≥80
温度（保留 80%强度）	−35～60℃	−35～60℃	−35～60℃	−35～60℃
pH 值（保留 80%强度）	3～12	3～12	3～12	3～12

6．三维网垫喷播工程施工程序

（1）坡面处理。由于坡面多为半风化石质边坡，夹带碎石甚多，坡面陡且较高，石块易于风化掉落，应将表面层的碎石等进行适当清理及做点穴或挖槽沟。

（2）铺网。按照从坡顶至坡脚的程序进行铺设，应保持网垫端正且与坡紧贴，不允许悬空、歪斜或皱褶，上下沟槽内应使网垫有足够的反压力。相邻网垫之间搭接，搭接宽度要大于 5 cm。

（3）固定网垫。采用专用竹钉或铁钉呈梅花形固定，网垫左右搭接及上下边接外竹钉或铁钉需加密，然后将上下沟槽回填土并夯实。若坡面不适宜植草，铺网前应先覆盖一层 75 mm 以上的种植土。

（4）客土喷播。将适宜生长的腐殖土采用喷播机具均匀地喷射在三维网上，并喷足设计要求的厚度。

（5）喷播植草。利用经试验确定，选用生命力强，满足各种绿化功能要求的植物种子，加防土壤侵蚀剂、改良剂、稳定剂、多种纤维物、肥料、农药、水等混合后，通过机械搅拌均匀加压并均匀地喷射于处理好的斜坡棵地上，再覆盖一层无纺布。

（6）养护。见喷播部分。

（四）客土喷播

客土喷播主要施工工艺如下。

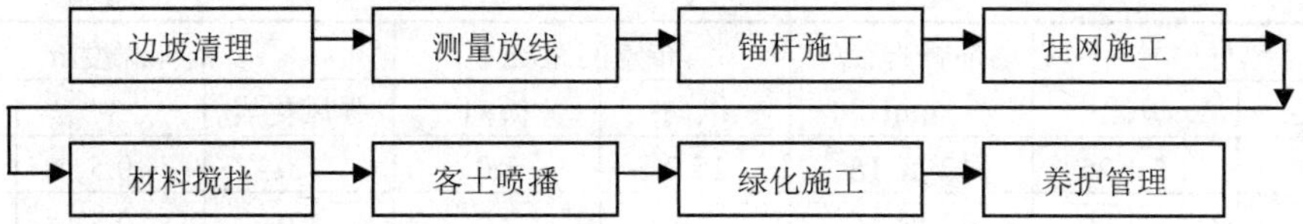

1．边坡清理

目的：尽可能将坡面平整，以利于客土喷播施工，同时增加坡面绿化效果。

清理对象：岩面碎石、松散层等。

施工前坡面的凹凸度：平均为±10 cm，最大不超过±30 cm。

绿化坡面整形：对于光滑岩面需要通过挖掘横沟等措施进行加糙处理，以免客土下滑。

2．测量放线

锚杆间距及深度：主锚杆间距 2.0 m，次锚杆间距 1.0 m。

锚杆深度与长度换算公式：

$$L=ah$$

式中 L——锚杆长度，m；

h——锚杆深度，m；

a——系数，即考虑锚杆外端弯钩部分长度折算系数，当 $h\leqslant 2.0$ m 时，$a=1.05$。

测量和放线方法：

使用水平仪及卷尺首先按纵横间距 2 m 放点，确定主锚杆钻孔位置，再在相邻的主锚杆之间中点上插补次要锚杆。

3．锚杆施工

锚杆的施工目的是对岩石表层进行加固，以防止边坡表层发生局部崩塌，同时也有效地固定用作客土喷播基础的钢丝网。锚杆规格及其间距见表 11-4、表 11-5。

表 11-4 主锚杆规格及其间距

锚杆序号		锚杆直径/	布置间距/m		锚杆深度/m		
No.	坡比	mm	纵向	横向	强风化岩	中	弱
1	1∶1.25	12 或 16	15.0	1.0	1.0	0.8	0.5
2	1∶1.00	12 或 16	2.0	2.0	1.5	1.0	0.5
3	1∶0.75	16	2.0	2.0	1.5	1.0	1.0
4	1∶0.5	16 或 22	2.0	2.0	2.0	1.5	1.0

表 11-5 次锚杆规格及其间距

锚杆序号		锚杆直径/	布置间距/m		锚杆深度/m		
No.	坡比	mm	纵向	横向	强风化岩	中	弱
1	1∶1.25	12 或 16	15.0	1.0	1.0	0.5	0.5
2	1∶1.00	12 或 16	2.0	2.0	1.0	0.5	0.5
3	1∶0.75	16	2.0	2.0	1.0	0.5	0.5
4	1∶0.5	16 或 22	2.0	2.0	1.5	1.0	1.0

根据锚杆分布及其间距可以计算出，主锚杆与次锚杆的数量之比为 1∶3，因此得到单位面积（m^2）锚杆深度计算公式如下：

$$h=\frac{h_1+3h_2}{4}$$

式中 h——单位面积锚杆深度，m；

h_1——主锚杆深度，m；

h_2——次锚杆深度，m。

锚杆施工工艺：

钻孔Φ50 → 插入锚杆Φ16 → 注浆固定 → 外涂防锈剂 → 施工完毕

4．挂网施工

挂网施工包括对钢丝网规格及性能、塑料网规格及性能和施工方法的要求三方面。

第一，钢丝网规格及性能。

基本材料：镀锌低碳钢丝，菱形结构。

基本尺寸：丝径Φ 2×对角线长 L=50 mm。

包装规格：2 m（宽）×15 m（长）。

用途：用于坡比大于 1∶1.25 的岩石边坡表层防护和客土喷播绿化施工。

第二，塑料网规格及性能。

基本材料：尼龙，菱形结构。

基本尺寸：丝径Φ 2×对角线长 L50 mm～L60 mm。

包装规格：每卷宽度不小于 2 m。

用途：用于坡比小于 1∶1.25 的岩石缓坡客土喷播的基础。

最后是挂网施工方法的要求。

放卷：自上而下。

连接：相邻两卷钢丝网或塑料网舶分别用铁丝或尼龙连接。

固定：至少每隔 1 m 间距须用锚杆或锚钉与岩面固定。

5．客土材料及搅拌

客土材料及搅拌包括客土材料、客土配合比、材料搅拌和客土厚度四方面。

第一是客土材料。

主要客土材料：

岩石绿化料（特制产品）。

材料来源：东北地区或广东省。

有机成分含量：大于 80%。

氮、磷、钾含量：小于 5%。

pH 值：4.5～6.0。

主要作用：改善土壤，促进植物生长，加速岩面风化。

进口特制绿化剂：主要由保水剂（100 倍以上）、高分子凝结剂、植物生长剂等组成。

长效复合绿化专用肥：肥力效力一般可长达 2～3 年。

混合草灌种子。

当地土料：尽量使用当地肥土或熟土。

第二是客土配合比。

见表 11-6。

表 11-6　客土材料配合比

岩面类型	岩石绿化料	当地土料
强风化岩面	1.0	1.5
中风化岩面	1.0	1.0
弱风化岩面	1.0	0.5

第三是材料搅拌。

将客土原料按上表所列比例放入搅拌机搅拌均匀。

第四是客土厚度。

见表 11-7。

表 11-7 最小客土厚度

岩面类型	最小客土厚度/cm	岩面类型	最小客土厚度/cm
强风化岩面	6	弱风化岩面	10
中风化岩面	8		

从理论上讲，客土厚度除了与岩石硬度及岩缝密度密切相关以外，还与坡比有关，而与岩石种类关系不大。

6. 客土喷播施工

通过空压机和喷播机将搅拌均匀的客土原料自上而下喷射到岩面，直至达到上表所列设计最小厚度为止。每次喷播的厚度视具体施工情况而定，一般以 5～30 m 为宜。

喷草：见普通喷播。

覆盖无纺布及练苗揭布：见普通喷播。

7. 工程验收标准

根据国内外绿化经验，结合渝湛高速公路的实际情况，建议将以下三个要素作为客土喷播绿化的验收标准。

施工过程中，实测锚杆深度及客土厚度，判断是否达到设计最小值。

绿化施工完成后 3 个月以内，坡面绿化覆盖率达到 80%以上。

经过一年四季不同季节的气候考验，实现一年的绿期达到 8 个月以上。

8. 养护管理

由于选择了适合当地气候、土壤条件及高速公路粗放型管理的灌木种及草种，成坪后一般不需要人工养护管理。

（五）草坪植生带

在暴雨强度较大的地区，可在坡面上铺设草坪植生带进行种草。草坪植生带是近年来推广使用的一种草坪植草新技术，植生带由两层无纺布构成，中间夹有草籽和化肥，使用时像地毯一样将草坪植生袋铺在边坡上，上面盖上细土，浇水后 15～30 天出齐，三个月后可形成漂亮的草坪。因为草坪植生带本身就有护坡效果，如果在坡面上再加一层网格，植物的根系穿过网格，又与网格缠绕在一起，形成一个抗冲刷防护层，护坡效果更好。

植生带护坡施工顺序为：平整坡面，开挖沟槽，铺植生带，覆土、洒水及前期养护。

1. 平整坡面

消除坡面所有石块及其他一切杂物，全面翻耕边坡，深耕 20～25 cm，并施入有机肥，可用腐熟牛粪或羊粪等，用量为 0.3～0.5 kg/m^2，打碎土块，耧细耙平。

若土质不良，则需改良，对黏性较大的土壤，可增施锯末、泥炭等改良其结构。

准备足够的用于覆盖植生带的细粒土，以沙质壤土为宜，每铺 100 m^2 的植生带，需备 0.5 m^3 细土。铺植生带前 1～2 天，应灌足底水，以利保墒。

2．开挖沟槽

在坡顶及坡底沿边坡走向开挖一矩形沟槽，沟宽 20 cm，沟深不少于 10 cm。坡面顶沟离坡面 20 cm，用以固定植生带。

3．铺植生带

铺装植生带前，在耧细耙平的坡面，再次用木板条刮平坡面，把植生带自然地平铺在坡面上，将植生带拉直、放平，但不要加外力强拉。植生带的接头处，应重叠 5～10 cm，植生带上下两端应置于矩形沟槽，并填土压实。

用 U 形钉固定植生带，钉长为 20～40 cm，松土用长钉。钉的间距一般为 90～150 cm（包括搭接处）。

4．覆土、洒水

在铺好的植生带下，用筛子均匀地于坡面筛堆备好的细粒土，细粒土的覆盖厚度为 0.3～0.5 cm。覆土完毕后，应及时洒水。第一次洒水一定要浇适，使植生带完全湿润。

5．前期养护

洒水：植生带从铺装到出苗以后的幼苗期，都需要及时进行洒水，每天都需洒水，每次的洒水量以保持土壤湿润为原则，每日洒水次数视土壤湿度而定，直至出苗成坪。在幼苗中期也要保持每天洒水一次，后期根据土壤湿度进行洒水。由于植生带上覆盖细土很薄，洒水时最好采用水滴细小的喷水设备，使洒水均匀，水的冲力减小。

追肥：虽然植生带含有一定数量的肥料，但为了保证草苗能茁壮地生长，在有条件的情况下，可进行追肥。一般追肥 2 次，第 1 次追肥在草苗出苗后 1 个月左右，间隔 20 天再施第二次。追肥量为第一次用尿素 5～10 g/m^2，第二次用尿素 15 g/m^2。用稀释水溶液喷洒，追肥后一定要用清水清洗叶面，以免烧伤幼苗。

覆土：植生带的幼苗茎都生长在边坡表面，而植生带铺装时覆土又很薄，为了有利于幼苗匍匐茎的扎根，可以在幼苗开始分蘖时，覆细粒 0.5～1 cm。

病虫害防治：当草苗发生病害时，应及时使用杀菌剂防治病害。在使用杀菌剂时，应掌握适宜的喷洒浓度。为防止抗药菌丝的产生，使用杀菌剂时，可以用几种效果相似的杀菌剂交替或复合使用。对于常发生的虫害如地老虎、草地螟虫、粘虫等，可进行生物防治和药物防治相结合的综合防治方法。

（六）喷混植生防护

喷混植生技术也是类似于客土喷播的一项生态防护技术，是当前工程创伤的岩石边坡生态修复的最新模式，能使植物在短时间内快速生长覆盖。该技术利用锚杆加固铁丝网技术，运用特制喷混机械将土壤、有机核心料、黏结剂、植物种子等混合干料加水后喷射到岩面上，形成近 10 cm 厚度的具有大小孔隙的硬化体。

喷混植生技术适合地质条件恶劣的岩石坡面，采用镀锌铁丝网和钢杆锚固，抗拉力强度大，可有效地防止崩塌和碎石掉落，确保山体和道路长治久安。该方法适用于恶劣环境的岩石边坡，如砾石层、软岩、破碎层及较硬的基岩石等，抗侵蚀并抗水土流失。黏结剂的胶结作用使喷混基质与岩面黏结，并使喷混基质硬化，从而避免雨水等对种植基质造成冲刷侵蚀。不仅喷混基材有很强的抗侵蚀性能，在灌草植被与基材的共同作用下，基材的抗侵蚀性又得到进一步的增强。另外可以保障植被快速成型及生态稳定性，以客土为主的喷混基层的厚度为 10 cm，能确保植物安全生长的极限需求。石质边坡上喷混植生后，60 天能全面覆盖，1 年灌草立体生态成型。护坡植物的生态稳定性方面的作用有：能拦截雨水冲击，减少滴溅能量；通过吸收和蒸腾作用降低土体孔隙水压力；根系深扎交错能增加土体内聚力，提高建植层土体的凝聚强度。

该方法适用于坡率缓于 1∶0.75 稳定土质与风化较为严重的岩石路堑边坡。目前采用的喷混施工工艺流程为清理石质坡面—挂镀锌铁丝网—风钻锚孔和锚杆固浆—吊沙包带—喷射有机基材混合物—盖无纺布—养护管理。

除以上几种外，目前推广应用的还有香根草生物护坡防护、干根网状护坡、植被混凝土护坡等生物环境工程技术。

三、路域景观恢复工程技术

路域景观恢复工程技术运用景观生态学原理，预测公路景观组成元素及受其影响的土地变化特点，结合公路建设与营运的特点，设计恢复型植被景观，如在路基边坡、平台、中央分隔带等营建绿化带。不仅可以恢复公路沿线的自然环境，净化空气，降低噪声，改善公路沿线的生态环境，而且可以绿化美化公路的景观环境。这一技术主要用来改善道路的交通环境和条件，使道路周围的环境与线形流畅优美的道路配合协调。合理的景观恢复工程设计还可以诱导视线和防眩。

四、今后开展道路生态恢复工作的若干建议

（一）制度化和规范化

随着道路交通建设的大发展，路基边坡和取弃土场的生态问题越来越突出，已经成为公众关注的焦点。社会的进步和人们生活物质文化生活水平的提高也使得人们对道路交通生态恢复的要求越来越高，加强道路交通生态设计已经迫在眉睫。

在公路、铁路规划设计、施工和营运管理各个环节都应重视生态环境问题，

建议相关部门考虑在《公路建设项目环境影响评价规范》、《公路绿化规范》、《铁路建设项目环境影响评价管理办法》等相关资料的基础上编制和实施公路路域生态环境保护和生态恢复规范和评价体系，使道路交通生态环境保护有法可依，有章可循。

（二）以恢复自然为期望目标

关于这方面，日本做了很多研究，山寺喜成等专家认为：通过人工辅助的方法，使自然本身具有的恢复力得到充分发挥是绿化的基本思想。尊重自然植被的演替规律，不在大程度上改变自然恢复的演替序列，在生态系统允许的范围内绿化，才是对绿化的正确认识。如果强制绿化，就会长期受到自然的制约，从而可能导致灾害（生态入侵、土地退化、生物多样性降低等）的发生。

建议从“尊重自然、保护自然、恢复自然”的角度来进行生态恢复设计。在技术上尽量模拟自然界的内在规律进行植物配置和辅助工程设计，避免违背植物生理学、生态学的规律进行强制绿化。

（三）应充分考虑我国复杂的气候、植被、土壤特点

我国自然条件的区域差异相当复杂。

从气候角度来说，我国的气候类型更为复杂多样，主要以亚热带和热带为主。根据气温的不同，我国从南到北共有南热带、中热带、北热带、南亚热带、中亚热带、北亚热带、南温带、中温带、北温带 9 个气候带和 1 个高原气候区域；从东南到西北，又有湿润、半湿润、半干旱和干旱气候区之分。从植被角度看，我国植被类型多样，几乎包括了除冻原以外现代世界上所有的植被类型。具有植物种类复杂，地理成分复杂，地理分布交错混杂的特点。从土壤角度看，我国土壤共有 12 个土纲，32 个亚纲，74 个土类和 272 个亚类。受纬度、海陆位置和地形等的影响，存在水平地带分布规律、垂直地带分布规律和水平复合式分布规律。

从以上分析可以看出，我国的气候、植被、土壤极为复杂，生态恢复设计绝不能千篇一律，要充分考虑我国的气候特点，注意土壤、植被的水平地带型和垂直地带型分布规律，做到适地适树，减少盲目引种带来的不必要损失和灾害发生的概率。

（四）要以乡土植物为主，预防生物入侵

生物入侵是指某种生物从原来的分布地区扩散到一个新的地区，在新的区域内，其后代可以繁殖、扩散并维持下去。据分析，造成当地许多物种灭绝，从而使得生物多样性丧失的第一位的因素是生态环境的破坏和破碎化，第二个最重要的因素则是生物入侵。在自然界，生物入侵是个极小概率事件。绝大多数生物入侵是由于人类活动直接影响或间接影响造成的。道路线形长，并且各路段之间形成网状结

构，生态恢复过程中，如果大量使用外来植物，引发生物大爆发，后果将不堪设想。在护坡植物选择中，我们的选择原则和入侵生物的特点非常相似，它们的共同点如下：

（1）r 选择的生活史对策，及能在 r 选择和 K 选择之间转换；

（2）发芽早、前期生长快；

（3）寿命长；

（4）幼苗发芽率高。

据以上分析，在选种时，一定要慎重，尽量选用乡土植物，少用或不用外来植物。

（五）做好植物检疫和病虫害预防工作

建议在植物种植之前，做好植物检疫和病虫害预防工作，以防道路交通绿化带感染病虫害。在设计中，要对种植间距和植物的搭配仔细研究，避免出现生物拮抗现象。

（六）加强生态恢复理论和技术的研究

目前，我国公路、铁路生态恢复中开发出了许多新的方法和工艺，例如液压喷播、土工材料坡面绿化技术，三维植被网坡面绿化技术、喷混植草、客土喷播等，同时也开发出了许多产品，例如保水剂、纤维、黏合剂等，并在实践中得到了验证。但是它们多停留在技术层面上，对其中的原理缺乏深入的研究。

建议从以下几个方面，加强生态恢复理论和技术的研究：

（1）公路、铁路路域生态系统的理论，包括该系统的物质流、能量流和信息流等。

（2）公路、铁路路域新建植物群落动态研究。

（3）特殊地区公路、铁路路域生态恢复，例如黄土地区，干热河谷地区，冻土地区等。

（4）特殊生境的生态恢复，例如公路沿线湿地，野生动物通道等。

（5）生态恢复成套技术的开发，包括植物材料的开发、辅助材料的研发和施工工艺的研发。

（6）岩石边坡生态恢复技术研究。

本章小结

20 世纪 50 年代以后，随着铁路、城市道路和公路的里程、车辆的保有量的迅速增长，道路交通环境问题成为当今主要环境问题之一。

道路交通工程对路域环境的影响主要包括对动植物的影响、对自然资源的影响、引发水土流失、对景观的影响和带来一些污染问题。为使环境保护工作取得成效，应遵循一定的原则，如要执行环境影响评价制度，要注意经济合理的原则等。道路交通建设中的环境保护措施包括对动植物的保护、道路建设的水土保持方案、地质灾害的防治、道路交通污染的控制、景观环境保护对策。

目前，国内外已形成的有关道路交通生态恢复的技术有土地复垦、生物环境工程技术和路域景观恢复工程技术等。土地复垦系指将修路中被破坏的土地因地制宜，采取综合整治措施，使其按预定的目标恢复到可供利用的状态，通常包括工程复垦和生态复垦两种形式。生物环境工程技术，是将生物措施与传统的工程措施有机地结合起来，其技术体系包括三部分，一是环境基础工程、二是植被营建工程、三是植被养护工程。国外发达国家对道路建设中受损的坡面，多采用以柔性护坡为主体的生物环境工程技术，我国道路建设中路基坡面的生态恢复与防护也常采用这一技术。常见边坡生态恢复技术有土工格室植草、湿法喷播、三维植被网植草、客土喷播、草坪植生带、喷混植生防护等。路域景观恢复工程技术主要用来改善道路的交通环境和条件，合理的景观恢复工程设计还可以诱导视线和防眩。

复习思考题

1．阐述道路交通工程对路域环境的影响。

2．简述道路交通环境保护原则。

3．说明道路交通建设中如何对动植物进行保护。

4．说明道路交通的污染控制措施。

5．什么是土地复垦？以拉林河至长春高速公路土地复垦为例，说明具体的土地复垦设计及施工方法。

6．什么是生物环境工程技术？举例说明常见的边坡生态恢复技术并说明其具体的施工工序。

第十二章　生态工程建设监理

【学习指南】本章简要介绍了工程监理的基本知识，重点阐述了生态工程建设监理相关知识，包括生态工程建设监理概念、特点、依据及生态工程建设各阶段的监理和生态工程建设监理中质量控制、工程造价控制和进度控制等。

第一节　工程监理概述

一、工程监理的概念及含义

工程监理是指针对工程项目建设，社会化、专业化的工程建设监理单位接受业主的委托和授权，根据国家批准的工程项目建设文件、有关工程建设的法律、法规和工程建设监理合同以及其他工程建设合同所进行的旨在实现项目投资目的的微观监督管理活动。这一概念包括以下要点：

（一）工程建设监理是针对工程项目所实施的监督管理活动

工程建设监理的对象，包括新建、改建和扩建的各种工程项目。工程建设监理活动都是围绕工程项目来进行的，并应以此来界定工程建设监理范围。工程建设监理主要是针对建设项目的要求开展的，是直接为建设项目提供管理服务的行业，监理单位是建设项目管理服务的主体。

（二）工程建设监理的行为主体是监理单位

监理单位是具有独立性、社会化、专业化特点的专门从事工程建设监理和其他技术服务活动的组织，它们按照独立、自主的原则，以“公正的第三方”的身份开展工程建设监理活动，是工程建设监理唯一的行为主体。

（三）工程建设监理的实施需要业主委托和授权

工程建设监理的产生源于市场经济条件下社会的需求，始于业主的委托和授权，而建设监理发展成为一项制度，是根据客观实际做出的规定。这一规定不但说明了业主与监理单位之间的关系，也说明了监理工程师在实施工程建设监理时的权力主要是由作为建设项目管理主体的业主通过授权而转移过来的。

（四）工程建设监理具有明确的依据

监理活动的实施应有明确的行为准则，它是监理工作的依据。工程建设监理依据包括：法律、行政法规、建设项目可行性研究报告、规划、计划及有关的技术标准、设计文件和工程承包合同。

（五）工程建设监理主要发生在项目建设的实施阶段

按照我国现行的建设程序，项目建设过程大体上分为两大阶段，即项目决策阶段和项目实施阶段。实施阶段包括工程项目建设的设计阶段、建设准备阶段、施工阶段以及竣工验收和保修阶段。在项目建设的实施阶段．具有明确的被监理“行为”和被监理的“行为主体”，对象明确，容易实施监理活动。

（六）工程建设监理是微观性质的监督管理活动

工程建设监理活动是针对一个具体的工程项目展开的，它是围绕着工程项目建设的各项活动所进行的监督管理，与由政府进行的行政性监督管理活动有着明显的区别。

二、工程监理的作用

（一）有利于提高建设工程投资决策科学化水平

工程监理单位可协助建设单位选择适当的工程咨询机构，管理工程咨询合同的实施，并对咨询结果（如项目建议书、可行性研究报告）进行评估，提出有价值的修改意见和建议；或者直接从事工程咨询工作，为建设单位提供建设方案。工程监理企业参与或承担项目决策阶段的监理工作，有利于提高项目投资决策的科学化水平，避免项目投资决策失误，也为实现建设工程投资综合效益最大化打下了良好的基础。

（二）有利于规范工程建设参与各方的建设行为

在建设工程实施过程中，工程监理企业可依据委托监理合同和有关的建设工程合同对承建单位的建设行为进行监督管理。由于这种约束机制贯穿于工程建设的全过程，采用事前、事中和事后控制相结合的方式，因此可以有效地规范各承建单位的建设行为，最大限度地避免不当建设行为的发生。即使出现不当建设行为，也可以及时加以制止，最大限度地减少其不良后果。应当说，这是约束机制的根本目的。另外，由于建设单位不了解建设工程有关的法律、法规、规章、管理程序和市场行为准则，也可能发生不当建设行为。在这种情况下，工程监理单位可以向建设单位提出适当的建议，从而避免发生建设单位的不当建设行为，这对规范建设单位的建设行为也可起到一定的约束作用，当然，要发挥上述约束作用，工程监理企业首先必须规范自身的行为，并接受政府的监督管理。

（三）有利于促使承建单位保证建设工程质量和使用安全

在加强承建单位自身对工程质量管理的基础上，由工程监理企业介入建设工程生产过程的管理，对保证建设工程质量和使用安全有着重要作用。

（四）有利于实现建设工程投资效益最大化

建设工程投资效益最大化有以下三种不同表现：（1）在满足建设工程预定功能和质量标准的前提下，投资额最少；（2）在满足建设工程预定功能和质量标准的前提下，建设工程寿命周期费用最少；（3）建设工程本身的投资效益与环境、社会效益的综合效益最大化。

三、工程监理的性质

（一）服务性

工程监理具有服务性，是从它的业务性质方面定性的。建设工程监理的主要手段是规划、控制、协调，主要任务是控制建设工程的投资、进度和质量，最终应当达到的基本目的是协助建设单位在计划的目标内将建设工程建成投入使用。在工程建设中，监理人员利用自己的知识、技能和经验、信息以及必要的试验、检测手段，为建设单位提供管理服务。工程监理企业不能完全取代建设单位的管理活动。它不具有工程建设重大问题的决策权，它只能在授权范围内代表建设单位进行管理。

（二）科学性

科学性是由建设工程监理要达到的基本目的决定的。科学性主要表现在：工程监理企业应当由组织管理能力强、工程建设经验丰富的人员担任领导；应当有足够数量的、有丰富的管理经验和应变能力的监理工程师组成的骨干队伍；要有一套健全的管理制度；要有现代化的管理手段；要掌握先进的管理理论、方法和手段；要积累足够的技术、经济资料和数据；要有科学的工作态度和严谨的工作作风，要实事求是、创造性地开展工作。

（三）独立性

工程监理企业应当根据建设单位的委托，客观、公正地执行监理任务。《工程建设监理规定》和《建设工程监理规范》要求工程监理企业按照“公正、独立、自主”原则开展监理工作。按照独立性要求，工程监理单位应当严格地按照有关法律、法规、规章、工程建设文件、工程建设技术标准、建设工程委托监理合同、有关的建设工程合同等的规定实施监理；在委托监理的工程中，与承建单位不得有隶属关系和其他利害关系；在开展工程监理的过程中，必须建立自己的组织，按照自己的工作计划、程序、流程、方法、手段，根据自己的判断，独立地开展工作。

（四）公正性

公正性是社会公认的职业道德准则，是监理行业能够长期生存和发展的基本职业道德准则。在开展建设工程监理的过程中，工程监理企业应当排除各种干扰，客观、公正地对待监理的委托单位和承建单位。

四、工程监理实施的基本原则

（一）坚持监理执业资质审核的原则

这里包含两层含义：一是从事监理的单位，都要经有关主管部门进行资质审查并取得《临时资质证书》或《资质等级证书》，没有证书的不得从事监理业务；取得证书的监理单位，必须依照资质等级规定或批准的监理范围承接监理业务，不得越级或者超范围实施监理。二是凡以监理工程师名义从事监理业务的专业人员，必须是经过全国建设监理主管部门考核确认或经过全国统一考试合格取得资格并经注册得到“监理工程师岗位证书”的工程建设技术与管理人员。否则，不可以监理工程师名义从事监理业务。

（二）监理工程师必须坚持独立、公正、科学性的原则

监理工程师必须在保证国家利益的前提下，为业主服务，维护业主的合法权益。监理工程师应遵照其职责，独立、公正地开展工作。为此，我国有关规定中吸收了国际通行的惯例和一些国际组织的公约，指出：“监理单位的各级负责人和监理工程师，不得在政府机关或施工、设备制造、材料供应单位任职，不得是施工、设备制造和材料供应单位的合伙经营者或有经营隶属关系，不得承包施工和建筑材料销售业务。”监理单位从事监理业务时，“必须遵照守法，诚信、公正、科学的基本职业道德”。

（三）监理项目实行总监理工程师全权负责的原则

总监理工程师是监理单位派出的履行监理委托合同的全权负责人。他根据监理委托合同赋予的权限，全权负责整个监理事务，并领导项目监理工作组的其他监理工程师开展工作。监理工作组的其他监理工程师具体履行监理职责，并向总监理工程师负责。

（四）监理工程师实行有偿服务的原则

监理工程师的服务属于专业技术咨询服务类，其投入或消耗应该得到合理的补偿。我国的监理取费是采取确定最低保护价与最高限价的原则，具体标准由有关双方根据监理工作的深度来确定。监理单位与业主协商确定的监理酬金，应在监理委托合同中加以明确。

（五）权责一致的原则

监理工程师根据建设监理法规和业主的授权履行其职责，他所承担的职责应与业主的授权相一致，业主向监理工程师的授权，应以能保证其正常履行监理的职责为原则。

（六）监理单位应当坚持严格监理、竭诚服务的原则

监理工程师一方面要严格按照有关法律、法规、规范、标准、建设文件和工程建设合同实施监理，严格把关，认真履行职责；另一方面，要运用合理技能，谨慎而努力地工作，为委托者提供满意的服务，同时与被监理单位密切配合、友好合作，共同实现工程项目总目标。

（七）工程建设监理实施过程中应坚持综合效益原则

在实施监理活动时既要考虑业主的经济效益，也要考虑社会效益和环境效益，使它们有机统一。

第二节　生态工程建设监理

一、生态工程建设监理概念及含义

（一）概念

生态工程建设监理是指工程监理单位受生态建设单位的委托，在监理合同约定的范围内，依据国家各类生态工程建设的相关法律、法规、技术标准、国家批准的工程年度计划和省级年度实施方案，对承包单位在工程质量、建设工期和资金使用等方面实施监督管理的活动。

（二）含义

监理单位依据法规标准合同等，对生态工程实施质量控制、进度控制、投资控制，实行项目的合同管理和信息管理，协调生态工程建设各方的工作关系，维护生态工程建设合同各方的利益，以达到预期的目标。简称为“三控制、二管理、一协调”。

二、生态工程建设监理的特点

我国的生态工程建设监理是在公路、水利水电、建筑等工程建设监理的基础上发展起来的，在监理过程严格遵循各类合同；依据国家有关工程建设的法律、法规，经建设主管部门批准的工程项目建设文件、建设工程委托监理合同及其他建设工程合同，对工程建设实施的专业化管理；监理工作是紧紧围绕着工程项目建设的各项投资活动和生产活动等环节所进行的监督管理；对具体工程项目中的各项工作，同时还遵守一定的监理制度。

生态工程建设监理作为建设工程监理的一种类型，要遵循监理的相关法律、规范的约束。同时又由于生态工程建设项目的施工对象的复杂性，使得生态工程的监理工作区别于其他行业的工程建设工作，具有自身的特点。

（一）服务对象的特殊性

生态工程建设监理活动的服务对象从宏观上说是经过国家有关单位批准立项，按工程项目进行管理，符合基本建设程序和设计深度要求的生态工程建设项目，如退耕还林工程、水土保持建设工程等。同时工程建设中的配套工程参照相关行业的监理办法进行。

（二）主体有特殊要求

实施生态工程建设监理的主体必须是经过建设主管部门批准的具有相应资质（级别）的专业监理单位，监理单位根据工程委托监理合同的服务内容、服务期限、规模、施工难度、现场条件等因素确定监理组织，该组织由总监理工程师、监理工程师和监理员组成，其专业人员要满足监理业务的需要。监理人员必须是具有资质的专业人员。如《水土保持生态建设工程监理管理暂行办法》中规定总监理工程师应由具有三年以上水土保持工程监理工作经验的监理工程师担任；监理工程师应由具有一年以上水土保持工程监理经验并具备监理工程师资格的人员担任；领导监理员具体履行所承担专业监理职责，向总监理工程师负责。监理员应由取得《水土保持生态建设工程监理员岗位证书》或《水土保持生态建设工程监理工程师培训结业证书》的人员担任，在监理工程师的指导下开展现场监理工作。

（三）工程建设监理是具体的监督管理活动

生态工程建设监理是针对经过国家有关部门批准下达的具体的工程项目而开展的。项目业主委托监理的目标就是期望监理单位能够协助其实现项目投资目的。它是围绕着工程项目建设的各项投资活动和生产活动所进行的监督管理。例如陕西省工程监理有限责任公司 2003 年 5 月开始的对《2003 年延安市各县（区）退耕还林（草）工程》的监理，就是受省发展计划委员会农经处、省林业厅退耕还林工程管理中心的委托对延安市 13 个 2003 年退耕还林工程的施工准备、施工、工程竣工验收、维护和管护阶段的全过程进行的监理。

（四）监理工作期限的长期性

生态工程建设监理期限应在工程委托监理合同中做出明确规定。一般是从施工准备阶段开始到合同工程项目完工验收并经检查合格为止。如林业建设工程在竣工验收后，还要回访复查（时间至少是一年）。在回访复查时，进一步察看经过一个生长季节后，林地维护情况、苗木生长和保存状况（适地适树）、病虫害、老鼠等野生动物危害状况等。

三、生态工程建设监理的目的

通过生态工程建设监理，以保护和改善生态环境，促进生态建设，防止生态破坏，制止生态破坏违法行为，确保环保措施得到落实，使我国生态环境恶化的趋势得到基本遏制，生态环境质量得到明显改善，实现生态良性循环，维持并提高生态系统对人类活动的承载能力，保护好动植物及微生物赖以生存的栖息地，为实施可持续发展战略提供必要的保障。同时有利于保障国家生态环境保护法律、法规的贯彻实施和环境保护目标的实现，促进生态环境管理体制进一步健全完善。

四、生态工程建设监理的依据与法规

生态工程建设监理的依据主要包括：（1）与工程建设有关的法律、法规、技术标准和规程、规范；（2）工程委托监理合同及其他工程承包合同；（3）工程委托监理合同及其他工程承包合同；（4）经审查批准的设计文件；（5）建设单位发出的与监理工作有关的书面指示和意见。

生态工程建设监理依据的主要法规有：《中华人民共和国草原法》、《中华人民共和国森林法》、《森林法实施条例》、《退耕还林条例》、《建设工程监理规范》（GB 50319—2000）和《林业生态工程建设监理实施办法》（试行）、《退耕还林工程建设监理规定》（试行）、《水利工程建设监理规定》等。

五、监理实施程序

生态工程委托监理合同签订以后，监理单位应根据合同要求组织工程监理的实施。

1．确定项目总监理工程师，成立项目监理机构

监理单位应根据建设工程的规模、性质、业主对监理的要求，委派称职的人员担任项目总监理工程师，总监理工程师是一个建设工程监理工作的总负责人，他对内向监理单位负责，对外向业主负责。

监理机构的人员构成是监理投标书中的重要内容，是业主在评标过程中认可的，总监理工程师在组建项目监理机构时，应根据监理大纲内容和签订的委托监理合同内容组建，并在监理规划和具体实施计划执行中进行及时的调整。

2．收集和熟悉监理相关资料

总监理工程师应组织监理机构人员及时收集和熟悉监理工作的相关资料，资料包括批准的建设工程项目可行性研究报告或设计任务书、工程项目地形图、工程项目勘测、设计图纸、反映当地工程建设政策、法规的有关资料及反映工程所在地区技术经济状况等建设条件的资料等。

3．编制工程监理规划。

4．依据工程建设进度，按单项措施编制工程监理实施细则。

5．按照监理实施细则实施监理，按规定向项目法人或项目责任主体提交监理月报和专题报告。

6．参与工程竣工预验收，签署工程建设监理意见。

7．建设监理业务完成后，监理单位应向建设单位移交工程建设监理档案资料。

工程建设监理工作完成后，监理单位向业主提交的监理档案资料应在委托监理合同文件中约定。如在合同中没有做出明确规定，监理单位一般应提交：设计变更、

工程变更资料；监理指令性文件，各种签证资料等档案资料。

8. 监理单位向项目法人或项目责任主体提交工程监理工作报告。

第三节　生态工程建设监理的阶段性监理

一、编制生态工程建设监理的系列文件

生态建设监理单位在其监理实践中，需要编制监理大纲、监理规划、监理实施细则等系列文件。

（一）监理大纲

监理大纲也称监理方案。监理大纲是监理单位在监理投标时编写的监理文件。编写监理大纲的目的是供法人进行监理评标用，以承揽监理任务并为今后的监理工作制订方案。监理大纲的内容应当根据监理招标文件的要求而定。通常情况下应包括以下内容：

（1）监理单位拟派往项目上的主要监理人员，并对他们的资质进行介绍。

（2）监理方案。如组织方案、三大项目目标控制方案、合同管理方案、组织协调方案。

（3）监理阶段性成果。监理大纲必须按监理招标文件的要求编写。监理单位在编制监理大纲时，将编写任务安排给拟派到该项目担任总监理工程师的人员编写。由监理单位的总工程师最后审定，方可向项目法人呈递。

（二）监理规划

监理规划是监理单位在同项目法人签订监理委托合同后，由项目总监理工程师主持、有关专业监理工程师参加，在监理大纲的基础上，结合项目的具体情况，广泛收集工程信息和资料的情况下制定的指导整个项目监理组织开展监理工作的技术组织文件。显然，项目监理规划制定的时间是在监理大纲之后。完成后应在第一次工地会议前报送建设单位。

监理规划编写依据包括：①工程项目外部环境调查研究资料。主要指工程地质、水文、气象、区域地形、自然灾害情况等自然条件，还有社会和经济条件，包括建筑市场状况、材料设备、勘察和设计单位、施工单位、监理单位、交通设施、通信设施、公用设施、能源和后勤供应、金融市场情况等。②工程建设方面的法律、法规及各种规范、标准。③政府批准的工程建设文件。主要有可行性研究报告、立项批文、规划部门确定的规划条件、土地使用条件、环境保护要求、市政管理规定等。

④工程建设监理合同的有关条文。主要有监理单位和监理工程师的权利和义务，监理工作范围和内容，有关监理规划方向的要求，项目业主的权利和义务，工程承建商的权利和义务等。⑤工程实施过程输出的有关工程信息。主要有方案设计、初步设计、施工图设计、工程实施状况、工程招标投标情况、重大工程变更、外部环境变化等。⑥项目监理大纲中的有关规定。主要有项目监理组织计划，拟投入主要监理成员，投资、进度、质量控制方案，信息管理方案，合同管理方案，定期提交给业主的监理工作阶段性成果。

（三）项目监理细则

项目监理细则又称项目监理（工作）实施细则。它与项目监理规划的关系可以比作施工图与初步设计的关系，即监理细则是在项目监理规划基础上，由项目监理组织的各有关部门，根据监理规划的要求，在部门负责人主持下，针对所分担的具体监理任务和工作，结合项目具体情况和掌握的工程信息制定的指导具体监理业务实施的文件。项目监理细则在编写时间上总是滞后于项目监理规划；编写主持人一般是项目监理组织某个部门的负责人。其内容具有局部性，是围绕着自己部门的主要工作来编写的。它的作用是指导具体监理业务的开展。

二、生态工程建设各阶段的监理

（一）生态工程建设准备阶段的监理内容

1．生态工程施工招投标监理

招投标服务是监理工程师的一项专业性很强的工作，其工作的好坏直接影响着整个工程的质量、进度和投资，以及施工阶段监理任务的完成。在实行业主责任制的条件下，招标单位即业主。项目总监理工程师及其监理成员要按照招标方式和程序，帮助业主做好以下工作。

（1）选定招标方式。一般有公开招标和邀请招标两种方式。监理工程师应根据业主的意愿和工程总进度要求，建议业主采用合适的招标方式。

公开招标是由生态工程建设单位通过报刊、广播、电视等新闻媒体，以无限竞争方式公开邀请拟建工程的承建单位参加投标。邀请招标是由招标单位向三个以上经过预选有能力承担该工程的承建单位发出邀请书，希望他们参加工程的投标。由于参加投标者是被邀请的，数量少，既可使投标者中标率提高，又可减少投标费用，对招投标双方都有利，其缺点是限制了竞争范围，不太符合自由竞争原则。

（2）协助业主编制招标、评标文件。编制标底是招标的一项重要工作，标底价格是业主赋予建设者的希望价格。编制标底应根据实际工程量及国家经济、技术标准定额来编标。标价应由成本、利润和税金所组成，一般应控制在批准的总概算内。

标底价应考虑人工、材料等价格变动因素及其他社会因素。

招标文件是建设单位向可能的承包商详细阐明项目建设意图的一系列文件的总称，也是投标单位编制投标书的主要客观依据。通常包括工程综合说明、设计图纸和技术说明书、工程量清单和单价表、合同的主要条款及提交投标文件的截止时间和方式及开标的地点方式等。

（3）协助业主单位对投标单位的资质进行审查。审查的主要内容包括营业执照、企业资质等级证书、工程技术人员和管理人员、企业拥有的施工机械设备是否符合承包本工程的要求。同时还要考察其承担的同类工程质量、工期及合同履行情况。审查合格后，通知其参加投标；不合格的通知其停止参加工程招标活动。

（4）组织招标。监理工程师协助业主召开标前会议，介绍招标工程的要求内容、合同重点条款，以及发送招标文件等。

组织投标者勘察现场，处理投标者提出的各种质疑，监理工程师及时传递给业主或给予解答，并进行重要合同条款的补遗或修改等。

监理工程师在回标以前，要根据工程量清单内容对有关材料价格、设备及安装价格和产品价格进行收集，使得在评标过程中有足够的依据。自招标文件发出到开标的时间，按国家规定，最多不得超过半年。

（5）生态工程招标的开标、评标和议标。开标应按招标文件中确定的提交投标文件截止时间的同一时间、地点公开进行。开标会议由招标单位的法人或其指定的代理人主持，邀请所有投标人到场，也可邀请上级主管部门及银行等有关单位代表参加。还有的请公证机关派公证员到场。

评标委员会由招标人代表、技术和经济方面的专家 5 人以上组成，成员总数应为单数。其中技术经济专家不得少于成员总人数的 2/3。召集人由招标单位法定代表人或其指定代理人担任。一般应对各投标单位的报价、工期、主要材料用量、施工方案、工程质量标准及企业信誉度进行综合评价，为优选确定评标单位提供依据。

评标委员会按评标办法对投标书进行评审后，应提出评标报告，推荐中标单位，经招标单依法人认定后报上级主管部门同意，当地招投标管理部门批准后，由招标单位按规定在有效时期内发中标和未中标通知书。要求中标单位在规定期限内签订合同。未中标单位退还招标文件，领回投标保证金，招标即告圆满结束。监理工程师应将招标过程的全部情况整理出一份报告，同时协助业主准备正式合同文件。

2．协助工程施工方案、施工工艺的选择与工程建设材料的选购、对生态工程现场进行检查，是否符合规划要求，总体布局及单项设计是否符合生态建设规律。

3．参加规划设计单位向施工方的技术交底，检查规划设计文件是否符合规划设计规范、规程及有关技术标准规定。协助做好规划优化和改善规划设计工作。

4．审查施工方提交的施工组织设计，重点是对施工方案、劳动力、施工材料等及保证工程质量、工期和控制费用等方面的措施及管理程序进行监督，并向建设单位提出监理意见。监督检查施工方面质量保证及技术措施，完善质量管理程序与制度。

（二）生态工程竣工验收阶段的监理内容

生态工程已经按照施工合同、设计文件的要求建设完毕，由施工单位先自行组织内部模拟验收，通过后，由施工单位提出竣工验收申请，并准备各项竣工验收资料，监理工程师对资料审查后，通知业主组织监理、设计、施工等单位进行竣工验收。

1．编制竣工验收的工作计划

监理工程师提交的验收计划内容分竣工验收的准备、竣工验收、交接与收尾三个阶段的工作。每个阶段都应明确其时间、内容、标准的要求。该计划应事先征得建设单位、承接施工单位及设计等单位的一致意见。

2．整理、汇集各种经济与技术资料

总监理工程师于项目正式交工验收前，指示其所属的各专业监理工程师，按照原有的分工，对各自负责管理监督项目的技术资料进行一次认真的清理。具体有：监理工程师向业主所做的所有工作请示、工作总结汇报等，监理工程师所收到的业主、设计等部门发来的通知、指令、会议纪要等文件；监理工程师向承包人发出的所有工作指令、通知、施工技术要求；监理工程师对承包人提出的要求所做的书面批复等；所有工地现场会议纪要，监理工作各项记录等。监理工程师还须对承包人方面所作的交工资料做审查和签认，包括所有的交工图、检测验收表格、变更设计文件等。

3．拟订竣工验收条件，验收依据和验收必备技术资料

监理单位必须拟订竣工验收条件、验收依据和验收必备技术资料，将上述内容拟订好后分发给建设单位、承接施工单位、设计单位及现场的监理工程师。竣工验收的条件：合同所规定的承包范围的各项工程内容均已完成；各分部、分项及单位工程均已对承接施工单位进行了自检自验，且都符合设计和国家施工及验收规范及工程质量验评标准、合同条款的规定等；并有相应的记录；竣工图已按有关规定如实地绘制，验收的资料已备齐，竣工技术档案已经按档案部门的要求进行整理。

4．根据施工方的竣工报告，提出工程质量检验报告

监理工程师收到承包人递交的竣工申请，确认工程满足要求后应指派专人全面负责竣工检查工作，报告业主成立验收委员会。工程项目经过各单位工程的验收，符合设计要求，经过工程质量核定达到合格标准。承包建设单位提交各种文件和技术资料，起草竣工验收报告。

5. 负责工程初验，审查工程初验报告，提出监理意见

在申报工程验收之后和正式验收之前的这段时间内进行初步验收。重点检查各项工作是否达到了验收的要求，对各项文件、资料认真审查。经过初步验收，找出不足，进行整改，然后申请正式验收。在正式验收期间，监理工程师与承接施工单位要主动配合验收委员会（或验收小组）的工作，对一些问题提出的质疑，应给予解答。监理工程师要参加上级主管部门主持的各项检查活动。在竣工验收中，监理工程师应负责向验收委员会作监理工作报告，提交书面的《工程监理报告》，接受验收委员会对监理工作的检查和评定。

（三）生态工程维护阶段的监理内容

建立工程管理机构、管理制度和管理措施。维护期间如出现有工程质量问题，应参与调查研究、确定发生工程质量问题的责任，共同研究修补措施并督促实施。

三、生态工程监理的方法

生态工程建设监理使用的方法基本和其他工程建设方法相同，主要有：指令性文件、签订和履行合同、工程计量、工程变更与工程确认、旁站监督、见证监理、巡视监理、平行检查、测量、测验、拒绝支付和费用索赔。这些方法监理工程师可根据具体的监理内容和所处的阶段单独采用，或同时采用几种。

第四节　生态工程建设监理中的控制

一、质量控制

生态工程质量控制是建设监理的重要内容，包括施工准备阶段质量控制、工序质量控制、现场质量控制、工程检查验收等。监理单位通过质量控制完成受托监理任务，从而保障生态工程的质量。

（一）生态工程建设监理质量控制的目的与依据

通过对工程施工全过程或主要工序检查、监督和管理，控制影响工程质量的各种不利因素，使工程项目施工质量及各项工程指标满足工程承包合同，符合技术规范和检查验收标准的要求。质量控制应以质量预控为重点。

生态工程建设监理质量控制的依据是：工程承包合同文件；经批准的工程设计文件；有关工程质量管理方面的法律、法规性文件；生态工程建设方面的现行规程、规范、技术标准和检查验收办法；建设单位有关工程施工质量方面的规定、要求和

书面指令。

（二）生态工程建设中质量控制的程序

生态工程建设中质量控制的程序主要有：（1）向承包单位明确工程施工质量标准，协助建设单位组织技术交底；（2）审查承包单位提交的工程开工报告，检查施工劳动力、机具、施工地块的准备情况及施工质量保证措施；（3）对工程施工过程实行质量控制；（4）检验施工工序质量，签署工序质量检验凭证；（5）组织工程完工初验；（6）参加建设单位组织的完工验收；（7）做好监理总结。

（三）施工准备阶段的质量控制

林业生态工程施工准备阶段的质量控制是监理工作质量控制的基础环节，包括对有关文件的审查、签发，提出修改建议，参与工程招标发包，对承包单位进行审查，审查施工组织设计或施工方案。检查落实施工地块，召开第一次开工会议等方法进行质量控制。

（1）在设计交底前，总监理工程师应组织监理人员全面熟悉合同文件、设计文件、有关技术标准和质量检验方法，对设计文件中存在的问题通过建设单位向设计单位提出书面意见和建议。

（2）参加建设单位的工程招标发包工作。协助建设单位组织现场勘察，解释招标文件，解答投标人提出的有关问题。

（3）审核签发工程施工必须遵守的设计文件，采用的技术标准、规程、规范及工程检查验收法等质量管理文件。

（4）项目监理人员应参加由建设单位组织的设计技术交底会，对照设计文件，现场交接施工块、核实施工地块的四周界限、面积、植被、立地条件以及设计内容的适宜性。会同设计单位研究和答复承包单位对设计和施工图纸的意见，总监理工程师应对设计技术交底会议纪要进行签认，当发现问题需要进行设计变更时，应按设计变更程序办理。

（5）工程项目开工前，总监理工程师应审查承包单位的质量管理、技术管理和质量保证的组织、质量管理、技术管理制度；现场施工管理人员和质量检查人员的技术水平，当发现不能履行施工质量管理时，提出更换人员的意见。

（6）专业监理工程师应审查承包单位提出的分包工程的情况，包括审查分配单位，分包工程的范围。内容及本次分包工程价格占合同总价的比例。分包单位审查主要审查施工管理人员的专业技术知识、施工组织管理水平、施工经验和施工业绩。当确认分包单位具有工程承包合同规定的条件完成分包工程能力时，由总监理工程师予以签认。承包单位在收到总监理工程师的批准通知后，应与分包单位签订分包合同，并将副本报项目监理机构。

（7）在工程项目开工前，总监理工程师应组织专业监理工程师审查承包单位报送的施工组织设计施工方案。重点审查主要工序的施工安排是否正确，施工质量管理体系是否健全；各项施工质量保证有无针对性措施及预控方法；对人畜危害、森林火灾、干旱、病虫害等有无预防性措施；是否考虑了施工现场环境因素对工程施工质量与安全的影响，提出审查意见，并经总监理工程师审核、签认后报建设单位。

（8）检查落实施工地块的准备情况。包括地块的土地使用权或土地权属、施工地块上原有设施建筑是否拆迁、管护措施是否落实等。

（9）在工程项目开工前，监理人员应参加内建设单位主持召开的第一次工地会议。

（四）生态工程建设监理中的工序质量控制

生态工程建设工序质量控制方式主要是旁站与巡视检查检测相结合的方式。工序质量控制的内容包括：①工序活动条件的监控。工序活动条件的控制包括以下两方面：一是施工准备方面的控制，也就是在施工前，对“人、机、料、法、环”的控制；二是施工过程中对工序活动条件的控制，在施工过程中，对投入的物料等的质量特性指标进行检查控制。②工序活动效果的监督控制。监控主要是指对工序活动的产品采取一定的检测手段，进行检验，根据检验结果分析、判断该工序活动质量，从而实现对工序质量的控制。

例如：退耕还林工程施工过程中，监理人员巡视检查地块 100%。工序控制的主要内容有：①退耕地或荒山荒地植被处理：方式，质量；②整地：整地的时间、方式、规格、面积和质量等；③种苗：种苗的来源、购销环节、苗木等级、质量、价格、品种、数量以及是否具备“两证一签”等；④栽植：栽植的时间、面积、质量、混交比例等；⑤补植补播：补植补播的资金、种苗、面积等情况；⑥当年抚育：方式、次数与时间；⑦防火线：位置，宽度，长度，质量；⑧病虫鼠害防治：防治措施。

工序活动质量监控实施要点：确定工序质量控制计划；完善质量体系和质量检查制度，进行工序分析，分清主次、重点监控，对工序活动实施跟踪动态控制；设置工序活动的质量控制点进行预控。

（五）生态工程建设监理中的现场质量控制

监理人员主要通过旁站监理、巡视检查、目测、检验检测、工序间交接的检查验收，工程预检，召开质量分析会，审签质检表或工程检验认可书、整改指令等方式进行现场质量控制，具体采取以下措施。

（1）在施工过程中，总监理工程师应安排监理人员对施工过程进行巡视检查，对重要工序和关键部位，专业监理工程师应安排监理人员进行旁站。当发现材料不合格，施工操作不规范，或者施工人员素质低及组织管理差等问题，应及时指令承包单位采取措施进行处理，必要时指令承包单位进行停工整改。

（2）当承包单位对已批准的施工组织设计进行调整、补充或变动时，应经专业监理工程师审查，并由总监理工程师签认。

（3）检查用于工程施工的材料。外购的施工材料应由供方提供质量保证文件。如在林业工程建设监理中，应检查工程施工的种子质量和苗圃苗木质量。外购苗木、种子时，应要求供方提供种子、苗木的质量检验合格证、植物检验合格证、生产经营许可证等，检查苗木、种子标签及标签内容，并填写质检表。《苗本质量检验表》、《林木种子质量检验单》由施工负责人、承包单位填报。

（4）检验用于工程施工材料及其质量证明文件，即《工程施工材料报验表》由承包单位填报，总监理工程师或专业监理工程师签署检验报告。对不符合国家有关规定和合同及设计规定要求的材料，不得用于工程建设中。

（5）承包单位应严格保证每道工序的自检合格。或按规定的工序质量控制点，将自检材料报监理人员申请工序质量检验，监理人员检验合格后，方可进入下一道工序施工。

（6）进行现场质量检验时，承包单位应会同监理人员检验。检验工序质量和成效合格，签认《工程检验认可书》。

（7）对不设程序质量控制点的工序可采用查阅承包单位的施工记录进行检查。

（8）当施工出现下述情况之一者，专业监理工程师应及时报请总监理工程师填写《工程暂停令》，指令承包单位进行停工整改。具体包括：①未经检验即进行下一道工序作业者；②工程质量下降，经指出后未采取有效措施继续作业者；③擅自采用未经认可或批准的施工材料者；④非工程施工季节，仍在进行施工作业者；⑤擅自变更设计者；⑥将工程转包者；⑦擅自让未经同意的分包单位进行施工者；⑧没有可靠的资质保证措施，施工已出现质量下降征兆者。

（9）监理人员应做好施工监理日志，逐日记录工程施工中的有关工程质量动态以及天气、外部环境对施工质量和苗木成活与生长的影响。

（10）总监理工程师应定期与不定期地组织并主持质量分析会，通报施工质量情况，分析质量原因，提出质量解决措施，协调有关单位间的施工活动，以消除影响质量的各种外部干扰因素，会后印发会议纪要。

（11）专业监理工程师应督促承包单位在未通过竣工（交工）验收正式移交工程以前，落实工程管护措施。如林业工程建设监理在这一阶段应落实护林防火管护措施，配备管护人员，严防森林火灾，做好森林病虫的预测预报和防治工作。

（六）通过工程检查验收进行质量控制

承包单位完成合同项目规定的工程施工内容后，可申请进行工程承包项目完工验收。建设单位也可根据施工进展情况进行中间检查，中间检查时间可在工程承包合同中约定。

中间检查由建设单位组织和主持。验收前，承包单位自检已完工工程质量，并向项目监理机构报送工程施工报告，已完工程项目清单，质量问题处理及处理后的检查记录，以及建设单位和项目监理机构要求报送的其他数据，并准备已完工程质检凭证、设计文件以供检查时备查。中间检查的主要内容有：审查施工文件、资料；检查或抽查已完工程项目的工程形象面貌和工程质量。对发现和存在的问题，提出处理意见，责成承包单位限期处理，并依据检查结果签署检查鉴定书。

合同项目竣工验收由建设单位组织和主持，验收前，总监理工程师应组织专业监理工程师，依据有关法律、法规、生态工程建设标准、设计文件及工程承包合同，对承包单位报送的验收数据进行审查，对工程质量进行验收。对存在的问题，应及时要求承包单位进行整改。

整改完毕由总监理工程师签署工程验收报验单，并在此基础上提出工程质量评估报告。工程质量评估报告应经总监理工程师和监理单位技术负责人审核签字。

项目监理机构应参加建设单位组织的合同项目验收。并提出相关监理资料。对验收中提出的整改问题，项目监理机构应要求承包单位进行整改。工程质量符合要求，由总监理工程师会同参加验收的各方签署工程项目完成验收报告。

二、工程造价控制

生态工程造价就是项目的投资，是指某一生态工程建成后所需要的全部费用。工程造价控制就是通过监理手段把工程造价控制在经批准的造价限额内。可通过计划的编制和各种手段进行预控，最终保证生态工程建设投资目标的实现。

（一）生态工程建设监理造价控制的目标与依据

生态工程建设监理造价控制的目标是以工程承包合同项目的合同价为基础，将工程项目造价控制在工程执行概（预）算所确定的并经建设单位同意的工程造价范围内。最终保证工程建设投资目标的实现。

造价控制的依据是：经审查批准的工程总概（预）算和执行概（预）算：经建设单位同意的工程造价控制总目标和分解的阶段造价目标；工程承包合同文件及其补充文件；建设单位有关工程造价方面的书面指令。

（二）工程建设资金使用计划的编制

项目监理机构根据工程项目的施工进度计划编制年度、月（季）度的资金使用计划，以此作为各时段造价控制的依据和建设单位投资与资金安排的依据。

资金使用计划可依据工程招标时的标底或工程执行概（预）算按施工工序进行

造价分解，计算各工序的人工费、材料费、机具费及其分摊的间接费与利润，与此同时，进一步核实工程承包合同项目的工程量（如施工面积），工程执行概（预）算或工程承包合同价，合理确定各工序造价控制目标值。如果是大型工程控制也可按分项目再分工序进行造价控制，应合理地确定控制目标值，包括总目标值、分目标值、各细目标值。项目监理机构应对承包单位提交的施工方案（或施工组织设计）进行审查批准，对承包单位提交的资金使用计划及施工材料需用量进行审核，由施工单位负责人填报并加公章，由项目监理机构监理工程师进行审查确认《主要施工材料需用量计划表》。

（三）造价控制的方法

（1）项目监理机构依据工程承包合同有关条款、施工图、对工程项目造价目标进行风险分析，并制定防范性对策。定期编制工程造价统计报表，向建设单位报告工程造价控制情况，对造价计划的调整内容提出书面报告调整意见，报建设单位审查批准后方可进行。

（2）专业监理工程师在施工前认真搞好设计审查，协调建设单位做好施工前的地块准备、材料准备，防止因建设单位的原因或设计差错导致承包单位提出索赔。

（3）总监理工程师在处理工程变更时，从造价、项目功能要求、质量和工期等方面审查工程变更方案，并在工程变更实施前与建设单位、承包单位协商确定工程变更的价款。

（4）专业监理工程师应对各施工阶段已完成的工序和工程量进行造价统计与分析，对承包单位申报的各类施工材料，如苗木、种子及肥料、药剂等利用《主要施工材料实际耗用量表》进行审核与统计。

（5）专业监理工程师应在统计分析的基础上将造价统计结果与工程承包合同价及阶段的控制性造价设计目标相比较，以发现工程实际造价与造价控制目标的偏差及其发展趋势。综合分析与预测合同单价的调整趋势和合同总结算价的变化趋势等。

（6）根据分析与预测结果。必要时应调整工程资金使用计划和设计造价额，以求得监理的工程项目造价总控制目标的实现。

（四）工程计量

为了制定工程造价、监理工程师必须依据监理规划规定对工程进行准确计量。承包单位应依据合同规定，在完成各阶段施工，工程经监理人员质量检验合格后向项目监理机构申请工程计量。

工程计量的依据是：施工质量合格证书；工程量清单及说明；设计文件；工程变更令及修订的工程量清单；有关技术规程、规范。

监理工程师进行工程计量的方法如下：

（1）当工程施工达到合同规定的支付阶段时，专业监理工程师应在计量前通知承包单位与其共同进行计量，承包单位无正常理由不到场参加计量时，以监理工程师计量数据为准。承包单位统计的工程量经专业监理工程师质量验收合格后，按工程承包合同的约定填报工程量清单和《工程计量申报表》。专业监理工程师当发现问题或资料不齐，应将报告及数据退还给承包单位，暂不进行计量或计量后暂不支付。

（2）计量前，专业监理工程师应根据合同文件和工程变更证书，核实已完工程的施工地点、范围与施工质量验收情况，绘出施工平面图。对承包单位擅自变更设计或施工地点、验收范围的，应在查明原因后，根据合同有关规定确定予以计量、部分计量或不计量。

（3）对施工地点分散的工程，可结合施工工序质量检验合格后，接着完成工程计量，并将计量副本抄送给承包单位。

（4）当前后工序的施工地点、范围和面积无变化时，可只计量一次面积，当后工序计量面积小于前工序计量面积时，则以后工序或完工验收时的计量面积为准，对前工序多计量的面积而支付的工程款予以扣回。

（5）当合同规定对工程成效质量检查不合格的地块进行计量时，专业监理工程师也应采用上述同样的方法计量求出其施工面积，并绘出相应的施工平面图。

（五）工程款的支付

生态工程款按合同规定，经项目监理机构核验合格并进行工程计量，作为付款依据。生态工程款的支付包括动员预付款、施工材料款、保留金、价格调整费用、中期支付款和最终支付款，同时还涉及建设单位迟付款和双方违约的罚金处罚。

1．动员预付款

动员预付款是建设单位借给承包单位的施工准备用款，有无动员预付款和预付款数额已在标书或合同中规定。

动员预付款的条件是：建设单位与承包单位签订了合同协议书；提供了履约保函；提供了动员预付款保函；动员预付款的担保金额与动员预付款相等。

总监理工程师根据签订工程承包合同和收到的动员预付款保函，签发动员预付款支付证明。动员预付款在中期支付款时按支付款款额占合同价的比例逐步扣回。

2．施工材料款的处理

施工材料款是指工程施工采用外购施工材料时，对供货单位已运到施工地块的施工材料，应支付建设单位的款额。

（1）在支付施工材料款时，供货单位应向项目监理机构提供有关施工材料的品种、质量和金额等资料并检验认可已运到施工现场的资料的质量以及储存条件与环境相符后予以支付。

（2）材料款按合同规定款比例进行支付，无合同规定时，为确保材料的质量，一般可按发票价的50%或30%签署工程材料款的支付凭证。

3．保留金处理

保留金亦叫施工质量保留金，是指为了确保施工质量，在中期支付时预留部分资金，待完成合同项目并经验收合格后退还的一种制度。

如林业工程建设监理中，为确保施工质量，在中期支付工程进度款时，为促使承包单位精心施工，尤其是苗木精心栽植施工，除提交有履约保函者外，一般应扣苗 20%的施工质量保留金，为预防苗木成活率低时有足够的苗木补植费和种子发芽率低时有足够的补播费。当承包单位自购或自育苗木时也同样扣留 50%的苗木、种子款作保留金。保留金在人工造林成活率检查合格或飞播造林成苗检查合格后，按合同规定的比例或根据苗木成活率与补植、飞播种子出苗与补播情况退还相应的保留金和苗木种子预留款。在完成合同项目施工，经检查验收合格后退还全部质量保留金和苗木种子预留款。

4．价格调整费用处理

生态工程施工期一般较长，当国家与地方法规和政策变化导致施工劳力与苗木等施工材料价格发生变化时，应按下列原则处理。

（1）此种情况一船应在合同中预先规定，如出现价格变化应根据合同规定的价格调整方式，在支付中期工程款项时，办理因价格调整引起的费用支出。

（2）当合同无规定时，则由项目监理机构与建设单位、承包单位协商确定价格调整方案。

5．迟付款处理

建设单位应信守合同，按约付款，如果出现迟付款，除了继续履行付款外，还应支付迟付款利息。

（1）按照工程承包合同规定，建设单位未按工程承包合同在规定的时间内向承包单位付款时，承包单位有权要求收取迟付款利息。

（2）项目监理机构收到承包单位的迟付款利息申请后，应按工程承包合同规定给予办理，从付款之日起计算利息，在迟付款终止后的第一次付款证书中予以支付。

6．违约罚金规定

不管是承包单位还是建设单位只要违约就应进行违约罚金处理。

（1）对承包单位的违约罚金主要包括施工期的误期和未履行合同义务的罚金，承包单位的违约罚金可从保留金中扣除，也可从中期支付款中扣除。

（2）对建设单位的违约罚金采用索赔方式处理。

7．关于中期支付的规定

（1）一般采用分段方式支付中期工程款。分段的划分可在合同中约定。如对人工造林更新可划分为整地、植苗、抚育等阶段。

（2）承包单位应按工程款的支付时间向项目监理机构提交中期支付申请表即《工程数支付申请表》，其内容包括：已完工程量报表，施工质量合格证书，施工图纸，工程施工中的停工、返工、违规记录及其处理误期，工程量计算清单等数据。

（3）专业监理工程师应对承包单位提交的工程款支付申请进行认真审核，审核内容包括：工程支付申请数据是否齐全、完整，申请交付项目是否属于合同规定的结算项目，支付的工程单价是否正确，工程量和总价计算是否正确，结算单位是否与合同文件相符等。

（4）总监理工程师在签署中期支付证书时，扣除相应的质量保留金、动员预付款违约罚金等。

（5）总监理工程师在签发中期支付证书时，对发现已支付工程中的问题或已签发的支付证书的错误进行更正。

8．最终支付规定

（1）项目监理机构应在工程完工验收后的合同规定时间内受理承包单位的最终支付申请。

（2）专业监理工程师审核建设单位以前所付的款额，以及建设单位与承包单位各自责任对支付额的影响，确认按合同最终应付给承包单位的款项总额，由总监理工程师签发工程结算文件和最终支付证书报建设单位。由建设单位支付。

三、进度控制

项目监理机构通过对施工承包单拉的进度计划审核、现场控制，对进度计划进行调整等来控制进度，确保生态工程建设按规划时间完成。

（一）生态工程建设进度控制的任务、依据与进度检查方法

对生态工程进度控制的主要任务是：检查并掌握实际进度情况；把工程项目的实际进度情况与计划目标进行比较，分析进度较计划提前或拖后的原因；决定应该采取的相应措施和补救方法；及时调整计划，使总目标能实现。

对生态工程建设进行进度控制的依据包括：工程建设总进度计划安排；工程承包合同工期的合同中有关进度的条款；建设单位的有关文件和要求；承包单位报总监理工程师审查确认的施工进度计划；总监理工程师批准的工程延期证书。

生态工程建设施工进度采用日均进度检查法，日均进度等于相应施工季节内应完成的计划工程量除以施工季节内的有效施工天数。采用日均进度进行检查时，应扣除不利天气等因素影响而不能施工的天数。

（二）进度计划的编制

工程施工进度计划由施工总承包单位或各承包单位编制（《合同工程项目总进度计划表》、《合同工程项目月（季）进度计划表》）并在规定的时间内提交给总监理工程师进行审查。

生态工程建设按施工工序编制施工总进度计划与年、季、月进度计划。

总进度计划，是对施工进度的总体统一部署，搞好总进度计划对保证项目建设的连续性，增强施工的预见性，确保项目如期完成，具有重要作用。总进度计划内容包括：施工项目施工地块，合同工期，完成各工序的施工季节和所需要的工期，完成的工程量，现金流量估算，需要配备的劳力与机具数量，施工方案或施工方法，实施进度计划的措施。

年（季、月）进度计划，是根据总进度计划按年（季、月）安排分解计划，是实施总进度计划的保证、内容包括：年（季、月）度施工项目及地块，施工季节和时间安排。计划完成的工序内容与工程数量或投资额，劳力与机具数目，对工程施工进度进行调整的详细说明，实施进度计划的措施等。

（三）进度计划的审核

1．进度计划审核的内容

项目监理机构在合同规定的期限内审核批准承包单位提交的工程施工总进度计划与年、月（季）进度计划。审查的内容包括：①进度安排是否符合工程项目总进度计划中的总目标和阶段目标；②进度计划中的施工工序是否有遗漏；③施工时间安排是否符合施工季节要求；④施工劳力、机具等供应计划是否满足施工进度的需要；⑤建设单位的资金供应是否满足进度需要；⑥施工地块是否落实或准备妥当；⑦进度计划是否考虑了天气等影响因素；⑧进度计划是否考虑了工程成效质量对施工进度的影响。

2．进度计划的审核处理

（1）专业监理工程师发现承包单位提交的施工进度计划不能满足总进度计划要求或属于不合理的计划时，应向承包单位提出书面修改意见。

（2）经总监理工程师审核批准的施工进度计划，是进行施工进度控制和处理工程延期或费用索赔的重要依据。

（3）总监理工程师对施工进度计划的审查和批准，并不排除承包单位对施工进度延误的任何责任和义务。

3．现场进度控制规定

（1）专业监理工程师依据工程承包合同有关条款、施工图和经过批准的施工组织设计制定进度控制方案。对进度目标进行风险分析，制定预防对策，经总监理工程师审定后报建设单位。

（2）检查用于工程建设的施工材料的采购计划，当发现不能满足工程质量要求而影响施工进度时，应按合同规定，协同组织相关单位采取措施限期解决。

（3）督促承包单位做好工程施工记录，记录内容包括：施工地块与施工内容；实际完成的工程量和累计工程量；当天参加施工的劳力与投入的机具数量；管理与技术人员的到位情况；存在和发生的问题及天气气候等。

（4）监理人员应对承包单位投入的施工劳力、施工组织管理等进行经常性地检查、监督和记录，并检查承包单位的施工记录，当发现存在影响施工进度的问题时，及时向承包单位发出《现场指示》，提出处理意见和解决措施。

（5）在施工中，当涉及与当地政府、村民组织或村民的关系而影响施工进度时，项目监理机构及时向建设单位报告，并协助建设单位尽早解决，为承包单位按进度计划完成施工创造条件。

（6）生态工程建设施工季节性强，错过施工季节，将导致施工进度拖后一年。在施工过程中，监理人员应检查督促承包单位按设计施工，按有关规程规范施工，防止因施工质量问题返工而延误施工季节，影响工程施工进度。

（7）项目监理机构应根据工程施工进度定期或不定期地组织召开工地会议，通报和检查施工进度，了解和掌握潜在的问题，提出处理办法、进度要求和后续施工的注意事项等。

（8）专业监理工程师应及时分析承包单位报送的施工进度统计报表，实地地对照检查，核实所报送的已完项目时间及工程量，并与计划进度进行比较，填写《工程进度计划与实施进度计划比较表》。发现实际进度滞后于计划进度时，应签发监理工程师通知单。指令承包单位采取调整措施，当实际进度严重滞后于计划进度时应及时报告总监理工程师，由总监理工程师与建设单位协商采取进一步措施。

（9）总监理工程师应对承包单位申报的已完工工程施工进行核实，在质量检查合格后，签发工程进度款支付凭证即《____月（季）付款报审表》。

（10）总监理工程师应在监理月（季）报中向建设单位报告工程施工进度和所采取进度控制措施的执行情况，并提出合理预防由建设单位原因导致的工程延期及具相关费用索赔的建议。

4．进行计划调整的规定

当出现承包单位错过施工季节或监理检查不合格而未能完成施工进度计划时，应按下列规定对进度计划做出调整。

（1）当承包单位错过施工季节未能完成施工计划时，应责令承包单位查找原因，当其施工能力不足时，应报告建设单位，更换或增加劳力承包单位。

（2）当检查施工质量不合格而未能完成施工进度计划时，必须指令承包单位在查找原因的基础上，采取补救措施提高工程质量，调整下年度的施工进度计划，并提出相应的改进措施。

（3）承包单位必须将调整的施工进度计划报总监理工程师审查；总监理工程师审查批准后的施工进度计划作为下年度或下阶段进度控制的依据。

本章小结

工程监理具有服务性、科学性、独立性、公正性等性质。生态工程建设监理是指工程监理单位受生态建设单位的委托，在监理合同约定的范围内，依据国家各类生态工程建设的相关法律、法规、技术标准、国家批准的工程年度计划和省级年度实施方案，对承包单位在工程质量、建设工期和资金使用等方面实施监督管理的活动。

生态工程建设监理的依据主要包括：与工程建设有关的法律、法规、技术标准和规程、规范；工程委托监理合同及其他工程承包合同；经审查批准的设计文件；建设单位发出的与监理工作有关的书面指示和意见。

生态工程建设监理的系列文件包括监理大纲、监理规划、项目监理细则等。生态工程建设准备阶段的监理内容主要有生态工程施工招投标监理、生态工程竣工验收阶段的监理及生态工程维护阶段的监理。生态工程建设监理中的控制主要包括质量控制、造价控制和进度控制。

复习思考题

1. 工程监理的特点及实施原则。
2. 阐述生态工程建设准备阶段的监理内容。
3. 阐述生态工程竣工验收阶段的监理内容。
4. 简述生态工程建设中质量控制的程序。
5. 简述造价控制的方法。
6. 简述进度计划审核的内容。

参考文献

1. 安晓华．珊瑚礁及其生态系统的特征[J]．海洋信息，2003（3）：19-21.
2. 蔡锋，苏贤泽，雷刚等．福建湄洲湾沿岸海滩侵蚀问题及反思[J]．海洋开发与管理，2005（4）.
3. 陈宝书．牧草饲料作物栽培学[M]．北京：中国农业出版社，2001.
4. 陈方，贺辉扬．海岸沙丘沙运动特征若干问题的研究——以闽江口南岸为例[J]．中国沙漠，1997，17（4）：355-361.
5. 陈刚．珊瑚礁资源的可持续发展与生态性利用[J]．南海研究与开发，1997（4）：53-55.
6. 陈国华，黄良民，王汉奎等．珊瑚礁生态系统初级生产力研究进展[J]．2004，24(12)：2863-2869.
7. 陈坚，蔡锋，等．厦门岛东北部海滩回填重塑研究[J]．台湾海峡，2002，21（2）：243-251.
8. 陈金成．高速公路生态绿化设计浅析[J]．河北林果研究，2006，21（3）：350-353.
9. 程昊，陈泽昊．青藏铁路山丘坡地取土场生态恢复措施探讨[J]．铁道劳动安全卫生与环保，2005，32（3）：133-135.
10. 戴明新，等．公路环境保护手册[M]．北京：人民交通出版社，2004.
11. 董玉祥．中国温带海岸沙丘分类系统初步探讨[J]．中国沙漠，2000，20（2）：159-165.
12. 范志平，曾德慧，余新晓．生态工程理论基础与构建技术[M]．北京：化学工业出版社，2006.
13. 方宝兴，但新球．中国红树林资源与保护[J]．中南林业调查规划，2001，20（3）：25-33.
14. 冯金良，崔之久，邸明慧，等．秦皇岛地区侵蚀性海滩的演化及保护[J]．海岸工程，1999，18（4）.
15. 冯金良．人类工程活动对秦皇岛海侵蚀及淤积的影响[J]．海岸工程，1997，16（3）.
16. 高巧辉．水土保持[M]．北京：中国广播电视大学出版社，2005.
17. 国家林业局．林业生态工程建设监理实施办法（试行），2002.
18. 韩东锋．园林工程建设监理[M]．北京：化学工业出版社，2004.
19. 韩建国．草地学[M]．北京：中国农业出版社，2007.
20. 韩建国，孙启忠，马春晖，等．农牧交错带农牧业可持续发展技术[M]．北京：化学工业出版社，2004.
21. 何兵，等，高速公路建设中生态恢复理论及应用研究[J]，四川林业科技，2005，26（4）：66-70.
22. 何小广，王冬米，梁景彬，等．台州市沿海滩涂红树林现状与发展方向的探讨[J]．浙江林业科技，2004，5（24）：78-80.
23. 贺达汉．流沙治理与害虫防治[M]．北京：科学出版社，2004.
24. 贺庆棠，陆佩玲．中国岩溶山地石漠化问题与对策研究[J]．北京林业大学学报，2006，28

（1）：117-120.
25. 侯元凯，等．中国退耕还林主要树种（北方分册）[M]．北京：中国农业出版社，2004.
26. 胡珊，鲁亚义．高速公路土地复垦设计的思考与实践[J]．公路，2003（2）：80-82.
27. 胡志宏，等．公路生态环境保护与恢复[J]．公路环发，2004（3）．
28. 华文．中国南部被确定为全球十大珊瑚礁保护区之一[N]．中国海洋报，2003-02-22（AI）．
29. 黄小军，等．高速公路生态恢复若干问题探讨[J]．公路环发，2004（3）．
30. 黄滢．城市工业废弃地景观的更新设计[D]．南京：南京林业大学，2006.
31. 孔繁德．生态学基础[M]．北京：中国环境科学出版社，2006.
32. 兰竹虹，陈桂珠．南中国海地区珊瑚礁资源的破坏现状及保护对策[J]．生态环境，2006，15（2）：430-434.
33. 李滨生．治沙造林学[M]．北京：中国林业出版社，1990.
34. 李洪远，鞠美庭．生态恢复的原理与实践[M]．北京：化学工业出版社，2005.
35. 李洪远．生态学基础[M]．北京：化学工业出版社、教学出版中心联合出版，2006.
36. 李梦先．我国西南岩溶地区石漠化发展趋势[J]．中南林业调查规划，2006，25（3）：19-22.
37. 李鹏波，胡振琪，吴军．煤矸石山植被恢复技术模式的研究[J]．山东林业科技，2006，165（4）：13-15.
38. 李清丽，等．工程建设监理[M]．北京：北方交通大学出版社，2003.
39. 李生，姚小华，任华东，等．喀斯特地区石漠化生态治理与可持续发展[J]．江西农业大学，2006，28（3）：403-408.
40. 李守中，肖洪浪，李新荣，等．干旱、半干旱地区微生物结皮土壤水文学的研究进展[J]．中国沙漠，2004，24（4）：500-506.
41. 李信贤，温远光，等．广西红树林类型及生态[J]．广西农学院学报，1991，10（4）：70-81.
42. 李振基，陈小麟．生态学[M]．北京：科学出版社，2004.
43. 梁武星，等．公路边坡防护技术研究[J]．西安工程科技学院学报，2006，20（5）：649-651.
44. 廖宝文．深圳湾红树林恢复技术的研究．中国林业科学研究院硕士学位论文，2003.
45. 林鹏．世界红树林研究进展[J]．厦门大学学报，2001：592-603.
46. 刘朝晖，等．高速公路边坡坡面生物防护方法研究[J]．路基工程，1999（3）：4-7.
47. 刘抚英．资源型城市工业废弃地活化与再生策略初探[J]．华中建筑，2006，24（8）：84-88.
48. 刘国华，舒洪岚．矿区废弃地生态恢复研究进展[J]．江西林业科技，2003（2）．
49. 刘宏，宋建波，王文俊．浅谈贵州喀斯特地区石漠化综合治理[J]．地质灾害与环境保护，2006，17（3）：67-71.
50. 刘兰华，等．高原地区铁路建设生态恢复技术初探——以青藏铁路格唐段为例[J]．水土保持研究，2007，14（1）：310-312.
51. 刘新民，李自珍，赵文智．绿洲生态风险及其防范对策[J]．世界环境，2006（4）：36-40.
52. 柳劲松，王丽华．环境生态学基础[M]．北京：化学工业出版社，2003.

53. 卢吕义，林鹏，等．红树林抵御温室效应负影响的生态功能[J]．中国红树研究与管理．北京：科学出版社，1995.
54. 卢琦．中国治沙启示录[M]．北京：科学出版社，2004.
55. 吕勇．天然次生林改造问题的探讨[J]．林业资源管理，2003（6）：23-26.
56. 罗夏．珊瑚前途堪忧[N]．科学时报，2003-09-17（3）．
57. 马英杰，徐祥民．试论我国海洋生物多样性保护的法律制度[J]．海洋开发与管理，2002（2）：23-28.
58. 米教君．次生林经营基础研究进展[J]．应用生态学报，2002，13（12）：1689-1694.
59. 莫竹承，范航清．红树林造林方法的比较[J]．广西林业科技，2001，30（2）：73-78.
60. 内蒙古农牧学院草原管理教研室．草地经营[M]．呼和浩特：内蒙古大学出版社，1989.
61. 内蒙古农牧学院．草原管理学[M]．北京：农业出版社，1999.
62. 聂朝俊．论贵州省的土地石漠化治理[J]．中南林业规划，2006，25（1）：16-19.
63. 牛东玲，王启基．盐碱地治理研究进展[J]．土壤通报，2002，33（6）：449-455.
64. 牛一乐，刘云国，路培，等．中国矿山生态破坏现状及治理技术研究进展[J]．环境科学与管理，2005，30（5）：59-66.
65. 牛玉璐，曹永胜．生物结皮在荒漠治理中的作用[J]．生物学教学，2005，30（10）：5-6.
66. 《农村经济技术社会知识丛书》编委会．植树造林与生态建设[M]．北京：中国农业出版社，2000.
67. 任海，李萍，彭少麟，等．海岛与海岸带生态系统恢复与生态系统管理[M]．北京：科学出版社，2004.
68. 任海，彭少麟．恢复生态学导论[M]．北京：科学出版社，2001.
69. 桑伟莲，孔繁翔．植物修复研究进展[J]．环境科学进展，1996，7（3）：40-44.
70. 沈国舫．林学概论[M]．北京：中国林业出版社，1989.
71. 盛连喜．环境生态学导论[M]．北京：高等教育出版社，2002.
72. 司彬，何丙辉，姚小华，等．喀斯特石漠化形成原因及植被恢复途径探讨[J]．江西农业大学学报，2006，28（3）：392-396.
73. 宋阳，严平，张宏，等．荒漠生物结皮研究中的几个问题[J]．干旱区研究，2004，21（4）：339-443.
74. 苏飞．欧美国家城市工业废弃地治理及其启示[J]．国际城市规划，2007，22（4）：71-74.
75. 苏维词，杨华，李晴，等．我国西南喀斯特山区土地石漠化成因及防治[J]．土壤通报，2006，37（3）：447-451.
76. 苏振民．工程建设监理百问[M]．北京：中国建筑工业出版社，2001.
77. 孙青，卓慕宁，等．论高速公路建设中的生态破坏及其恢复[J]．土壤与环境，2002，11（2）：210-212.
78. 孙德祥，魏玉梅．半荒漠风沙区土地沙漠化生物整治技术的研究[J]．中国沙漠，1997，17

（2）：194-198.
79. 孙洪志．次生林改造的几种模式[J]．东北林业大学学报，2004，32（3）：103-104.
80. 孙乔宝，等．高速公路建设对生态环境的影响及恢复[J]．昆明理工大学学报，2000，25（2）：68-71.
81. 孙书存，等．恢复生态学[M]．北京：化学工业出版社，2005.
82. 孙向阳．土壤学[M]．北京：中国林业出版社，2005.
83. 唐克丽．中国水土保持[M]．北京：科学出版社，2004.
84. 陶思明．珊瑚礁生态系统及可持续利用[J]．环境保护，1999（6）：32-35.
85. 王百兴．次生林区天然更新规律初探[J]．内蒙古林业科技，2000（2）：33-35.
86. 王军，傅伯杰，陈利顶．景观生态规划的原理和方法[J]．资源科学，1999，21（2）：71-76.
87. 王堃，张英俊，戎郁萍．草地植被恢复技术[M]．北京：中国农业科学技术出版社，2003.
88. 王堃．草地植被恢复与重建[M]．北京：化学工业出版社，2004.
89. 王礼先，王斌瑞，朱金兆，等．林业生态工程学（第2版）[M]．中国林业生态工程，2000.
90. 王丽荣，陈锐球，赵焕庭．琼州海峡岸礁潮间带生物[J]．台湾海峡，2003，22（3）：286-294.
91. 王丽荣，赵焕庭，宋朝景．雷州半岛灯楼角珊瑚礁生态带[J]．中国学术期刊文摘：科技快报，2001，7（1）：81-83.
92. 王丽荣，赵焕庭，宋朝景，等．雷州半岛灯楼角海岸地貌演变[J]．海洋学报，2002，24（6）：135-144.
93. 王丽荣，赵焕庭．珊瑚礁生态保护与管理研究[J]．生态学杂志，2004，23（4）：103-108.
94. 王丽荣，赵焕庭．珊瑚生态系的一般特点[J]．生态学杂志，2001，20（6）：41-45.
95. 王向荣，任京燕．从工业废弃地到绿色公园——景观设计与工业废弃地的更新[J]．中国园林，2003（3）.
96. 王志宏，李爱国．矿山废弃地生态恢复基质改良研究[J]．中国矿业，2005，14（3）：23-27.
97. 韦志立，等．建设监理概论[M]．北京：中国水利水电出版社，1996.
98. 魏艳，侯明明，卿华，等．矿业废弃地的生态恢复与重建研究[J]．2007，5（1）：52-55.
99. 翁国盛，等．次生林经营[J]．国土与自然资源研究，2006（3）：91-92.
100. 吴晓婷．退耕还林工程区生物篱营造技术[J]．林业实用技术，2006（2）：19-20.
101. 谢世楞．桂林洋海滩整治工程概况[J]．港工技术，1993，16（3）：1-8.
102. 辛慧琴，张颀．工业废弃地的景观更新[J]，天津大学学报：社会科学版，2007，9（2）：186-190.
103. 徐琨琳．广西石漠化危害与治理对策[J]．矿产与地质，2006，20（4-5）：574-576.
104. 薛建锋．生态设计在后工业景观中的应用[D]．西安建筑科技大学．2006.
105. 薛志伟．全国交通工作会议提出增强交通公共服务能力我国公路通车总里程达 357．3 万公里[N]．经济日报，2008-01-06（001）.
106. 杨持，常学礼，赵雪，等．沙漠化控制与治理技术[M]．北京：化学工业出版社，2004.

107. 杨金龙，吕光辉，刘新春，等．新疆绿洲生态安全及其维护[J]．干旱区资源与环境，2005，19（1）：29-33.
108. 姚正毅，陈广庭，韩致文，等．机械防沙体系防沙功能的衰退过程[J]．中国沙漠，2006，26（2）：226-231.
109. 易宗文．森林学[M]．长沙：湖南科学技术出版社，1985.
110. 于淑萍．土地荒漠化的成因、危害及防治对策[J]．环境科学与管理，2006，31（1）：16-17.
111. 袁嘉祖，董晓燕．中国荒漠化的形成原因和分布特征[J]．中国水土保持科学，2003，1（4）：42-44.
112. 约翰 R. 克拉克．海岸带管理手册[M]．吴克勤，等，译．北京：海洋出版社，2000：379-382.
113. 张放．辽东山区天然次生林保护与可持续经营研究[J]．辽宁林业科技，2003（3）：5-8.
114. 张克斌，杨晓晖．联合国全球千年生态系统评估——荒漠化状况评估概要[J]．中国水土保持科学，2006，4（2）：47-52.
115. 张奎璧，邹受益．治沙原理与技术[M]．北京：中国林业出版社，1990.
116. 张美华．退耕还林（草）工程理论与实践研究[M]．北京：中国环境科学出版社，2005.
117. 张佩昌，等．天然林保护工程概论[M]．北京：中国林业出版社，1999.
118. 张乔民，余克服，施祺，等．全球珊瑚礁监测与管理保护评述[J]．热带海洋学报，2006，25（2）：71-78.
119. 张晓巍．天然次生林经营现状及对策[J]．林业科技，2003，28（3）：13-15.
120. 张玉芬，等．道路交通环境工程[M]．北京：人民交通出版社，2001 年 1 月.
121. 赵春等，公路建设环境影响评价技术方法研究[J]. 北方环境，1999（3）.
122. 赵焕庭，宋朝景，王丽荣．雷州半岛灯楼角珊瑚礁初步观察[J]．海洋通报，2001，20（2）：87-91.
123. 赵焕庭，王丽荣，宋朝景，等．雷州半岛灯楼角珊瑚岸礁的特征[J]．海洋地质与第四纪地质，2002，22（2）：35-40.
124. 赵焕庭．我国现代珊瑚礁研究的现状与发展问题[J]．南海研究与开发，1997（3）：7-14.
125. 赵美霞，余克服，张乔民，等．珊瑚礁区的生物多样性及其生态功能[J]．生态学报，2006，26（1）：186-194.
126. 赵晓英，陈怀顺，孙成权．恢复生态学[M]．北京：中国环境科学出版社，2001.
127. 郑德璋，李玫，等．中国红树林恢复和发展研究进展[J]．广东林业科技，2003，19（1）：10-14.
128. 中华人民共和国交通部．国家高速公路网规划．http：//www.moc.gov.cn/ 05 gongzuo/jiaotonggh/t20050830_26421．htm.
129. 周进生．矿区土地复垦规划研究[J]．国土资源，2004（32）.
130. 周连碧．我国矿区土地复垦与生态重建的研究与实践[J]．有色金属，2007，59（2）：90-94.
131. 周祖光．海南珊瑚礁的现状与保护对策[J]．海洋开发与管理，2004（6）：48-51.

132. Arceo H，Quibilan M，Alino P，et al. Coral bleaching in Philippine reefs：Coincident evidences with macro-scale thermal anomalies[J]. Bulletin Marine Science，2001，69（2）：579-593.
133. Bailey JA. Principls of Wildlife Management[M]. New York：John Wiley ＆ Sons Inc，1984.
134. Bellwood D R，Hughes T P，Folke C，et al. Confronting the coral reef crisis[J]. Nature，2004，429：827-833.
135. Bryant D，Burke L，McManus J，et al. Reefs at Risk: A Map Based Indicator of Threats to the World's Coral Reefs[M]. Washington D C：World Resources Institute，1998: 1-56.
136. Burke L，Selig E，Spalding M. Reefs at Risk in Southeast Asia[M]. Washington DC：World Resources Institute，2002：1-21.
137. Cater RWG. The geomorphology of coastal dunes in Ireland. Catena，1990，18：31-40.
138. Costanza R，Norton B G，Haskell B D. Ecosystem Health：New Goal for Environmental Management. Washington D C：Island Press，1992.
139. Newman DE. Beach Replenishment：Sea Defences and a Review of the Role of Artificial Beach Replenishment Proc. of the Institution of Civil Engineers, 1976.
140. FAO. A forest resources assessment （tropical countries） .2005.
141. Fernandes L，Ridgley M A，Van't Hof T. Multiple criteria analysis integrates economic，ecological and social objectives for corm reef management[J]. Coral Reefs，1999，18：393-402.
142. Ferrer EM，Nozawa CM C. Community—Based Coastal Resources Management in the Philippines：Key Concepts，Methods and Lessons Learned. A paper presented at the International Development Research Center Planning Workshop on Community—Based Resources Management. Hue，Vietnam，1990.
143. Gardner T A，Côté I M ，Gill J A，et al. Long-term regionwide declines in Caribbean corals[J]. Science，2003，301（5635）：958- 960.
144. Goreau T J，Hayes R L. Coral bleaching and ocean "hot sopts". Ambio，1994，23（3）：176-180.
145. Dette H H. Technique of Small Scale Beach Fills. Proc. of International Conf. on COPEDEC, 1983.
146. Holdgate MW .热带海岸带资源的可持续利用——一个重大的保护问题 [J]. AMBIO，1993，22（7）：481-482.
147. http：//www.studytimes.com.cn/txt/2007-01/09/content_7629574.htm.
148. Hughes T P，Baird A H ，Bellwood D R ，et al. Climate change，human impacts and the resilience of coral reefs[J]. Science，2003，301（5635）：929-933.
149. Hughes T P. Catastrophes，phase ships，and large-scale degradation of a Caribbean coral reef. Science，1994，265：1547-1551.
150. Hall J V, Jr. Artificially Nourished and Constructed, Beaches. Proc. 3rd Conf. on Coastal Engine erring，1953.

151. Jennings S，Polunin N V C．Impacts of fishing on tropical reef ecosystems．Ambio，1996，25（1）：44-49.

152. K d’Angremond，et al. Beach Nourishment，Design Elements and Execution of the Works Proc of 2nd International Conf．on CO PEDEC．1987（1）.

153. Lessios H A，Macintyre I E ，et al． Proceedings of the 8th International Coral Reef Symposium [C]，Balboa，Panama：Smithsonian Tropical Research Institute，1997，1，2：1-2119.

154. Maik veste.Importance of biological soil crusts for rehabilitation of degraded arid and semiarid ecosystems [J]. 中国水土保持科学，2005，3（4）：42-47.

155. Moberg F，Nystrom M，et a1．Effects of reduced salinity on the rates of photosynthesis and respiration in the hermatypic coral Porites lutea and Pocillopora damicornis．Mar Ecol Progr Ser，1997，157：53-59.

156. Kutiel P，Zhevelev H,Harrison R，The effect of recreational impacts on soil and vegetation of stabilized Coastal Dunes in the Sharon Park，Israel.Ocean & Coastal Management，1999（42）：1041-1060.

157. Rapport D J，Costanza R，Mc Michael A J. Assessing Ecosystem Health. Trends Ecol Evol，1998，13：397-402.

158. Ren H，Peng S L. Introduction of Restoration Ecology. Beijing：Science Press，2001，113-122 .

159. Richmond RH．Coral reefs：present problems and future concerns resulting from anthropogenic disturbance[J]．Amer，Zool，1993，33：524-536.

160. Roberts C M．Effects of fishing on the ecosystem structure of coral reefs．Conserv Biol，1995，9（5）：988-995.

161. Salmineu P，Teich J E，Wallenius J．A decision model for the multiple criteria group secretary problem[J]．Oper．Res．Soc．，1996，47：1046-1053.

162. Salvat B. Coral reefs—a challenging ecosystem for human societies．Global Environ，Change．1992，2：12-18.

163. Spalding M D ，Ravilious C，Green E P． World Atlas of Coral Reefs [M]． Prepared at the UNEP World Conservation Monitoring Centre． Berkeley：University of California Press，2001：1-424.

164. Spalding M D，Corinna R，Green E P．World atlas of corm reefs．Berkeley and Los Angeles．London University of California Press，2001.

165. Toby A. Gardner I，Cote M，et al. Long-term region-wide declines in Caribbean Corals．Science，2003，301：958-960.

166. UNEE. Coral Reef in the South China Sea[M]. Bangkok：UNEP Press，2004：1-18.

167. Van Pelt MJF. Ecological sustainable development and project appraisal in developing countries[J]．Ecol．Econ．，1993（7）：19-42.

168. Walter C J. Coral reef restoration. Ecological Engineering，2000，15：345-364.

169. Wilkinson C R. Coral reefs of the world are facing widespread devastation：can we prevent this through sustainable management practices [A]. In：Richmond R H，ed. Proceedings of the Seventh International Coral Reef Symposium [C]，V1. Mangilao，Guam：University of Guam Press，1993. 11 -21.

170. WILKINSON C R. Status of Coral Reefs of the World [M].Townsville：Australian Institute of Marine Science，1998：21-50.

171. Wilkinson C，et al. Status of Coral Reefs of the World：[R]. Townsville，Australia：Australian Institute of Marine Science，2004，1：302.

172. Yu K F，Zhao J X，Liu T S，et al. High-frequency winter cooling and coral mortality during the Holocene climatic optimum. Earth and Planetary Science Letters，2004，224（1-2）：143-155.

教师反馈卡

尊敬的老师：您好！

谢谢您购买本书。为了进一步加强我们与老师之间的联系与沟通，请您协助填妥下表，以便定期向您寄送最新的出版信息，您还有机会获得我们免费寄送的样书及相关的教辅材料；同时我们还会为您的教学工作以及论著或译著的出版提供尽可能的帮助。欢迎您对我们的产品和服务提出宝贵意见，非常感谢您的大力支持与帮助。

姓名：__________ 年龄：________ 职务：__________ 职称：__________

系别：__________ 学院：________ 学校：__________

通信地址：______________________ 邮编：__________

电话（办）：__________（家）__________ E-mail __________

学历：__________ 毕业学校：______________________

国外进修或讲学经历：______________________

教授课程	学生水平	学生人数/年	开课时间
1.			
2.			
3.			

您的研究领域：______________________

您现在授课使用的教材名称：______________________

您使用的教材的出版社：______________________

您是否已经采用本书作为教材：□是；□否。

采用人数：__________

您使用的教材的购买渠道：□教材科；□出版社；□书店；□网店；□其他。

您需要以下教辅：□教师手册；□学生手册；□PPT；□习题集；□其他__________

（我们将为选择本教材的老师提供现有教辅产品）

您对本书的意见：______________________

您是否有翻译意向：□有；□没有。

您的翻译方向：______________________

您是否计划或正在编著专著：□是；□没有。

您编著的专著的方向：______________________

您还希望获得的服务：______________________

填妥后请选择以下任何一种方式将此表返回（如方便请赐名片）：

地址：北京市东城区广渠门内大街 16 号　　中国环境出版集团第二分社

邮编：100062　　电话（传真）：（010）67113412

E-mail：yinpingbin@163.com　　网址：http://www.cesp.com.cn